高等职业院校教学改革创新示范教材·软件开发系列

Linux系统管理与服务配置

主　编　张　晶
副主编　于　洋　隋玮玥　安淑梅
参　编　王喜妹　胡涛涛　孟庆宝
王　琪　夏红梅　闫　明
任雁汇
主　审　崔宝才

電子工業出版社
Publishing House of Electronics Industry
北京·BEIJING

内 容 简 介

本书以Red Hat公司的Linux RHEL 7操作系统为平台，选取面向职业岗位的内容及案例，采用项目导向、任务驱动的方式组织内容。全书共11个项目，从内容组织上分为Linux操作系统的基本知识与基本管理、服务器的搭建与维护，其中项目1～2主要介绍了部署与安装Linux操作系统、Linux基本操作与常用命令的使用，项目3～6主要介绍了Linux磁盘管理、管理用户和组群、管理文件权限、配置网络与安全服务，项目7～11主要介绍了文件共享服务的配置与实现、使用DHCP动态管理主机地址、使用bind提供域名解析服务、使用Apache服务部署静态网站、使用FTP服务传输文件。

本书既可以作为高职高专院校计算机网络技术、信息安全技术应用、物联网应用技术、计算机应用技术、大数据技术、云计算技术应用等相关专业的理论与实践教材，也可以作为应用型本科院校学生的教材或参考书，还可以作为Linux系统管理和网络管理人员的自学用书。

图书在版编目（CIP）数据

Linux系统管理与服务配置 / 张晶主编. —北京：电子工业出版社，2022.10

ISBN 978-7-121-44322-0

Ⅰ. ①L… Ⅱ. ①张… Ⅲ. ①Linux操作系统－教材Ⅳ. ①TP316.85

中国版本图书馆CIP数据核字（2022）第174262号

责任编辑：贺志洪　　特约编辑：田学清
印　　刷：涿州市般润文化传播有限公司
装　　订：涿州市般润文化传播有限公司
出版发行：电子工业出版社
　　　　　北京市海淀区万寿路173信箱　　邮编：100036
开　　本：787×1092　1/16　印张：18.75　字数：492千字
版　　次：2022年10月第1版
印　　次：2024年2月第2次印刷
定　　价：56.00元

凡所购买电子工业出版社图书有缺损问题，请向购买书店调换。若书店售缺，请与本社发行部联系，联系及邮购电话：（010）88254888，88258888。

质量投诉请发邮件至zlts@phei.com.cn，盗版侵权举报请发邮件至dbqq@phei.com.cn。

本书咨询联系方式：（010）88254609，hzh@phei.com.cn。

前　言

随着“云、大、物、智”等新一代信息技术的发展，Linux 操作系统在大中型企业中扮演着越来越重要的角色。网络服务器多以 Linux 操作系统为平台搭建，可以说，Linux 网络管理和运维人员已经成为企业急需的人才。本书贯彻党的二十大精神，深入落实科教兴国战略、人才强国战略，坚持尊重劳动、尊重知识、尊重人才、尊重创造，同时，结合行业技术发展和学生培养需求编写。

本书采用项目导向、任务驱动的方式组织内容，根据网络工程实际工作过程中所需的知识和技能选取教学项目，每个项目合理设置了“学习目标”、“项目背景”、“项目分解与实施”、“项目小结”、“实践训练”和“课后习题”6 个环节，内容丰富、结构清晰，有利于实施项目化教学。

本书以 Red Hat 公司的 Linux RHEL 7 操作系统为平台，讲述了 Linux 操作系统的相关知识。本书共 11 个项目，项目 1 为部署与安装 Linux 操作系统，以 RHEL 7.4 操作系统为例，详细介绍了虚拟环境下 Linux 操作系统的安装步骤及安装后的基本配置；项目 2 为 Linux 基本操作与常用命令的使用，系统介绍了 Linux 的 Shell、常用命令、重定向、管道符与环境变量，以及如何使用 vim 编辑器；项目 3 为 Linux 磁盘管理，重点介绍了 Linux 中的磁盘如何分区、如何格式化、如何挂载，以及磁盘配额如何设置等内容；项目 4 为管理用户和组群，主要介绍了用户账户和组群账户的管理方法；项目 5 为管理文件权限，详细讲解了 Linux 操作系统中支持的文件系统类型、文件和目录的权限管理，以及文件访问控制列表的设置；项目 6 为配置网络与安全服务，详细介绍了配置 Linux 操作系统的主机名、配置网络参数、配置 iptables 防火墙、配置 firewalld 防火墙的方法；项目 7～11 介绍了几种典型的 Linux 服务器的配置，如 Samba 服务器、DHCP 服务器、DNS 服务器、Apache 服务器和 FTP 服务器。

本书内容全面，注重实用性和可操作性，用实例、案例来讲解每个知识点，图文并茂，操作步骤详实，使读者由浅入深掌握 Linux 系统的管理与维护。

本书在编写过程中参考了大量的相关技术资料，吸取了许多同仁的宝贵经验，在此深表感谢。本书由张晶任主编，崔宝才任主审，于洋、隋玮玥、安淑梅任副主编，王喜妹、胡涛涛、孟庆宝、王琪、夏红梅、闫明、任雁汇任参编。

计算机技术发展日新月异，加上编者水平有限，书中不足之处在所难免，恳请广大读者提出宝贵意见。

编者

2022 年 6 月

目 录

项目 1

部署与安装 Linux 操作系统

学习目标

【知识目标】

- 了解 Linux 操作系统的发展历史。
- 了解 Linux 操作系统的开源特征。
- 熟悉 Linux 操作系统的体系结构。
- 了解 Linux 操作系统的版本构成。

【技能目标】

- 能够安装 VMware Workstation 虚拟化工具并创建虚拟机。
- 能够在 VMware Workstation 中创建虚拟机并安装 RHEL 7.4 操作系统。

项目背景

小李是某校一名计算机网络专业的大三学生，现在某互联网公司实习。作为“计算机控”的小李对计算机非常着迷，不仅比同龄人掌握了更多的计算机操作技能，还迫切希望多学一些计算机方面的理论知识。这次公司要求部署 Linux 操作系统，张主管准备让小李协助自己完成本项目。小李虽然在学校学习过 Linux 操作系统，但是没有在工况环境中接触过。在此之前，他天真地以为 Windows 操作系统就是计算机的全部！那么，Linux 操作系统到底是什么？为什么要学习 Linux 操作系统？应该如何学习？小李带着诸多疑问，来到了张主管的办公室，向他请教这些问题。

张主管向小李介绍了这次公司网络系统升级的要求和思路，并告诉他，要做这个项目，首先要安装 Linux 操作系统，且建议他先在虚拟机上进行安装和配置测试。

项目分解与实施

小李任职的这个公司并不是什么大公司，只是一个刚成立不久的小公司，所以刚开始并没有多少资金用来配置先进的设施。但是目前几乎所有公司都需要使用计算机进行管理。这是因为无论是业务还是员工，使用计算机管理都既方便又节省资金。

该公司负责人听说买一个正版的操作系统要几千元钱，而 Linux 操作系统不仅免费还很稳定，所以他要求使用 Linux 操作系统作为公司服务器的操作系统。张主管让小李先考虑一下是否可以选择 Linux 操作系统作为公司服务器的操作系统。根据张主管的提议，小李制定了其

Linux 之旅的第一个项目的任务。

1. 部署 VMware 虚拟环境。
2. 安装 Linux 操作系统。
3. Linux 操作系统的基本配置。

任务 1　部署 VMware 虚拟环境

【任务分析】

本项目的第一个任务是使用 VMware 安装 Linux 操作系统。在安装之前，要了解虚拟化的相关概念，并了解目前市面上主要的虚拟软件。经过查询资料和对比测试之后，小李决定使用 VMware Workstation 这一款虚拟机软件。

【知识准备】

1. 虚拟机技术、虚拟机和虚拟系统

1）虚拟机技术

虚拟机技术是指使用软件模拟计算机系统的技术，是虚拟化技术的一种。所谓虚拟化技术，就是将事物从一种形式转变成另一种形式的技术。最常用的虚拟化技术有操作系统中内存的虚拟化。在实际运行时，用户需要的内存大小可能远远大于物理机的内存大小，我们利用内存的虚拟化可以将一部分磁盘虚拟化为内存，而这对用户是透明的。又如，我们可以利用虚拟专用网（VPN）技术在公共网络中虚拟化一条安全、稳定的“隧道”，让用户感觉像是使用私有网络一样。但尽管在虚拟机上运行的操作系统与真实计算机环境近乎相同，但我们要充分理解虚拟机上安装的操作系统与在裸机上安装操作系统的本质区别，透过现象看本质，理解操作系统本质上也是由程序和数据组成的。

2）虚拟机

虚拟机（Virtual Machine）是指通过软件模拟的、具有完整硬件系统功能的、运行在一个完全隔离环境中的计算机系统。

3）虚拟系统

虚拟系统是指通过生成现有操作系统的全新虚拟镜像，从而具有与真实操作系统完全一样的功能，且能够在现有系统与虚拟镜像之间灵活切换的一类操作系统。在进入虚拟系统后，所有操作都会在这个全新的、独立的虚拟系统中进行。该系统可以独立安装并运行软件，保存数据，拥有自己的独立桌面，不会对真正的系统产生任何影响。

2. 常见的虚拟机软件

当前流行的虚拟机软件有 VirtualBox、VMware Workstation 和 KVM，它们都能在 Windows 操作系统上虚拟出多台计算机。

1）VirtualBox

VirtualBox 是一款开源虚拟机软件，是由 Innotek 公司开发、由 Sun Microsystems 公司出品

的软件。它使用 Qt 编写，在 Sun 公司被 Oracle 公司收购后正式更名为 Oracle VM VirtualBox。Innotek 公司以 GNU General Public License（GPL）推出 VirtualBox，并提供二进制版本及 OSE 版本的代码。使用者可以在 VirtualBox 上安装并运行 Solaris、Windows、DOS、Linux、OS/2 Warp、BSD 等系统作为客户端操作系统。VirtualBox 最大的优点在于免费。

2）VMware Workstation

VMware Workstation 中文名为“威睿工作站”，是一款功能强大的桌面虚拟机软件，可为用户提供在单一的桌面上同时运行不同的操作系统，以及进行开发、测试、部署新的应用程序的最佳解决方案。VMware Workstation 可以在一台物理机上模拟完整的网络环境及便于携带的虚拟机，其较好的灵活性与先进的技术胜过了市面上其他的虚拟机软件。对公司的 IT 开发人员和系统管理员而言，VMware Workstation 在虚拟网络、实时快照、拖曳共享文件夹、支持 PXE 等方面的特点使其成为必不可少的工具，功能很强大。

3）KVM

KVM 全称是 Kernel-based Virtual Machine（基于内核的虚拟机），是 Linux 操作系统的一个内核模块。该内核模块使得 Linux 操作系统变成了一个 Hypervisor，支持 x86（32 和 64 位）、s390、PowerPC 等 CPU，从 Linux 2.6.20 起就作为模块被包含在 Linux 内核中。同时，KVM 需要支持虚拟化扩展的 CPU。

【任务实施】

本例是在实验环境中实现企业需求的，考虑到设备和软件等方面的要求，所以采用 VMware Workstation 虚拟机来模拟企业实际环境。下面介绍 VMware Workstation 的配置过程（安装过程略）。

步骤 1：双击桌面的“VMware Workstation Pro”图标，弹出 VMware Workstation 主界面，如图 1-1 所示。

步骤 2：单击“创建新的虚拟机”按钮，在弹出的“新建虚拟机向导”对话框中选中“自定义（高级）”单选按钮，单击“下一步”按钮，如图 1-2 所示。

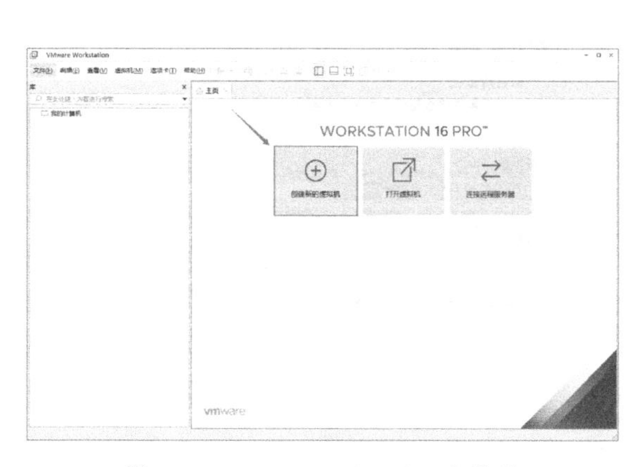

图 1-1 VMware Workstation 主界面

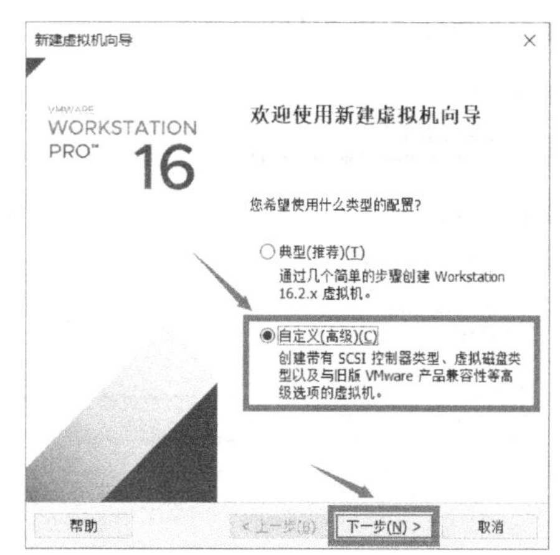

图 1-2 新建虚拟机向导

步骤 3：在弹出的“选择虚拟机硬件兼容性”对话框中，在“硬件兼容性”下拉列表中根据需要选择兼容的 VMware 版本，本例选择“Workstation 16.x”选项，单击“下一步”按钮，如图 1-3 所示。

步骤 4：在弹出的“安装客户机操作系统”对话框中，选中“稍后安装操作系统”单选按钮，单击“下一步”按钮，如图 1-4 所示。

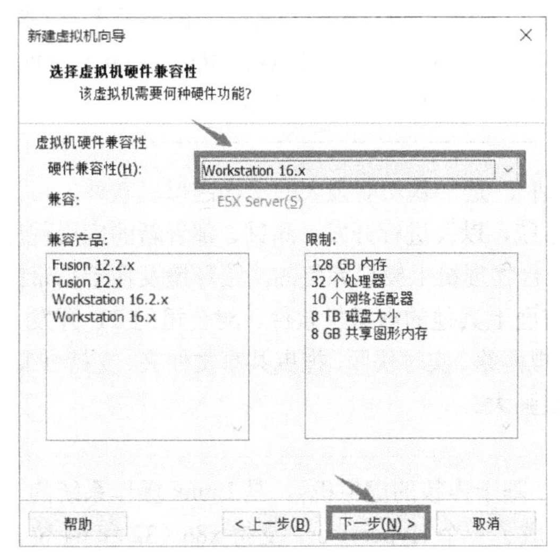

图 1-3 设置硬件兼容性

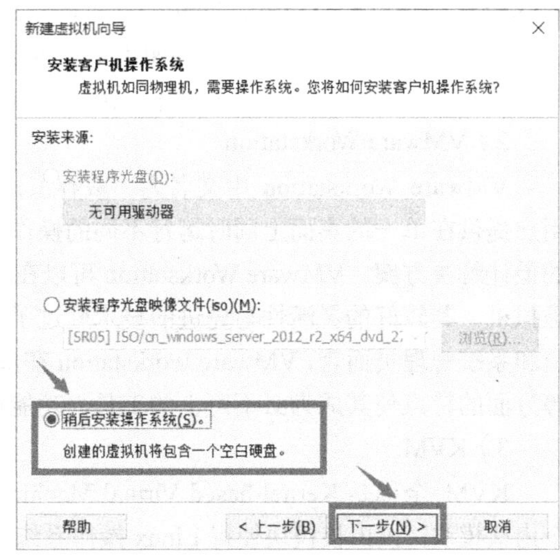

图 1-4 设置安装来源

注意:请务必选中“稍后安装操作系统”单选按钮，如果选中“安装程序光盘映像文件(iso)”单选按钮，并把下载好的 RHEL 7 操作系统的映像文件选中，则虚拟机会通过默认的安装策略为用户部署最精简的 Linux 操作系统，而不会再向用户询问选项的安装设置。

步骤 5：在弹出的“选择客户机操作系统”对话框中，将客户机操作系统的类型设置为“Linux”、版本设置为“Red Hat Enterprise Linux 7 64 位”，单击“下一步”按钮，如图 1-5 所示。

步骤 6：在弹出的“命名虚拟机”对话框中，在“虚拟机名称”文本框中输入虚拟机名称，本例保持默认设置，单击“位置”下面的“浏览”按钮，选择虚拟机的安装位置，本例选择（或输入）“C:\Users\zhuyx\Documents\Virtual Machines\Red Hat Enterprise Linux 7 64 位”，单击“下一步”按钮，如图 1-6 所示。

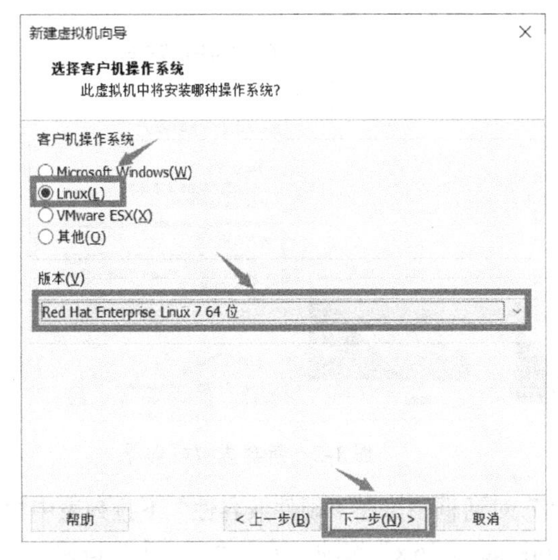

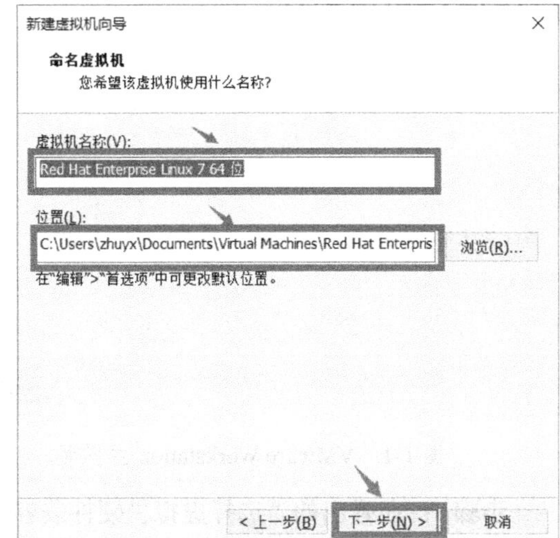

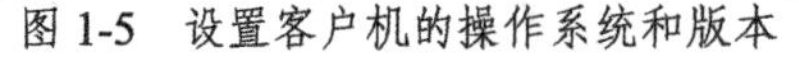
图 1-5 设置客户机的操作系统和版本

图 1-6 设置虚拟机名称和安装位置

步骤 7：在弹出的“处理器配置”对话框中，设置处理器数量和每个处理器的内核数量，本例设置“处理器数量”为 1、“每个处理器的内核数量”为 1，单击“下一步”按钮，如图 1-7 所示。

步骤 8：在弹出的“此虚拟机的内存”对话框中，设置“此虚拟机的内存”为 2048MB，单击“下一步”按钮，如图 1-8 所示。

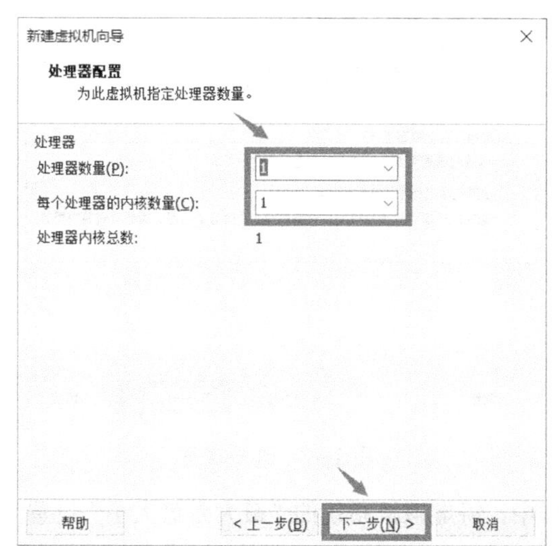

图 1-7　设置处理器数量和每个处理器的内核数量

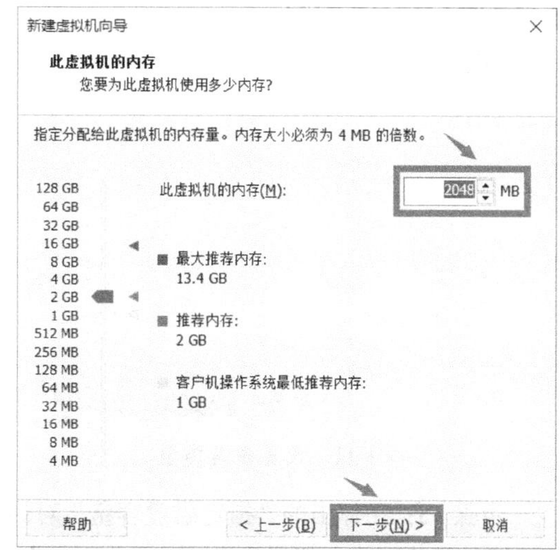

图 1-8　设置此虚拟机的内存

步骤 9：在弹出的“网络类型”对话框中，根据需要设置“网络连接”类型，为了方便物理机和虚拟机连接，本例选中“使用桥接网络”单选按钮，单击“下一步”按钮，如图 1-9 所示。

步骤 10：在弹出的“选择 I/O 控制器类型”对话框中，使用默认设置“LSI Logic（L）（推荐）”，单击“下一步”按钮，如图 1-10 所示。

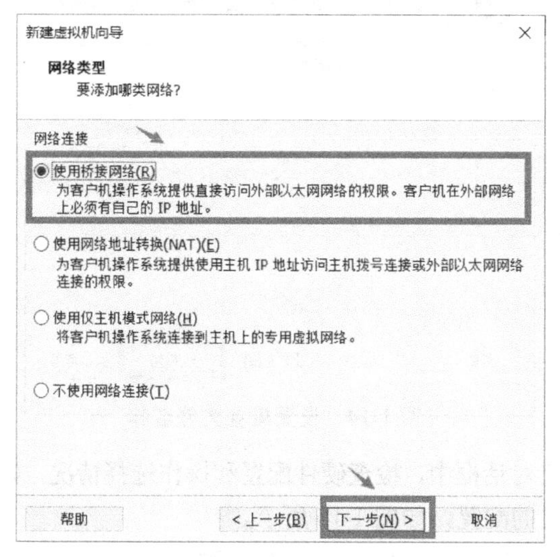

图 1-9　设置网络类型

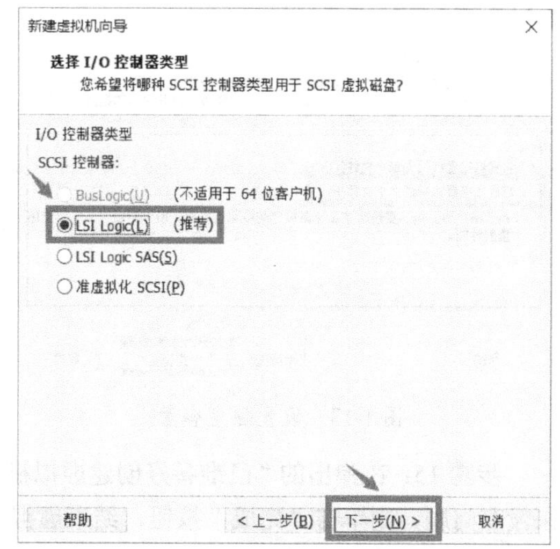

图 1-10　设置 I/O 控制器类型

步骤 11：在弹出的“选择磁盘类型”对话框中，选中“SCSI（S）（推荐）”单选按钮，单击“下一步”按钮，如图 1-11 所示。

步骤 12：在弹出的“选择磁盘”对话框中，根据实际情况选择磁盘，本例选中“创建新虚拟磁盘”单选按钮，单击“下一步”按钮，如图 1-12 所示。

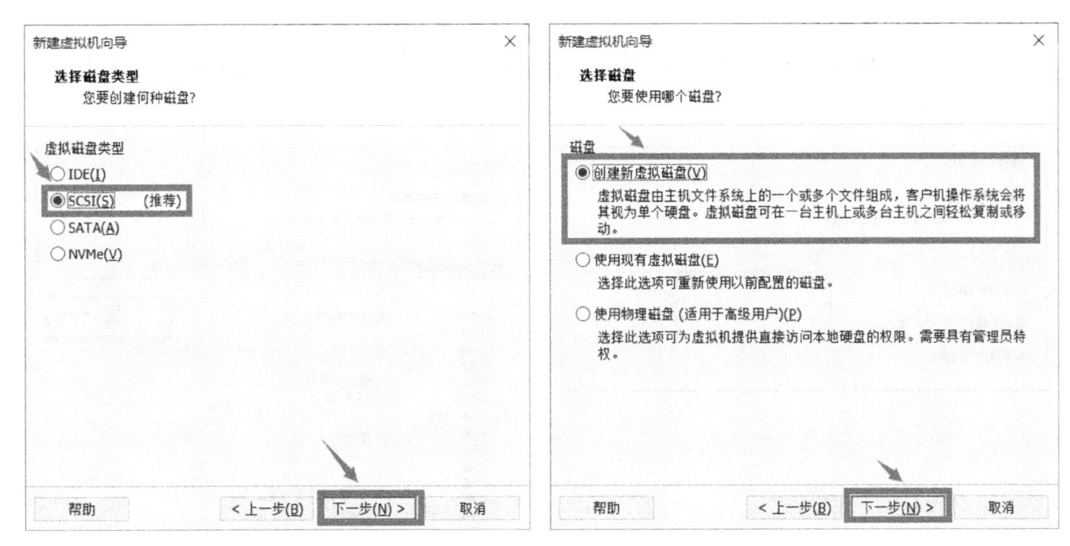

图 1-11　设置磁盘类型　　　　图 1-12　选择磁盘

步骤 13：在弹出的“指定磁盘容量”对话框中，将虚拟机系统的“最大磁盘大小”设置为 20.0GB，选中“将虚拟磁盘拆分成多个文件”单选按钮，单击“下一步”按钮，如图 1-13 所示。

步骤 14：在弹出的“指定磁盘文件”对话框中，输入磁盘文件的名称，本例保持默认设置，单击“下一步”按钮，如图 1-14 所示。

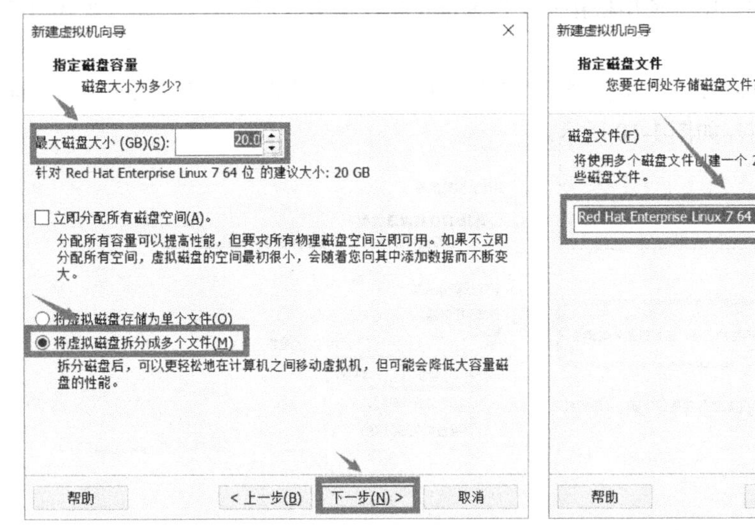

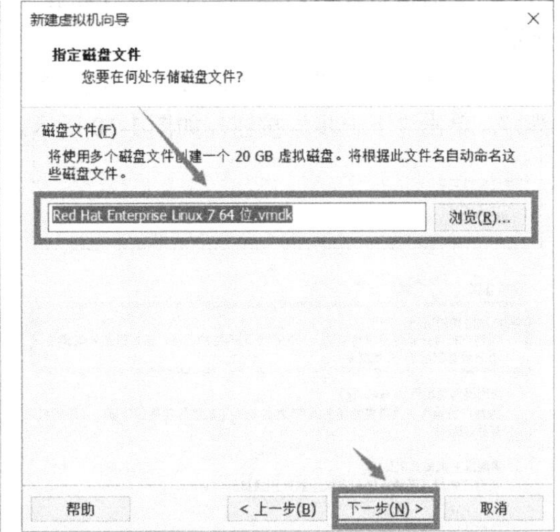

图 1-13　设置磁盘容量　　　　图 1-14　设置磁盘文件名称

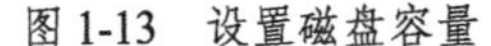

步骤 15：在弹出的“已准备好创建虚拟机”对话框中，检查硬件配置和操作选择情况，如果没有问题，则单击“完成”按钮，结束虚拟机的配置，如图 1-15 所示。

步骤 16：如果要修改配置，则在图 1-15 中单击“自定义硬件”按钮，弹出如图 1-16 所示的“虚拟机设置”对话框，即可从中选择相应硬件并加以修改，完成后单击“关闭”按钮，返回如图 1-15 所示的对话框，最后单击“完成”按钮，完成虚拟机的配置。在虚拟机配置完成后，界面如图 1-17 所示。

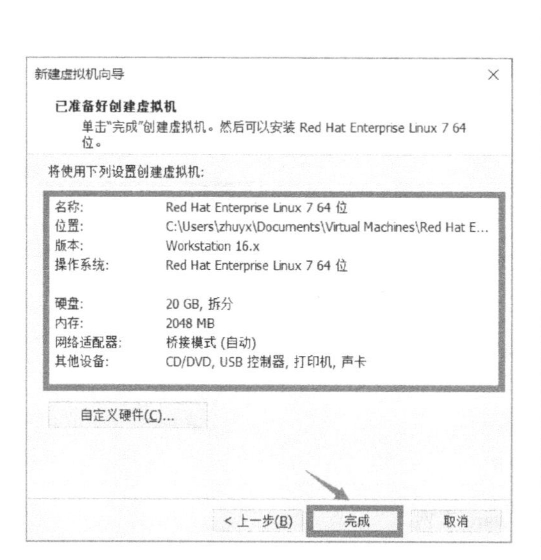

图 1-15　检查硬件配置和操作选择情况

图 1-16　"虚拟机设置"对话框

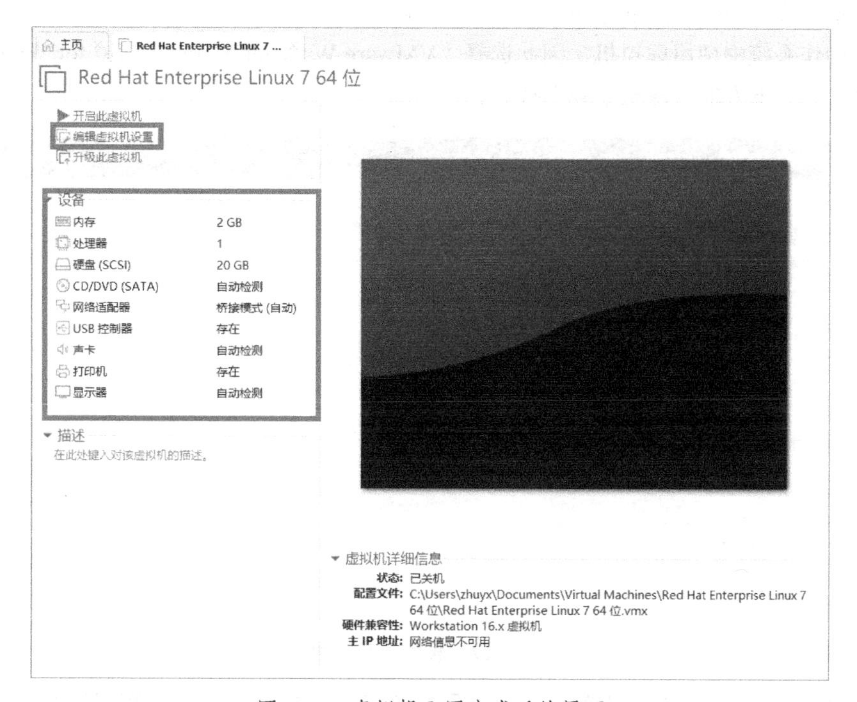

图 1-17　虚拟机配置完成后的界面

【知识拓展】

VMware 虚拟机软件是一个虚拟 PC 软件，可以使用户在一台计算机上同时运行两个或更多个 Windows、DOS、Linux 操作系统。与多启动系统相比，VMware 采用了完全不同的概念。多启动系统在同一时刻只能运行一个系统，在切换系统时需要重新启动计算机。

VMware 的下载与安装过程如下所述。

步骤 1：进入 VMware 官网，选择上方的“下载”选项，然后选择左侧导航栏中的“产品下载”标签，并选择右侧出现的“Workstation Pro”选项，如图 1-18 所示。

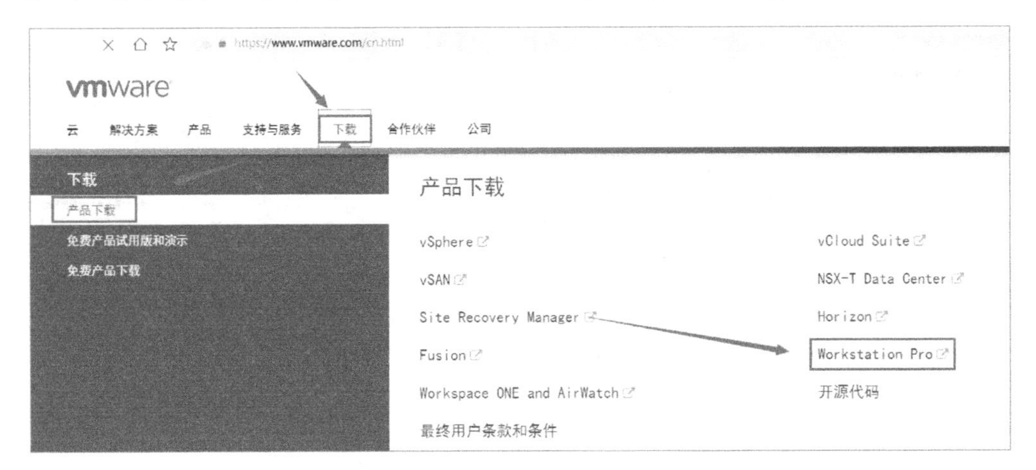

图 1-18　VMware 官网

步骤 2：弹出软件下载页面，如图 1-19 所示。在“选择版本”下拉列表中选择 VMware 的版本号，本例选择 16.0。在下方的“产品下载”选项卡中，选择具体的产品类型，本例要求在 Windows 操作系统中使用虚拟机，因此选择“VMware Workstation Pro 16.1.0 for Windows”选项，并单击其右下方的“转至下载”按钮。

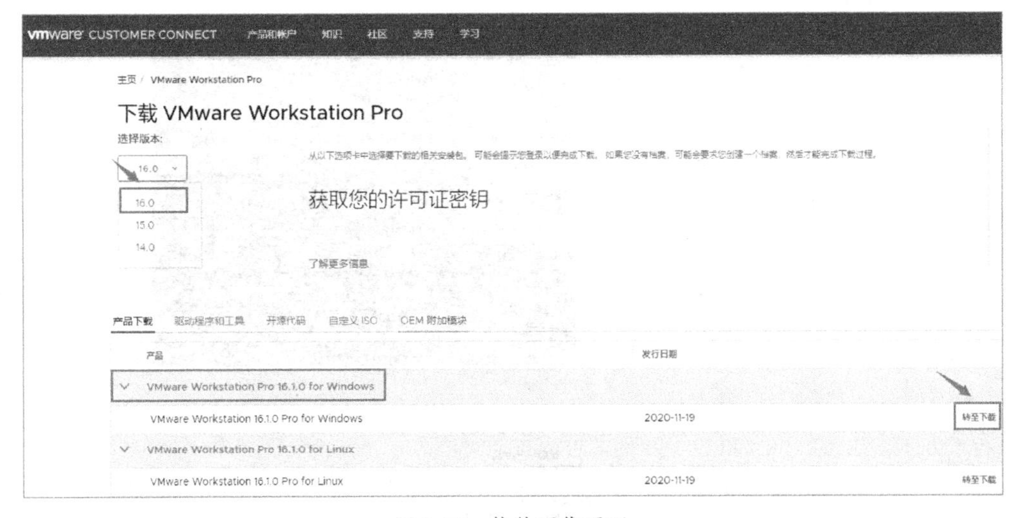

图 1-19　软件下载页面

步骤 3：弹出对应的产品下载页面，如图 1-20 所示。单击“立即下载”按钮，会跳转到登录页面，注册一个账号，在注册后就可以下载了（注意：也可以不在官网下载，而是通过其他网站下载）。

步骤 4：下载成功后，转到指定目录，双击安装文件，进入安装向导，如图 1-21 所示，单击“下一步”按钮。

步骤 5：在弹出的“最终用户许可协议”对话框中，勾选“我接受许可协议中的条款”复选框，单击“下一步”按钮，如图 1-22 所示。

图 1-20　产品下载页面

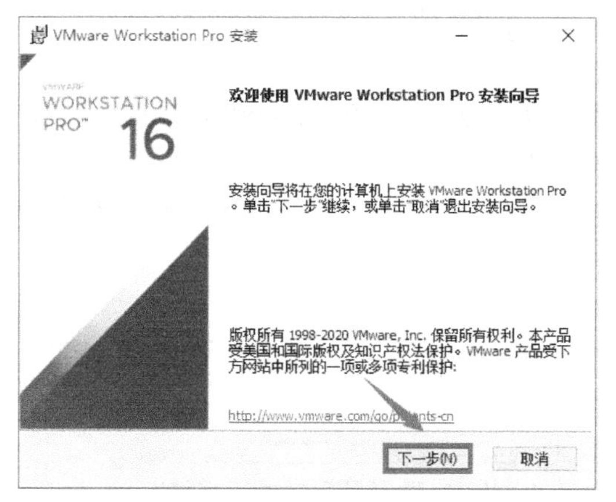

图 1-21　安装向导

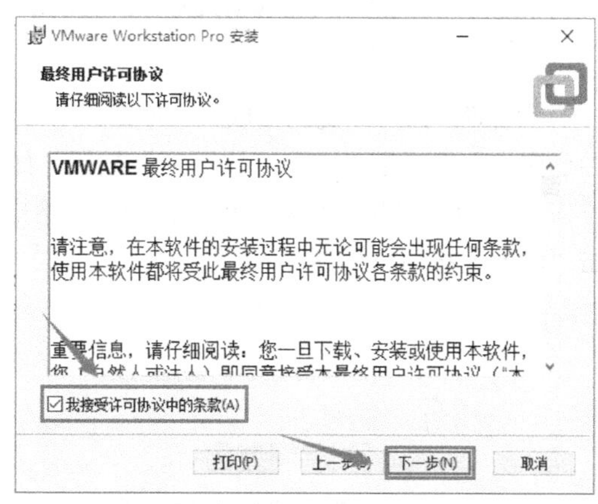

图 1-22　“最终用户许可协议”对话框

步骤 6：在弹出的“自定义安装”对话框中设置安装位置。如果需要更改，则单击“更改”按钮进行更改即可，本例中的所有选项均保持默认设置，单击“下一步”按钮，如图 1-23 所示。

步骤 7：在弹出的“快捷方式”对话框中，根据需要设置桌面和开始菜单中的快捷方式，本例保持默认设置，单击“下一步”按钮，如图 1-24 所示。

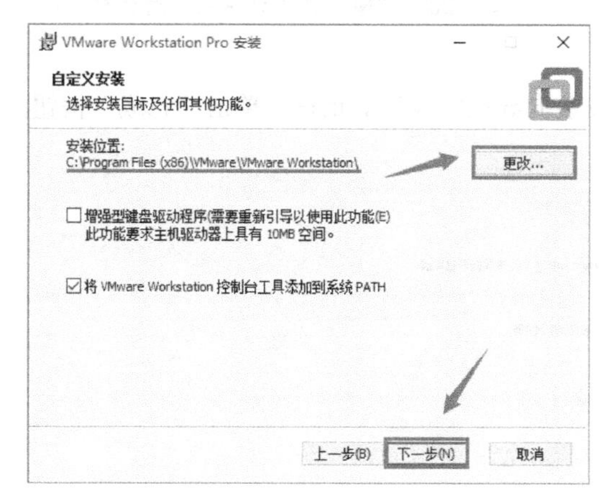

图 1-23　设置安装位置

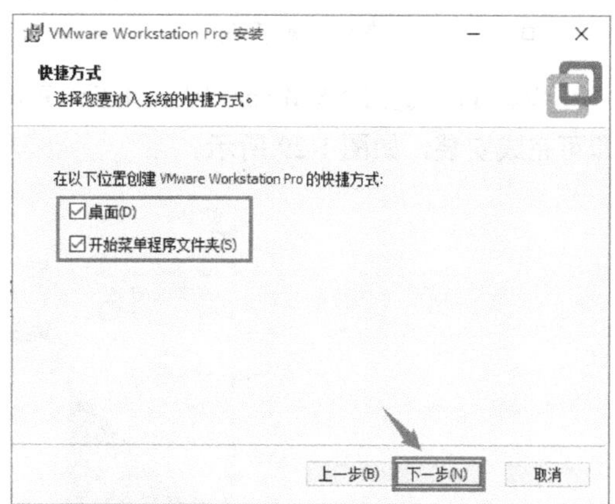

图 1-24　设置快捷方式

步骤 8：弹出“已准备好安装 VMware Workstation Pro”对话框，如图 1-25 所示。单击“安装”按钮，开始安装程序，安装过程（复制文件）将持续大约 1 分钟的时间，如图 1-26 所示。

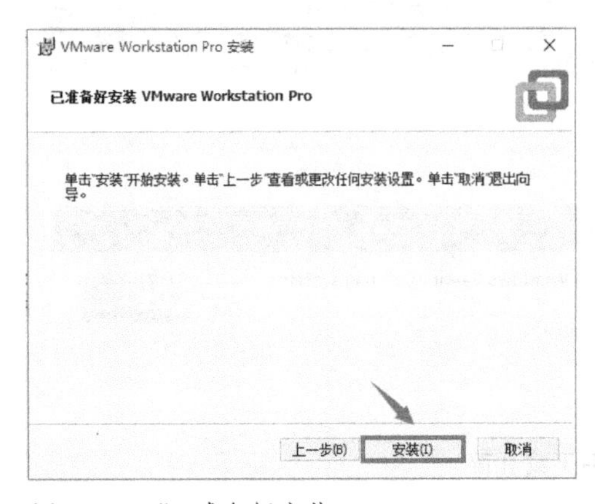

图 1-25 "已准备好安装 VMware Workstation Pro"对话框

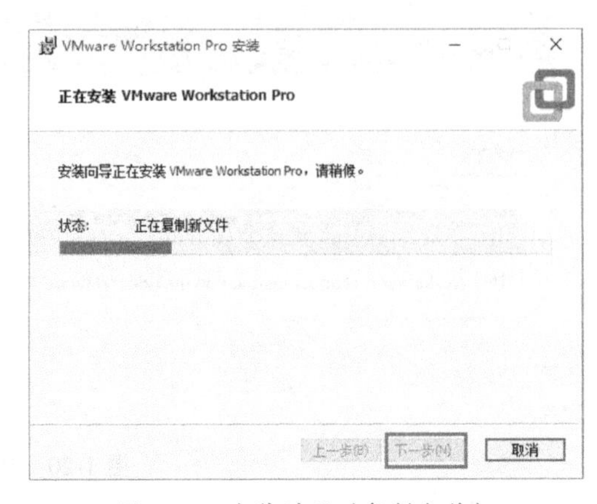

图 1-26 安装过程（复制文件）

步骤 9：在文件复制完成后，单击"下一步"按钮，弹出"VMware Workstation Pro 安装向导已完成"对话框，单击"许可证"按钮，如图 1-27 所示。

步骤 10：弹出"输入许可证密钥"对话框，在"许可证密钥格式"文本框中输入密钥，单击"输入"按钮，如图 1-28 所示。

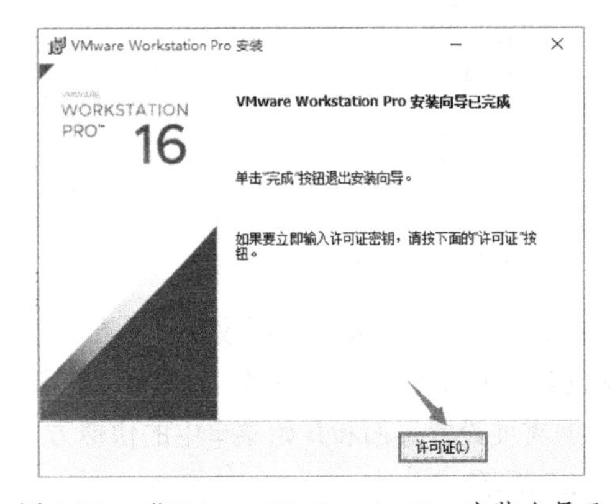

图 1-27 "VMware Workstation Pro 安装向导已完成"对话框

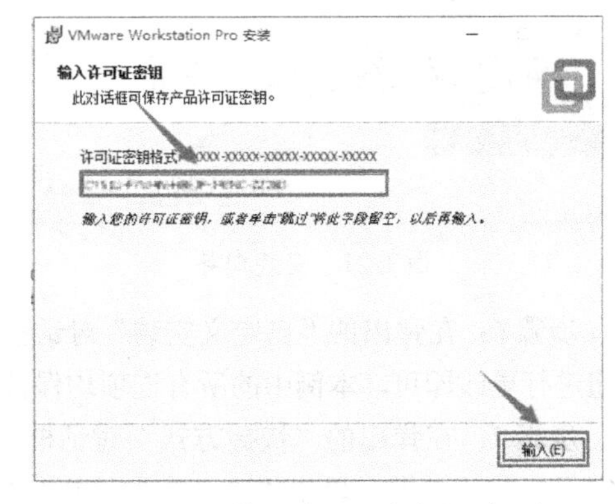

图 1-28 "输入许可证密钥"对话框

步骤 11：返回"VMware Workstation Pro 安装向导已完成"对话框，单击"完成"按钮，即可完成安装，如图 1-29 所示。

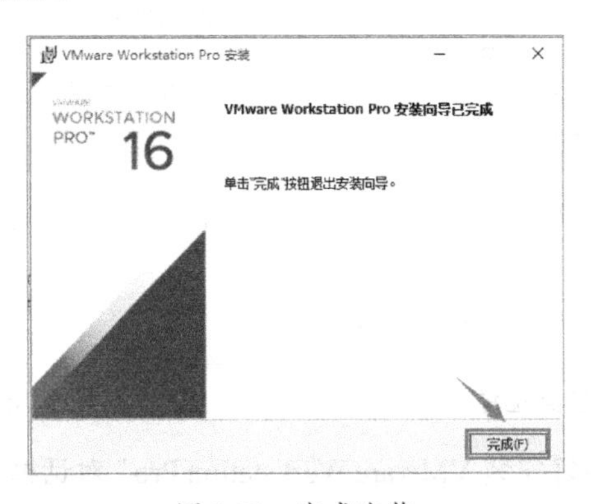

图 1-29 完成安装

任务 2 安装 Linux 操作系统

【任务分析】

公司为每个员工都配备了台式计算机，但是大家习惯使用 Windows 操作系统进行办公，为此张主管申请了一台崭新的办公计算机，用于在正式部署 Linux 服务器之前将各项工作预演一遍。该计算机除了预先安装的 Windows 10 操作系统，还需要安装预演所需的 Linux 虚拟机。他决定把这个任务交给一直向他请教问题的小李，给他一个锻炼的机会，顺便检验一下小李的学习效果。

张主管把小李叫到办公室，告诉他这次安装的要求如下。

（1）安装 RHEL 7.4 操作系统。

（2）将虚拟机磁盘空间设置为 60GB，内存设置为 4GB。

（3）要安装“带 GUI 的服务器”。

（4）按要求配置分区，要求前 4 个分区采用 Ext4 文件系统（其中，swap 交换分区的文件系统类型必须使用 swap），后 4 个分区采用 XFS 文件系统。

- /boot 分区大小为 300MB。
- swap 分区大小为 4GB。
- /分区大小为 10GB。
- /usr 分区大小为 8GB。
- /home 分区大小为 8GB。
- /var 分区大小为 8GB。
- /tmp 分区大小为 1GB。

（5）为 root 用户设置密码为“Zenti@2021”；创建 zenti01 用户，将其密码设置为“Zenti#2021”。

【知识准备】

1. Linux 操作系统的发展历史和版权问题

1）Linux 操作系统的发展历史

Linux 操作系统是一个类似 UNIX 的操作系统，是 UNIX 操作系统在微型计算机上的完整实现，其标志是一个名为 Tux 的小企鹅，如图 1-30 所示。UNIX 操作系统是 1969 年由 K.Thompson 和 D.M.Richie 在美国贝尔实验室开发的一种操作系统，由于其良好而稳定的性能迅速在计算机中得到广泛的应用，并在随后的几十年中进行了不断的改进。

1990 年，Linus Torvalds 开始着手研究并编写一个开放的、与 Minix 操作系统兼容的操作系统。

1991 年 10 月 5 日，Linus Torvalds 公布了第一个 Linux 内核版本——内核 0.02 版本。

1992 年 3 月，内核 1.0 版本的推出，标志着第一个 Linux 正式版本的诞生。

目前，Linux 操作系统凭借优秀的设计、卓越的性能，加上 IBM、Intel、AMD、DELL、Oracle、Sybase 等国际知名企业的大力支持，市场份额逐步扩大，逐渐成为主流操作系统之一。

2）Linux 操作系统的版权问题

Linux 操作系统是基于 Copyleft（无版权）的软件模式进行发布的。事实上，Copyleft 是与 Copyright（版权所有）相对立的新名称。在 GNU 工程中，被大多数软件使用的具体发布规则都包含在了 GNU 通用公共许可证（GNU General Public License，GPL）中。GNU 项目的标志是角马，如图 1-31 所示。

图 1-30 Linux 的标志——Tux

图 1-31 GNU 项目的标志——角马

GPL 是由自由软件基金会发行的计算机软件的协议证书。使用该证书的软件被称为自由软件，后来改名为开放源码软件（Open Source Software）。大多数的 GNU 程序和超过半数的自由软件都使用 GPL，因为它可以保证任何人有权使用、复制和修改该软件。

○ 小资料

GNU 使用了有趣的递归缩写形式，是“GNU's Not UNIX”的缩写形式。由于递归缩写是一种在全称中递归引用它自身的缩写形式，因此无法准确地表示其真正全称。

3）Linux 操作系统的特点

Linux 操作系统是一款开源软件，全球程序员都可以为其增加功能。作为一个免费、自由、开放的操作系统，Linux 操作系统拥有如下所述的一些特点。

- 完全免费。
- 高效、安全、稳定。
- 支持多种硬件平台。
- 友好的用户界面。
- 强大的网络功能。
- 支持多任务、多用户。

2. Linux 操作系统的体系结构

Linux 操作系统一般有 3 个主要部分，即内核（Kernel）、命令解释层（Shell 或其他操作环境）、实用工具。

1）内核

内核是系统的心脏，是运行程序和管理类似于磁盘及打印机等硬件设备的核心程序。Linux 内核的源码主要使用 C 语言编写，只有部分与驱动相关的源码使用汇编语言（Assembly）编写。

2）命令解释层

命令解释层是指系统的用户操作界面，提供了用户与内核进行交互操作的一种接口。它接收用户输入的命令，并把命令传递给内核执行。

Linux 操作系统存在几种操作环境，分别是桌面（Desktop）、窗口管理器（Window Manager）和命令行 Shell（Command Line Shell）。Linux 操作系统中的每个用户都可以拥有自己的操作界面，并且可以根据自己的要求进行定制。

Shell 是一种交互式命令解释程序，可以解释由用户输入的命令，并把命令传递给内核执行。

同 Linux 操作系统本身一样，Shell 也有多种不同的版本。目前，Shell 主要有下列版本。

- Bourne Shell：贝尔实验室开发的版本。
- Bash Shell：GNU 的 Bourne Again Shell，是 GNU 操作系统上默认的 Shell。
- Korn Shell：对 Bourne Shell 的扩展版本，在大部分情况下与 Bourne Shell 兼容。
- C Shell：Sun 公司 Shell 的 BSD 版本。

Shell 不仅是一种交互式命令解释程序，还是一种程序设计语言。

Shell 脚本程序是解释型的，也就是说，Shell 脚本程序不需要进行编译，就可以直接逐条解释、逐条执行脚本程序的源语句。

Shell 脚本程序的处理对象只能是文件、字符串或命令语句，不像其他高级语言一样有丰富的数据类型和数据结构。

作为命令行操作界面的替代选择，Linux 操作系统提供了像 Microsoft Windows 一样的可视化界面——X-Window 的图形用户界面（GUI）。

目前比较流行的窗口管理器是 KDE 和 GNOME（其中，GNOME 是 Red Hat Linux 默认使用的界面），两种桌面都可以免费获得。

3）实用工具

标准的 Linux 操作系统都有一套被称为实用工具的程序，它们是专门的程序，如编辑器、过滤器和交互程序。用户也可以编写自己的实用工具。

- 编辑器：用于编辑文件。
- 过滤器：Linux 的过滤器（Filter）用于读取用户文件或其他地方的输入。
- 交互程序：允许用户发送信息或接收来自其他用户的信息。

3. 认识 Linux 操作系统的版本

Linux 操作系统的版本分为内核版本和发行版本。

内核提供了一个裸设备与应用程序之间的抽象层。Linux 内核的开发和规范一直由 Linus 领导的开发小组控制，版本也是唯一的。

Linux 内核的版本号遵循一定的命名规则，其格式通常为“主版本号.次版本号.修正号”。

在一般情况下，Linux 操作系统是针对发行版本（Distribution）的。目前，各种发行版本超过 300 种，流行的套件有 Red Hat（红帽）、红旗 Linux、银河麒麟和统信 UOS 等，其中银河麒麟和统信 UOS 是我国为攻克中国软件核心技术“卡脖子”的问题，完全自主研发的以 Linux 为内核的操作系统，正在被广泛使用。从国产 Linux 系统的崛起可以看出，科技是第一生产力，只有坚持守正创新，以科学的态度对待科学，才能达到世界的领先位置。。

4. Red Hat Enterprise Linux 7

2014 年年末，Red Hat 公司推出了企业版 Linux 操作系统——Red Hat Enterprise Linux 7（RHEL 7）。

RHEL 7 操作系统创新地集成了 Docker 虚拟化技术，支持 XFS 文件系统，兼容 Microsoft 的身份管理，其性能和兼容性相较于之前版本都有了很大的改善，是一款非常优秀的操作系统。

RHEL 7 操作系统的改变非常大，最重要的是，它采用了 systemd 作为系统初始化进程。

这样一来，几乎之前所有的运维自动化脚本都需要修改。同时，老版本可能存在安全漏洞或者功能缺陷的概率较大，而新版本存在安全漏洞的概率较小，且即使存在安全漏洞，也会快速得到众多开源社区和企业的响应并被快速地修复，所以建议尽快升级到 RHEL 7 操作系统。

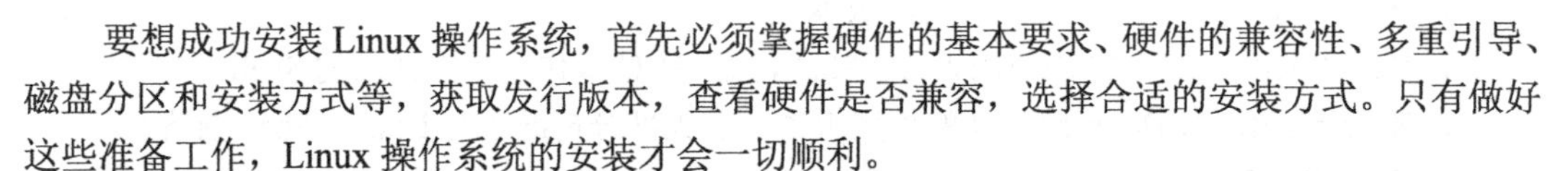

【任务实施】

要想成功安装 Linux 操作系统，首先必须掌握硬件的基本要求、硬件的兼容性、多重引导、磁盘分区和安装方式等，获取发行版本，查看硬件是否兼容，选择合适的安装方式。只有做好这些准备工作，Linux 操作系统的安装才会一切顺利。

RHEL 7 操作系统支持目前的绝大多数主流硬件设备，不过由于硬件配置、规格更新非常快，因此如果想知道自己的硬件设备是否被 RHEL 7 操作系统支持，最好访问一下硬件认证网页，查看哪些硬件通过了 RHEL 7 操作系统的认证。

1. 多重引导

Linux 和 Windows 操作系统的多系统共存有多种实现方式，最常用的有以下 3 种。

- 先安装 Windows 操作系统，再安装 Linux 操作系统，最后用 Linux 操作系统内置的 GRUB 或者 LILO 实现多系统引导。
- 无所谓先安装 Windows 操作系统还是 Linux 操作系统，最后经过特殊的操作，使用 Windows 操作系统内置的 OS Leader 来实现多系统引导。
- 同样无所谓先安装 Windows 操作系统还是 Linux 操作系统，最后使用第三方软件来实现 Windows 和 Linux 操作系统的多系统引导。

在这 3 种实现方式中，目前用户使用最多的是通过 Linux 的 GRUB 或者 LILO 实现 Linux 和 Windows 操作系统的多系统引导。

2. 安装方式

任何磁盘在使用前都需要进行分区。磁盘的分区有两种类型：主分区和扩展分区。RHEL 7 操作系统支持 4 种安装方式——从 CD-ROM/DVD 启动安装、从磁盘安装、从 NFS 服务器安装和从 FTP/HTTP 服务器安装。本任务选择从 CD-ROM/DVD 启动安装。

3. 规划分区

在启动 RHEL 7 操作系统安装程序前，需要根据实际情况的不同，准备 RHEL 7 DVD 镜像，同时进行分区规划。

对于初次接触 Linux 操作系统的用户来说，分区方案越简单越好，所以最好的选择就是为 Linux 操作系统配备两个分区：一个是用户保存系统和数据的根分区（/），另一个是交换分区（mnt）。其中，交换分区不用太大，与物理内存的大小相同即可；根分区则需要根据 Linux 操作系统安装后占用资源的大小和需要保存数据的多少来调整大小（在一般情况下，为根分区划分出 15GB～20GB 就足够了）。

而熟悉 Linux 操作系统的用户一般还会单独创建一个/boot 分区，用于保存系统启动时所需要的文件；创建一个/usr 分区，用于保存操作系统的相关文件；创建一个/home 分区，用于保存所有的用户信息文件；创建一个/var 分区，用于保存服务器的登录文件、邮件、Web 服务器的数据文件等，如图 1-32 所示。

4. 准备工作

（1）在“虚拟机设置”对话框中选择前面创建好的 VMware 虚拟机的“CD/DVD（SATA）”

选项，选中“使用 ISO 映像文件”单选按钮并选择下载好的 RHEL 操作系统的映像文件，如图 1-33 所示。

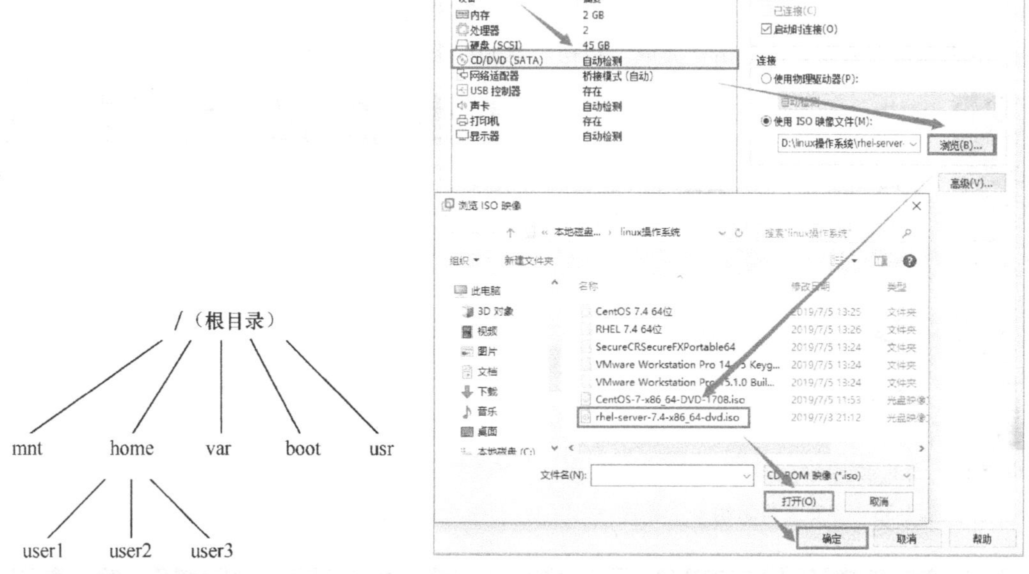

图 1-32　Linux 服务器常见分区方案　　　　图 1-33　选择 RHEL 操作系统的映像文件

（2）开机并进入 BIOS，对开机启动顺序进行设置，确保在安装时 CD-ROM 优先启动。同时，在安装和使用虚拟系统时，宿主机的 CPU 需要开启 VT（Virtualization Technology，虚拟化技术）。在设置完成后，保存并重启虚拟机。

5. 操作步骤

步骤 1：在虚拟机管理界面中，单击“开启此虚拟机”按钮，进入 RHEL 7 操作系统安装界面，如图 1-34 所示。其中，“Test this media & install Red Hat Enterprise Linux 7.4”和“Troubleshooting”选项的作用分别是校验光盘完整性后安装及启动救援模式。

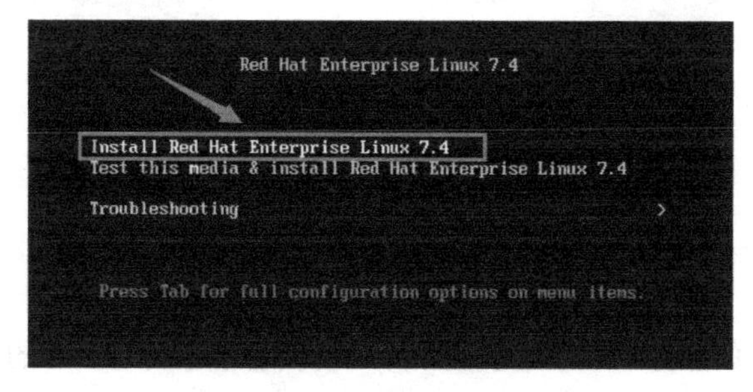

图 1-34　RHEL 7 操作系统安装界面

通过键盘的方向键选择“Install Red Hat Enterprise Linux 7.4”选项，即可进入 Linux 操作系统安装程序（在开始安装前有一个提示，按 Enter 键即可正式开始安装）。

步骤 2：按 Enter 键后开始加载安装镜像，所需时间为 30～60 秒，请耐心等待，然后选择系统的安装语言（简体中文）并单击“继续”按钮。

步骤 3：在弹出的“安装信息摘要”界面（见图 1-35）中，单击“日期和时间”按钮，弹出“日期&时间”界面，在此根据实际情况设置地区、城市和时间等信息，这里的全部选项保持默认设置。单击“完成”按钮，返回如图 1-35 所示的界面。

步骤 4：单击“键盘”按钮，弹出“键盘布局”界面，如图 1-36 所示。单击“+”按钮，弹出“添加键盘布局”对话框，如图 1-37 所示。选择“汉语”选项后，单击“添加”按钮，并单击“完成”按钮，返回如图 1-35 所示的界面。

步骤 5：单击“语言支持”按钮，弹出“语言支持”界面。勾选“中文”→“简体中文（中国）”复选框后，单击“完成”按钮，返回如图 1-35 所示的界面。

步骤 6：单击“安装源”按钮，弹出 “安装源”界面，如图 1-38 所示。在一般情况下，系统可以自动检测到正确的安装源位置，如果没有检测到，则可以检查光盘是否被插入或损坏等，本例保持默认设置，单击“完成”按钮，返回如图 1-35 所示的界面。

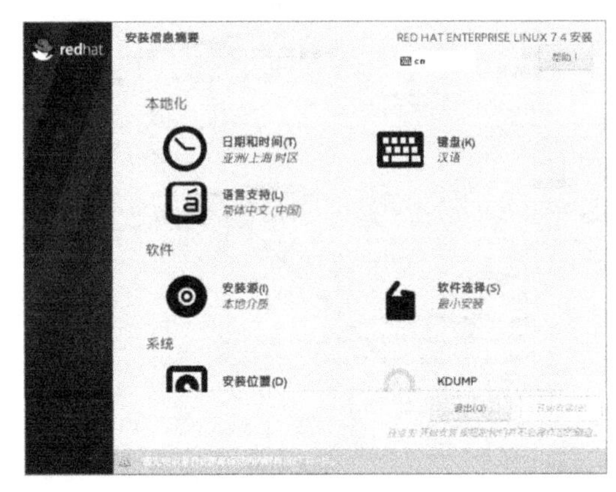

图 1-35 “安装信息摘要”界面

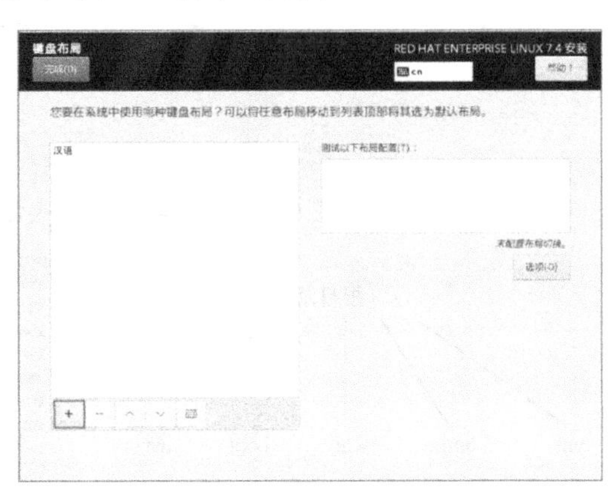

图 1-36 “键盘布局”界面

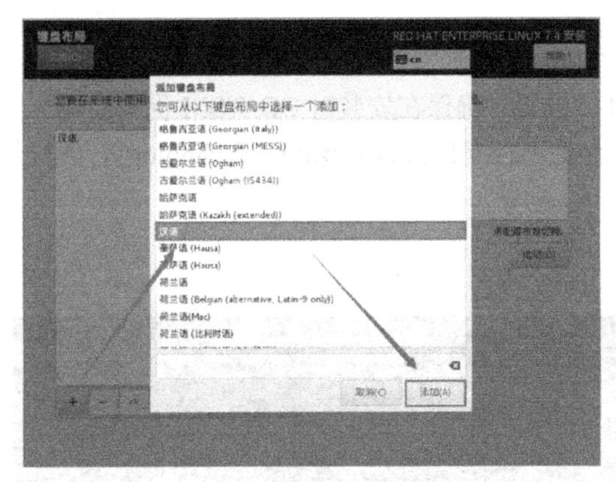

图 1-37 “添加键盘布局”对话框

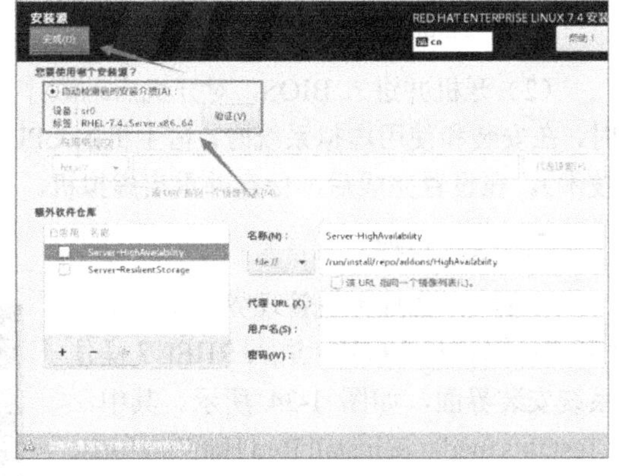

图 1-38 “安装源”界面

步骤 7：单击“软件选择”按钮，弹出“软件选择”界面，如图 1-39 所示。选中“带 GUI 的服务器”单选按钮，并在右侧窗格中勾选相应的复选框，本例勾选“Java 平台”和“KDE”复选框，单击“完成”按钮，返回如图 1-35 所示的界面。

步骤 8：单击“安装位置”按钮，弹出“安装目标位置”界面，如图 1-40 所示，选中“我要配置分区”单选按钮后单击“完成”按钮，弹出“手动分区”界面，如图 1-41 所示。

步骤 9：在“新挂载点将使用以下分区方案”下拉列表中选择“标准分区”选项。单击“+”按钮，弹出“添加新挂载点”对话框，如图 1-42 所示，选择或输入挂载点“/boot”，在“期望容量”文本框中输入“300M”，单击“添加挂载点”按钮，返回“手动分区”界面，如图 1-43 所示。在界面左侧选择刚创建的“/boot”目录，在界面右侧修改文件系统为“ext4”。

步骤 10：按照步骤 9 的操作，结合项目规划内容，添加其他挂载点后，单击“完成”按钮，弹出“更改摘要”界面，如图 1-44 所示，单击“接受更改”按钮。

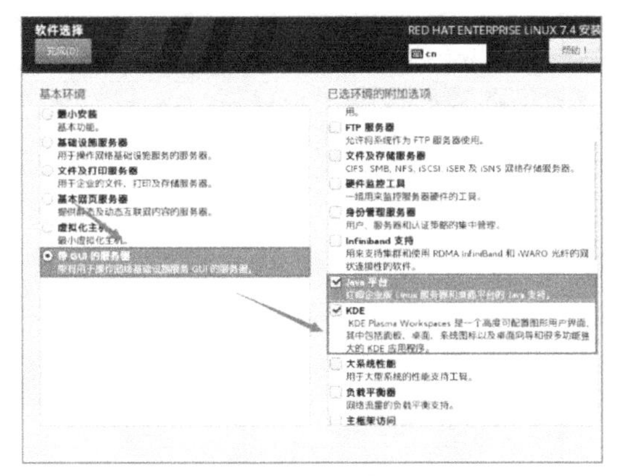

图 1-39　“软件选择”界面

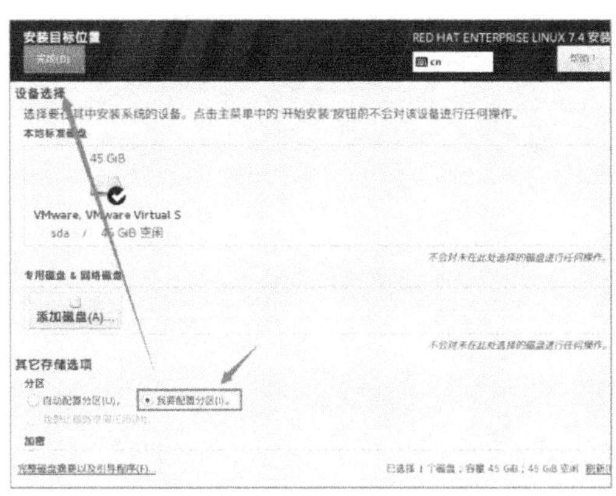

图 1-40　“安装目标位置”界面

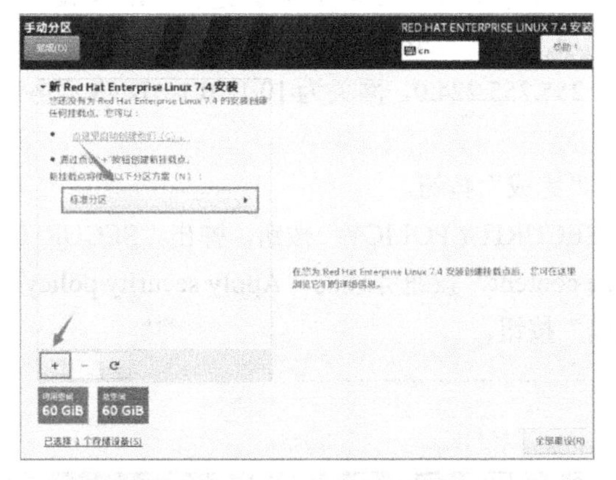

图 1-41　“手动分区”界面 1

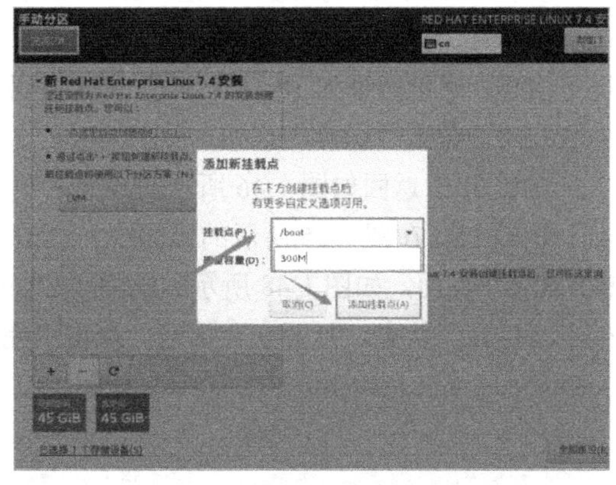

图 1-42　“添加新挂载点”对话框

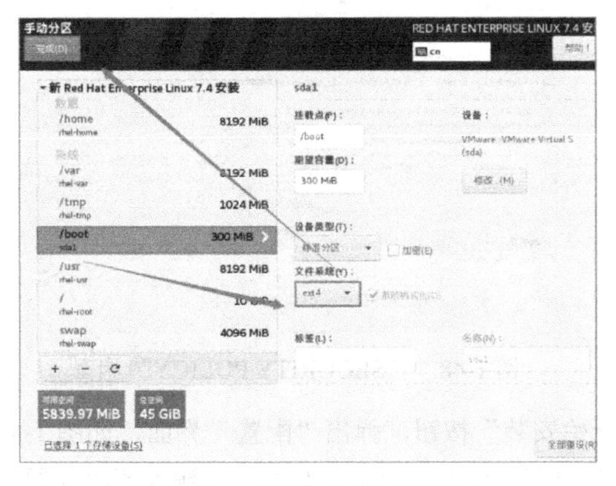

图 1-43　“手动分区”界面 2

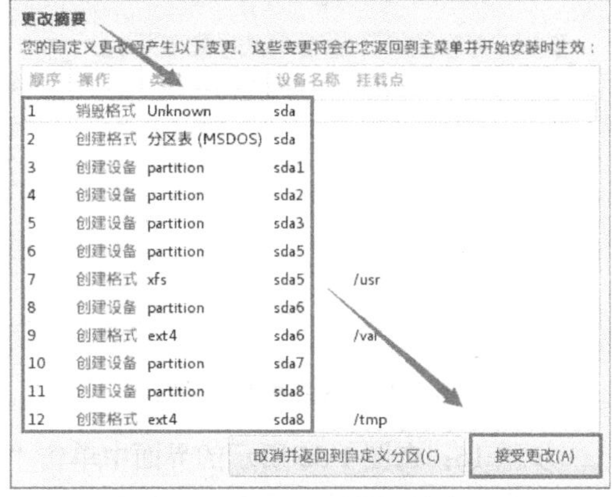

顺序	操作	类型	设备名称	挂载点
1	销毁格式	Unknown	sda	
2	创建格式	分区表 (MSDOS)	sda	
3	创建设备	partition	sda1	
4	创建设备	partition	sda2	
5	创建设备	partition	sda3	
6	创建设备	partition	sda5	
7	创建格式	xfs	sda5	/usr
8	创建设备	partition	sda6	
9	创建格式	ext4	sda6	/var
10	创建设备	partition	sda7	
11	创建设备	partition	sda8	
12	创建格式	ext4	sda8	/tmp

图 1-44　“更改摘要”界面

步骤 11：在图 1-35 所示的界面中，单击“KDUMP”按钮，弹出“KDUMP”界面，如图 1-45 所示。取消勾选“启用 kdump”复选框后，单击“完成”按钮，返回如图 1-35 所示的界面。

步骤 12：单击“网络和主机名”按钮，弹出“网络和主机名”界面，修改“主机名”为“RHEL 7-1”，单击“应用”按钮，确保以太网（ens33）处于“打开”状态，如图 1-46 所示。

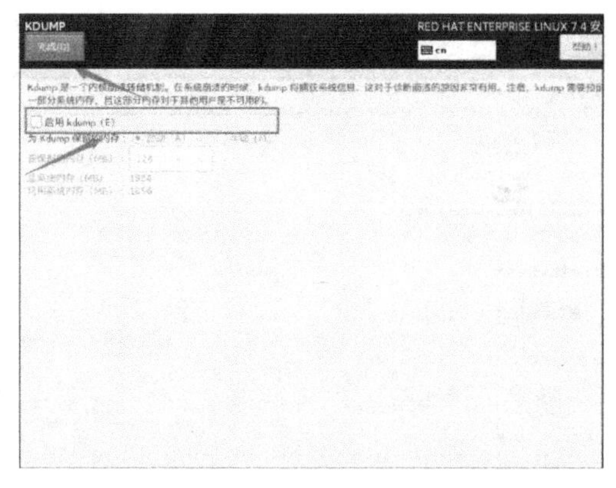

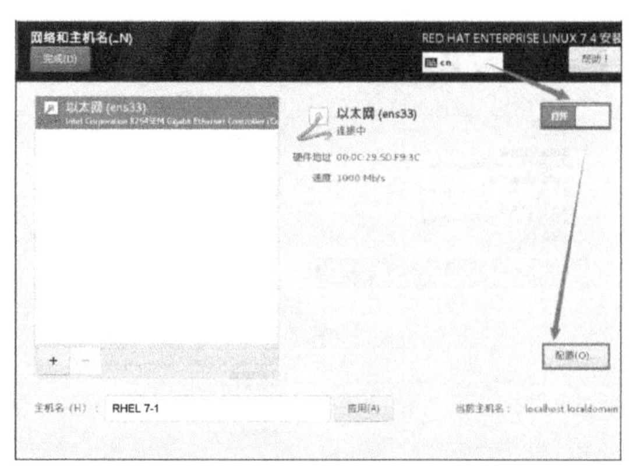

图 1-45 “KDUMP”界面

图 1-46 “网络和主机名”界面

步骤 13：单击“配置”按钮，弹出网络配置对话框，如图 1-47 所示。选择“IPv4 设置”选项卡，在“方法”下拉列表中选择“手动”选项，单击“Add”按钮，然后在地址区输入地址等信息，本例地址为 10.11.7.182，子网掩码为 255.255.224.0，网关为 10.11.0.1，DNS 服务器为 8.8.8.8，单击“保存”按钮。

步骤 14：返回如图 1-46 所示的界面，单击“完成”按钮。

步骤 15：在图 1-35 所示的界面中，单击“SECURITY POLICY”按钮，弹出“SECURITY POLICY”界面，如图 1-48 所示。确保“Change content”按钮旁边的“Apply security policy”处于“打开”状态，打开安全策略，单击“完成”按钮。

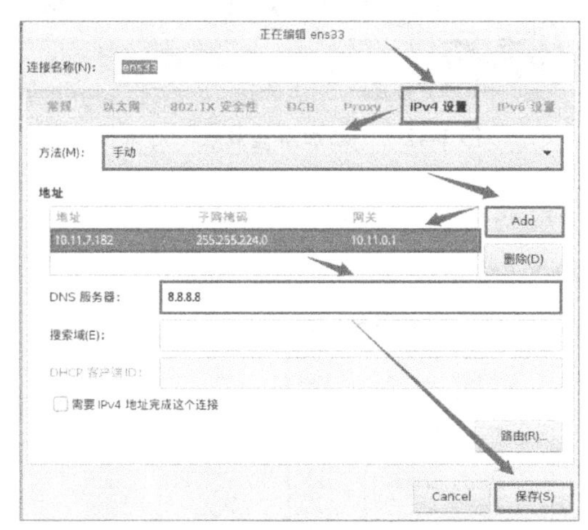

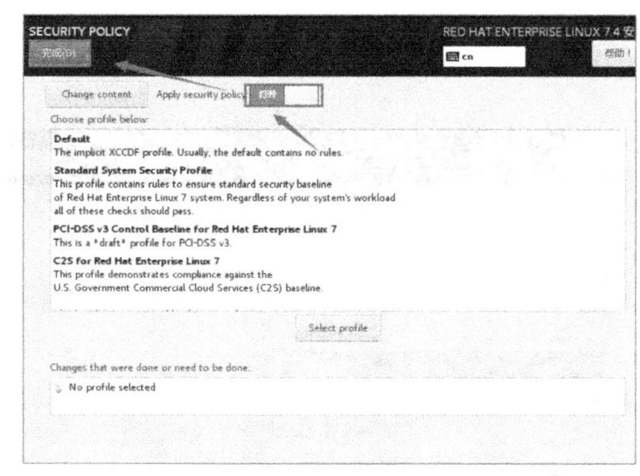

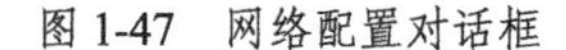
图 1-47 网络配置对话框

图 1-48 “SECURITY POLICY”界面

步骤 16：在图 1-35 所示的界面中单击“开始安装”按钮，弹出“配置”界面，如图 1-49 所示。单击“ROOT 密码”按钮，打开“ROOT 密码”界面，如图 1-50 所示。输入密码并确认后，单击“完成”按钮，返回如图 1-49 所示的界面。

步骤 17：单击“创建用户”按钮，弹出“创建用户”界面，输入创建用户的信息，如图 1-51 所示。单击“完成”按钮，弹出“配置”界面，如图 1-52 所示。等待安装结束，单击“重启”按钮。

步骤 18：重新引导系统后，弹出“初始设置”界面，如图 1-53 所示。单击“LICENSE INFORMATION”按钮，弹出“许可信息”界面，如图 1-54 所示。勾选下方的“我同意许可协议”复选框，单击“完成”按钮，返回如图 1-53 所示的界面。

图 1-49　“配置”界面 1

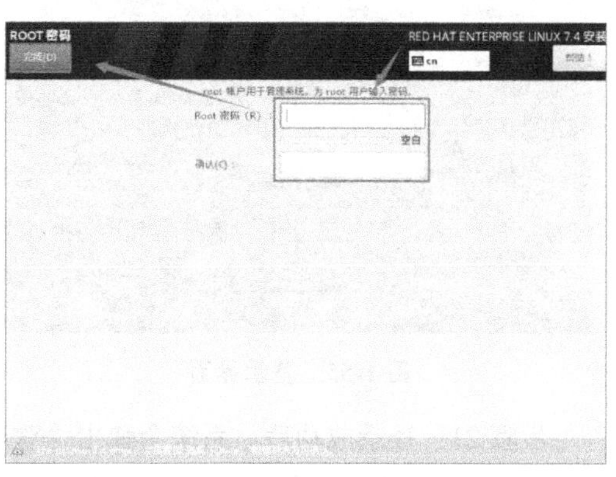

图 1-50　“ROOT 密码”界面①

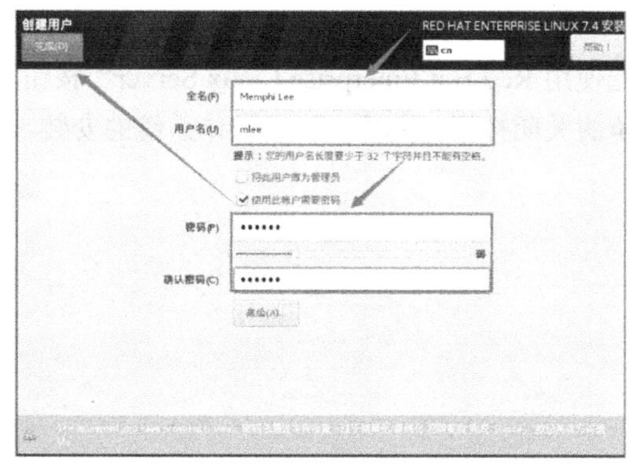

图 1-51　“创建用户”界面

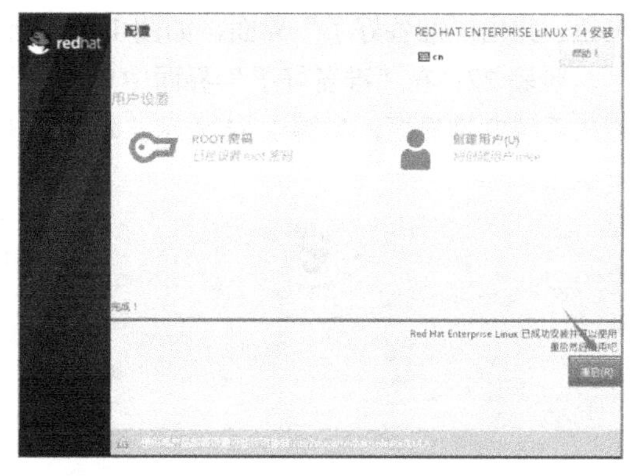

图 1-52　“配置”界面 2

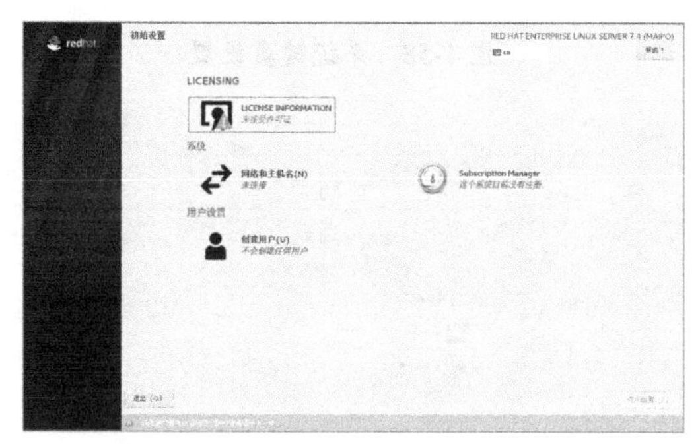

图 1-53　“初始设置”界面

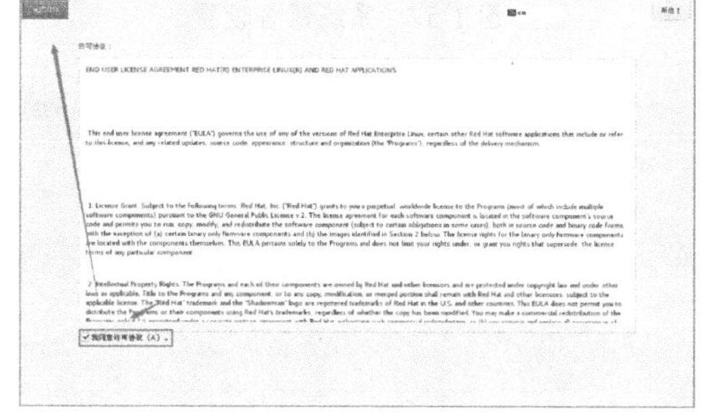

图 1-54　“许可信息”界面

步骤 19：“Subscription Manager”按钮是用于注册 RHEL 7 系统服务的，但是本例不进行注册操作，直接单击右下角的“完成配置”按钮，重新引导系统。

步骤 20：再次引导系统成功后，弹出登录界面，如图 1-55 所示。在选择用户名并输入密码后，单击“登录”按钮进入系统，如图 1-56 所示。如果要使用其他用户身份登录，则选择图 1-55 中的“未列出”选项，输入用户名和密码并单击“登录”按钮即可。

① 图 1-50 中“帐户”的正确写法为“账户”，后文同。

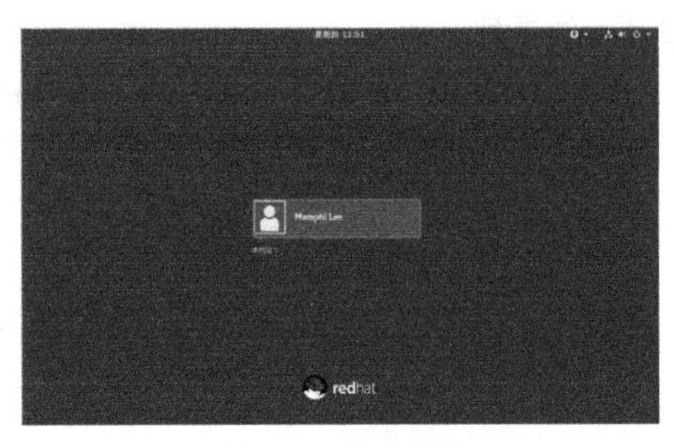

图 1-55　登录界面

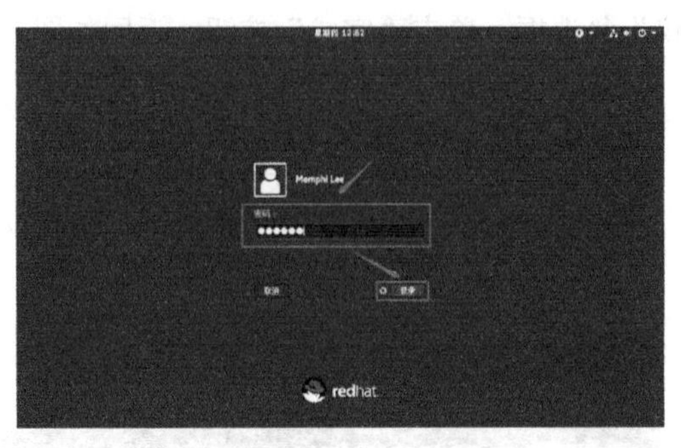

图 1-56　输入用户密码

步骤 21：登录成功后，系统会弹出“欢迎”界面，可以进行系统语言设置（见图 1-57）、系统输入设置（见图 1-58）、系统隐私设置（见图 1-59），保持默认并单击界面右上方的“前进”按钮，弹出“在线账号”界面，可以进行在线账号设置，如图 1-60 所示。单击右上角的“跳过”按钮，弹出“准备好了”界面，如图 1-61 所示。

步骤 22：在“准备好了”界面中单击“开始使用 Red Hat Enterprise Linux Server”按钮，弹出系统欢迎界面，如图 1-62 所示。单击右上角的关闭按钮，完成 Linux 操作系统的安装。

图 1-57　系统语言设置

图 1-58　系统键盘设置

图 1-59　系统隐私设置

图 1-60　在线账号设置①

① 图 1-60 中“帐号”的正确写法应该为“账号”，后文同。

图 1-61　“准备好了”界面

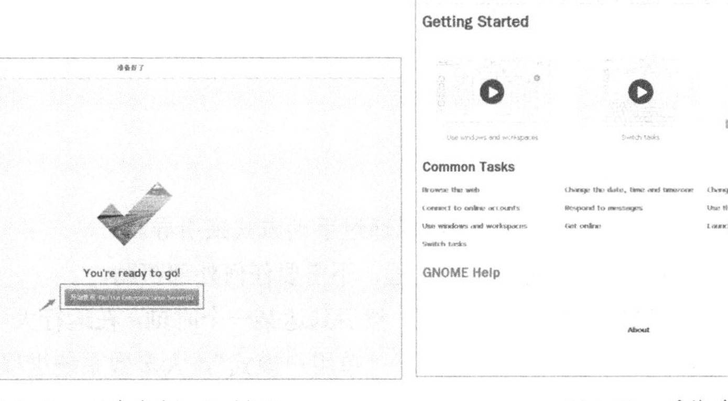

图 1-62　系统欢迎界面

【知识拓展】

1. 安装带 GUI 的服务器

RHEL 7 操作系统的软件定制界面可以根据用户的需求调整系统的基本环境。例如，把 Linux 操作系统用作基础服务器、文件服务器、Web 服务器或工作站等。此时只需在“软件选择”界面（见图 1-39）中选中“带 GUI 的服务器”单选按钮（如果不选中，则无法进入图形界面），并单击左上角的“完成”按钮即可。

注意：*必须选中标准分区，以保证/home 为单独分区，为后面进行配额实训做必要准备！*

2. 注意事项

（1）不可与 root 分区分开的目录是/dev、/etc、/sbin、/bin 和/lib。在系统启动时，内核只载入一个分区，那就是“/”，内核启动要加载/dev、/etc、/sbin、/bin 和/lib 目录的程序，所以以上几个目录必须和根目录“/”在一起。

（2）最好单独分区的目录是/home、/usr、/var 和/tmp。出于安全和管理考虑，最好将以上 4 个目录独立出来。例如，在 Samba 服务中，/home 目录可以配置磁盘配额 quota；在 Sendmail 服务中，/var 目录可以配置磁盘配额 quota。

任务 3　Linux 操作系统的基本配置

【任务分析】

在安装好 Linux 操作系统之后，一般情况下，用户都会根据自身喜好和需要对系统操作界面进行必要的设置和基本的操作，如 Linux 操作系统的启动、重启与关闭，以及 Linux 操作系统的运行级别设置。

（1）Linux 操作系统的启动、重启与关闭。

（2）Linux 操作系统的运行级别设置。

【知识准备】

1. 自动引导和手动引导

Linux 操作系统既可以通过自动方式也可以通过手动方式来引导。

在自动方式下，系统自己执行全部引导过程，不需要任何外部帮助。

在手动方式下，系统先自动执行一些过程，然后到达某一个时刻，在运行大多数初始化脚本之前，把控制权交给操作员。这时计算机处于“单用户模式”，大多数系统进程还没有运行，其他用户还不能登录系统。

2. 系统引导流程

（1）开机自检

服务器开机后将根据主板 BIOS 中的设置对 CPU、内存等硬件设备进行初步检测，并初始化部分硬件，建成完成后会将系统的控制权，一般都会已交给本机的硬盘。

（2）MBR 引导

当从本机硬盘中启动系统时，首先根据硬盘第一个扇区中的 MBR 设置，将系统控制权传递给包含操作系统引导文件的分区；或者直接根据 MBR 记录中的引导信息调用启动菜单。MBR，是 Master Boot Record 的缩写，可以成为主引导记录或者主引导扇区。计算机开机之后，访问磁盘必须先访问这个 MBR，获取到这个磁盘的相关信息，比如这个磁盘分区数量、分区的起点和终点、每个分区的文件系统等信息。MBR 大小为 512 字节，用于存放预启动、分区表等信息，它与我们的正常开机息息相关，所以为了以备不时之需我们还需对 MBR 提前备份。

（3）GRUB 菜单

对于 Linux 系统来说。GRUB（统一启动加载器）是使用最广泛的的多系统引导器程序。系统控制权传递给 GRUB 以后，将会显示启动菜单给用户选择，并根据所选项（或采用默认值）加载 Linux 内核文件，然后将系统控制权转交给内核。GRUB 引导程序通过读取 GRUB 配置文件/boot/grub2/grub.cfg，来获取内核和镜像文件系统的设置和路径位置

（4）加载 Linux 内核与内存文件系统

Linux 内核是一个预先编译好的特殊二进制文件，介于各种硬件资源与系统程序之间，负责资源分配与调度。内核接过系统控制权以后，将完全掌控整个 Linux 操作系统的运行过程，程序引导器会从本地硬盘中加载内核以及内存文件系统。

（5）加载硬件驱动以及初始化进程

内核与文件系统由内存文件系统切换至系统根文件系统，并重新运行/sysroot.systemd。启动默认图形或字符终端，最后等待用户登录。systemd 能够将更多的服务进程并行启动，并且具有提供按需启动服务的能力，使得启动更少进程，从而提高系统启动速度。

【任务实施】

子任务1 Linux 操作系统的启动、重启与关闭

与 Windows 操作系统不同，Linux 操作系统在后台运行了很多线程，若强制关机，则会导致线程数据丢失，甚至可能损坏硬件，因此必须使用正确的命令重启或关闭。本节主要介绍 Linux 操作系统的相关操作命令，如 shutdown、halt、reboot 等。

1.shutdown 命令

1）命令解析

shutdown 命令是一种安全关闭 Linux 操作系统的命令。该命令的语法格式如下。

```
shutdown [选项] [时间] [警告信息]
```

shutdown 命令的常用选项如下。

- -k：并不真正关机，只是发出警告信息给所有用户。
- -r：关机后立即重新启动。
- -h：关机后不重新启动。
- -f：快速关机，重启时跳过 fsck 程序。
- -n：快速关机，不经过 init 程序。
- -c：取消一个已经运行的 shutdown 命令。
- 时间：设定关机前的时间。

2）操作实录

【例 1-1】立即关闭系统。

```
[root@zenti ~]# shutdown -h now
```

【例 1-2】立即重启系统。

```
[root@zenti ~]# shutdown -r now
```

【例 1-3】定时 45 分钟后关闭系统。

```
[root@zenti ~]# shutdown -h 45
```

【例 1-4】重新启动系统，并发出警告信息。

```
[root@zenti ~]# shutdown  - r now  “system will be reboot now!”
```

2. halt 命令

1）命令解析

halt 命令用于关闭正在运行的 Linux 操作系统。该命令的语法格式如下。

```
halt [选项]
```

halt 命令的常用选项如下。

- -d：关闭系统，但不在 wtmp 中记录。
- -f：无论目前的 runlevel 是什么，不调用 shutdown 命令，即强制关闭系统。
- -i：在关闭系统之前，关闭全部的网络界面。
- -n：在关闭系统前，不用先执行 sync 命令。
- -p：在关闭系统后，执行 poweroff 命令，关闭电源。
- -w：仅在 wtmp 中记录，而不实际关闭系统。

注意：halt 命令会先检测系统的 runlevel，若 runlevel 为 0 或 6，则关闭系统，否则调用 shutdown 命令来关闭系统。

2）操作实录

【例 1-5】关闭系统后关闭电源。

```
[root@zenti ~]# halt -p
```

【例 1-6】关闭系统，但不留下记录。

```
[root@zenti ~]# halt -d
```

3．reboot 命令

1）命令解析

reboot 命令的工作过程与 halt 命令的差不多，不同之处在于 reboot 命令用于引发主机重启，而 halt 命令用于引发主机关机。reboot 命令的语法格式如下。

```
reboot [选项]
```

reboot 命令的常用选项如下。

- -d：在重启时，不会把数据写入记录文件/var/tmp/wtmp 中。具有-n 选项的效果。
- -f：强制重启，不调用 shutdown 命令的功能。
- -i：在重启之前，先关闭所有网络界面。
- -n：在重启之前，不检查是否有未结束的程序。
- -w：仅做测试，并不会真正将系统重启，只会将重启的数据写入/var/log 目录下的 wtmp 记录文件中。

2）操作实录

【例 1-7】重启系统。

```
[root@zenti ~]# reboot
```

【例 1-8】模拟重启（只有记录，并不会真的重启）。

```
[root@zenti ~]# reboot -w
```

注意：reboot 命令表示立即重启，效果等同于 shutdown -r now。

4．systemctl 命令

1）命令解析

在 Redhat6 中，常常使用“init <运行级别>”来切换系统的运行状态。在 Redhat7 中，systemd 使用 target 代替了 System V init 中运行级别的概念，两者的区别如表 1-1 所示。

表 1-1 systemd 与 System V init 的区别

System V init 运行级别	systemd 目标名称	作用
0	runlevel0.target - poweroff.target	关机
1	runlevel1.target - rescue.target	单用户模式
2	runlevel2.target - multi-user.target	等同于级别 3
3	runlevel3.target - multi-user.target	多用户的文本界面
4	runlevel4.target - multi-user.target	等同于级别 3
5	runlevel5.target - graphical.target	多用户的图形界面
6	runlevel6.target - reboot.target	重启
emergency	emergency.target	紧急 shell

2）操作实录

【例 1-9】关闭系统。

```
[root@zenti ~]# systemctl poweroff
```

【例 1-10】查看当前默认运行目标，设置默认运行目标为多用户的文本界面。

```
[root@zenti ~]# systemctl get-default
graphical.target
[root@zenti ~]# systemctl set-default runlevel3.target
[root@zenti ~]# reboot
```

【例 1-11】切换多用户的图形界面

```
[root@zenti ~]# systemctl isolate runlevel5.target 或
[root@zenti ~]# systemctl isolate graphical.target
```

【例 1-12】重启系统

```
[root@zenti ~]# systemctl reboot
```

5．poweroff 命令

1）命令解析

poweroff 命令用于关闭操作系统并切断系统电源。该命令的语法格式如下。

```
poweroff [选项]
```

poweroff 命令的常用选项如下。

- -n：在关闭操作系统时，不执行 sync 操作。
- -w：不真正关闭操作系统，仅在日志文件/var/log/wtmp 中添加相应的记录。
- -d：在关闭操作系统时，不将操作写入日志文件/var/log/wtmp 中。
- -f：强制关闭操作系统。
- -i：在关闭操作系统之前，关闭所有的网络接口。
- -h：在关闭操作系统之前，将系统中所有的硬件设置为备用模式。

2）操作实录

【例 1-13】关闭操作系统。

```
[root@zenti ~]# poweroff
```

【例 1-14】模拟操作系统关闭过程（记录日志，但不真正关闭系统）。

```
[root@zenti ~]# poweroff -w
```

注意：poweroff 命令表示立即关机，效果等同于 shutdown -h now，在多用户模式下（runlevel 为 3）不建议使用。

6．logout 命令

1）命令解析

logout 命令用于让用户退出系统（注销），功能和 login 命令相互对应。该命令的语法格式如下。

```
logout [选项]
```

logout 命令一般单独使用，但可以结合使用--help 选项获取在线帮助；结合使用--version 选项显示版本号。

2）操作实录

【例 1-15】退出当前用户登录状态。

```
[root@zenti ~]# logout
```

注意：在工况环境中，为了简化操作，经常使用快捷键，比如使用 Ctrl+D 快捷键可以退出登录。

7. exit 命令

1）命令解析

exit 命令用于退出当前的 Shell 或终端（注销），并返回给定值。该命令的语法格式如下。

```
exit [状态值]
```

exit 命令的常用选项（状态值）如下。

- 0：执行成功。
- 1：执行失败。
- $?：参照上一个状态值。

2）操作实录

【例 1-16】退出当前的 Shell 或终端。

```
[root@zenti ~]# exit
```

子任务 2　Linux 操作系统的运行级别设置

具体内容参见子任务 1 中的“4.init 命令”部分。

【知识拓展】

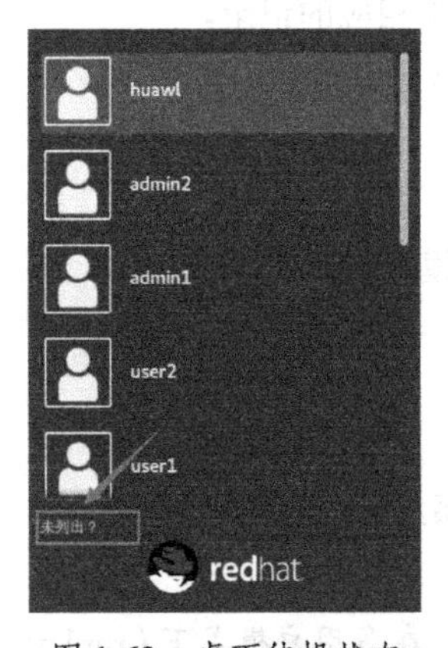

图 1-63　桌面待机状态

1. GUI 模式下 Linux 操作系统的登录与重启

1）Linux 操作系统的登录操作

步骤 1：在计算机开机后，进入桌面待机状态，如图 1-63 所示。

步骤 2：如果需要使用的登录用户名已经在列表中显示，可以直接单击相应的用户名称，否则选择下方的“未列出”选项，弹出输入用户名界面，如图 1-64 所示。

步骤 3：在“用户名”文本框中输入登录用户名，本例使用“root”。

步骤 4：单击“下一步”按钮，弹出输入密码界面，如图 1-65 所示。

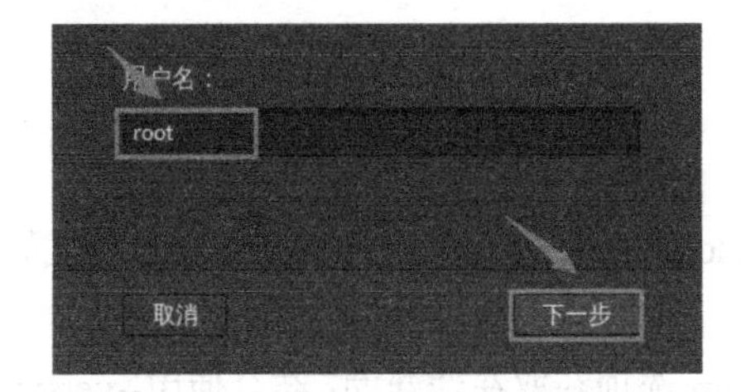

图 1-64　输入用户名界面

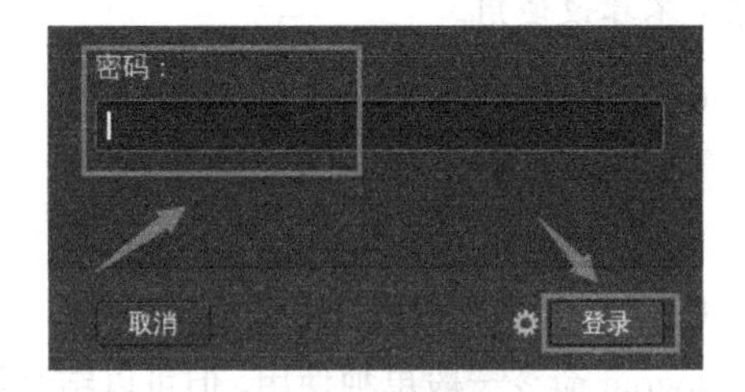

图 1-65　输入密码界面

步骤 5：在“密码”文本框中输入相应密码，单击“登录”按钮，即可完成系统的登录操作。

2）Linux 操作系统的重启操作

步骤 1：在 Linux 操作系统的 GUI 桌面状态下，单击右上角系统信息显示区域的关机标志，出现系统信息设置弹窗，如图 1-66 所示。

步骤 2：单击弹窗中的关机按钮，此时会弹出关机提示界面，如图 1-67 所示。

图 1-66　系统信息设置弹窗

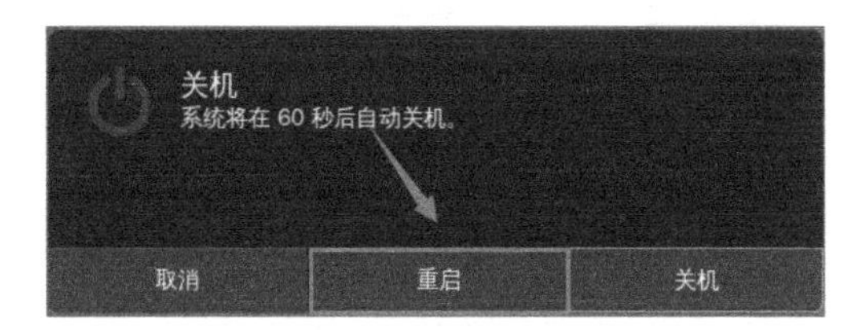

图 1-67　关机提示界面

步骤 3：单击“重启”按钮，即可完成系统的重启操作。

2．GUI 模式下 Linux 操作系统的注销与关闭

1）Linux 操作系统的注销操作

步骤 1：在 Linux 操作系统的 GUI 桌面状态下，单击右上角系统信息显示区域的关机标志，出现系统信息设置弹窗（见图 1-66）。

步骤 2：单击已登录用户名“root”后面的三角按钮，弹出菜单选项，如图 1-68 所示。

步骤 3：单击“注销”按钮，弹出注销界面，如图 1-69 所示。

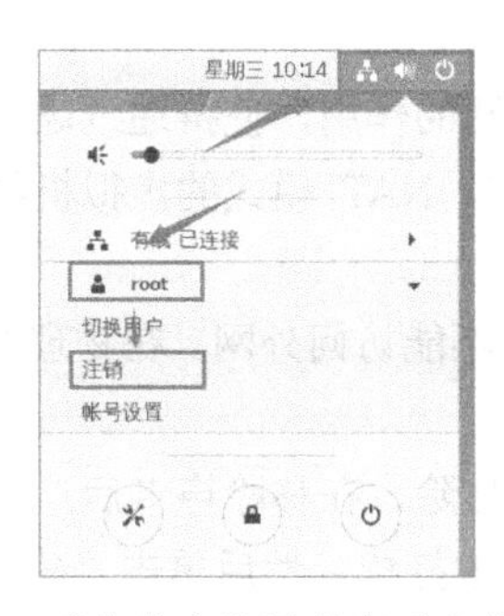

图 1-68　系统信息设置弹窗（注销用户）

图 1-69　注销界面

步骤 4：单击“注销”按钮，即可退出当前用户登录，完成系统的注销操作。

2）Linux 操作系统的关闭操作

步骤 1：在 Linux 操作系统的 GUI 桌面状态下，单击右上角系统信息显示区域的关机标志，出现系统信息设置弹窗（见图 1-66）。

步骤 2：单击弹窗中的关机按钮，此时会弹出关机提示界面（见图 1-69）。

步骤 3：单击“关机”按钮，即可完成系统的关闭操作。

项目小结

（1）在图 1-70 所示的对话框中，根据宿主机的性能设置处理器数量及每个处理器的内核数量，并开启虚拟化功能。

（2）在设置虚拟机的光驱设备时，应选中“使用 ISO 映像文件”单选按钮，并单击“浏览”按

钮，在弹出的“浏览 ISO 映像”对话框中选中下载好的 RHEL 操作系统映像文件，如图 1-71 所示。

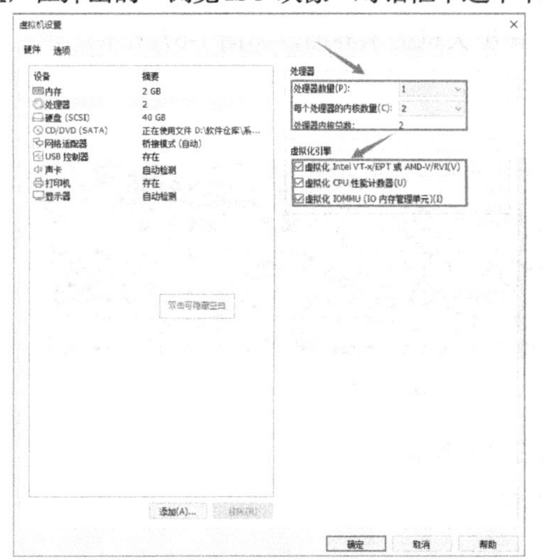

图 1-70 “虚拟机设置”对话框

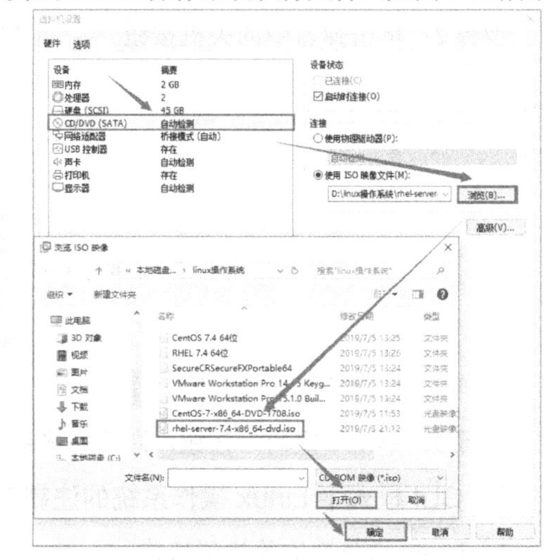

图 1-71 设置虚拟机的光驱设备

（3）VMware 虚拟机软件为用户提供了 3 种可选的网络连接模式，分别为桥接模式、NAT 模式与仅主机模式。这里选中“桥接模式”单选按钮，如图 1-72 所示。

- 桥接模式：相当于在物理主机与虚拟机网卡之间架设了一座“桥梁”，从而可以通过物理主机的网卡访问外网。
- NAT 模式：让 VMware 虚拟机的网络服务发挥路由器的作用，使得通过虚拟机软件模拟的主机可以通过物理主机访问外网。在物理主机中，NAT 模式的虚拟机网卡对应的物理网卡是 VMnet8。
- 仅主机模式：仅让虚拟机内的主机与物理主机通信，不能访问外网。在物理主机中，仅主机模式的虚拟机网卡对应的物理网卡是 VMnet1。

（4）把 USB 控制器、声卡、打印机等不需要的设备都移除。在移除声卡后，可以避免在输入错误后发出提示声音，确保自己在工作过程中的思绪不被打扰，然后单击“确定”按钮，完成虚拟机设置，如图 1-73 所示。

图 1-72 设置虚拟机的网络连接模式

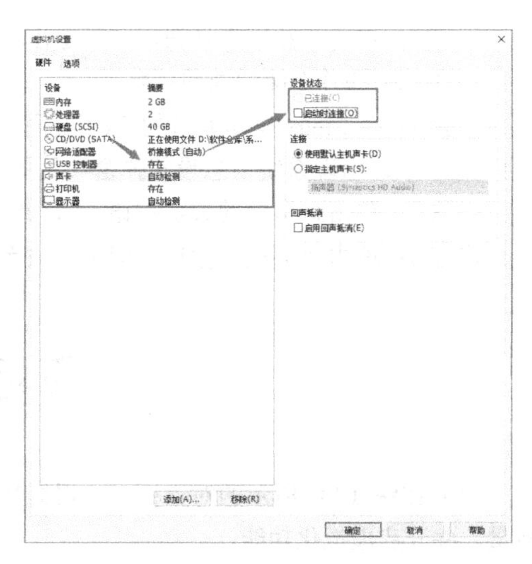

图 1-73 最终的虚拟机设置情况

实践训练（工作任务单）

虽然公司为每个办公室都配备了台式计算机，但是孙老师经常使用自己的计算机指导新人。最近，孙老师购买了一台笔记本计算机。除了预先安装的 Windows 10 操作系统，孙老师还需要为这台计算机安装 Linux 虚拟机，要求如下。

（1）安装 CentOS 7.4 或 Red Hat Enterprise Linux 7.4 操作系统。

（2）将虚拟机磁盘空间设置为 60GB，内存设置为 2GB。

（3）要安装“带 GUI 的服务器”。

（4）为系统设置 4 个分区，即/boot、/、/home 和 swap，分区容量分别为 500MB、15GB、10GB 和 2GB。前 3 个分区的文件系统类型为 XFS，而 swap 交换分区的文件系统类型必须为 swap。

（5）为 root 用户设置密码，密码格式为“Zenti@学号后 4 位”；创建用户，用户名格式为“姓名拼音缩写+学号后两位”，并将其密码设置为“Zenti#学号后 4 位”。

课后习题

1. 填空题

（1）Linux 操作系统一般由________、________和________三部分组成。

（2）Linux 操作系统的版本分为________和________。

（3）Linux 操作系统常见的应用可分为________和________两个方面。

（4）Linux 操作系统默认的系统管理员账号是________。

2. 单项选择题

（1）Linux 操作系统最早是由计算机爱好者（　　）开发的。

A. Ken Thompson　　B. Dennis Ritchie

C. Richard Stallman　　D. Linus Torvalds

（2）Linux 操作系统是（　　）操作系统。

A. 单用户、单任务　　B. 单用户、多任务

C. 多用户、单任务　　D. 多用户、多任务

（3）Linux 操作系统来源于（　　）操作系统。

A. UNIX　　B. Windows　　C. Red Hat　　D. GNU

（4）GPL 是（　　）。

A. GNU 通用公共许可证　　B. 一种应用程序的名称

C. 一种操作系统的名称　　D. 一种自由软件的名称

（5）Linux 内核版本分为稳定版和开发版，下列哪个版本号是稳定版的版本号？（　　）

A. 2.5.33　　B. 2.6.12　　C. 2.5.74　　D. 2.7.26

（6）下列对 Linux 内核版本的说法中，不正确的是（　　）。

A. 内核版本分为稳定版和开发版
B. 次版本号为偶数，说明该内核是一个稳定版
C. 次版本号为奇数，说明该内核是一个开发版
D. 2.4.68 是开发版的版本号

（7）在 VMware 中，默认情况下，下列虚拟网络中属于桥接模式的是（　　）。
A. VMnet0　B. VMnet1　C. VMnet2　D. VMnet8

（8）在 VMware 中，默认情况下，下列虚拟网络中属于 NAT 模式的是（　　）。
A. VMnet0　B. VMnet1　C. VMnet3　D. VMnet8

（9）RHEL 7 操作系统默认文件系统类型为（　　）。
A. FAT16　B. FAT32　C. NTFS　D. XFS

（10）显示内核版本信息的命令是（　　）。
A. uname -a　B. ifconfig　C. hostname　D. ls -l

（11）若一台计算机的内存为 1024MB，则交换分区的大小一般为（　　）。
A. 512MB　B. 1024MB　C. 2048MB　D. 4096MB

（12）下列哪个分区不是安装 Linux 操作系统必须设置的分区？（　　）
A. /tmp　B. /　C. swap　D. /boot

（13）Linux 操作系统中权限最大的账户是（　　）。
A. root　B. administrator　C. super　D. guest

（14）在字符界面，注销 Linux 操作系统的命令是（　　）。
A. reboot　B. shutdown　C. exit　D. init 0

（15）在字符界面，重启 Linux 操作系统的命令是（　　）。
A. reboot　B. init 0　C. exit　D. logout

3. 简答题

（1）简述 Linux 操作系统的体系结构。
（2）简述 Linux 操作系统的内核版本和发行版本，其中国产操作系统都有哪些？。
（3）Linux 操作系统有哪几种安装方式？
（4）Linux 操作系统的基本磁盘分区有哪些？

项目 2

Linux 基本操作与常用命令的使用

学习目标

【知识目标】

- 熟悉 Linux 命令的结构和特点。
- 熟悉 Linux 常用的文件与目录类命令及用法。
- 熟悉 Linux 的进程管理类命令及用法。
- 理解 Linux 重定向与管道符的基本概念及用法。

【技能目标】

- 熟练掌握 Linux 常用的文件与目录类命令的使用方法。
- 掌握 Linux 的进程管理类命令的使用方法。
- 熟练掌握 Linux 重定向与管道符的使用方法。
- 熟练掌握 vim 编辑器的常用操作。

项目背景

经过一番周折，小李终于在自己的计算机上安装了 RHEL 7.4 虚拟机。通过这次安装，小李了解了一些之前从未接触或知之甚少的概念，如虚拟机、磁盘分区、格式化等。同时，小李也认识到安装 RHEL 7.4 操作系统与安装 Windows 操作系统确实有一些不同之处，但在克服了诸多困难之后，总算安装成功了。就在小李洋洋得意时，张主管告诉他，安装 RHEL 7.4 虚拟机只能算是迈出了“万里长征”的第一步，真正的 Linux 学习之旅才刚刚开始。张主管告诉小李，如果他有志成为 Linux 高手，就必须熟练掌握 Linux 的各种命令以完成各项工作。

项目分解与实施

小李已经知道，Linux 操作系统的命令模式比 GUI 模式的执行效率高。通过请教张主管和查阅资料，小李决定先学习基本的系统操作命令，如系统操作与管理命令、文件和目录操作命令、文本编辑命令等，具体的学习计划如下。

1. 强大好用的 Shell。

2. Linux 常用命令。例如，系统管理、文件与目录操作命令等。
3. 重定向、管道符与环境变量。
4. 使用 vim 编辑器。

任务 1　强大好用的 Shell

【任务分析】

不同于 Windows 操作系统，Linux 操作系统是内核与界面分离的，它可以脱离图形界面而单独运行，也可以在内核的基础上运行图形界面。

这样，在 Linux 操作系统中，就出现了两种 Shell 表现形式：一种是在无图形界面的终端运行环境下的 Shell，另一种是桌面上运行的、类似 Windows 的 MS-DOS 运行窗口，前者一般被习惯性地简称为终端，后者一般被直接称为 Shell。

本任务主要介绍 Linux 操作系统的终端和远程 SSH 连接的方式。

【知识准备】

1. Linux 操作系统的管理工具

通常来讲，计算机硬件是由运算器、控制器、存储器、输入/输出设备等共同组成的，而让各种硬件设备各司其职且协同运行的东西就是系统内核。Linux 操作系统的内核负责完成对硬件资源的分配、调度等管理任务。由此可见，系统内核对计算机的正常运行来说非常重要，因此一般不建议直接编辑内核中的参数，而是让用户通过基于系统调用接口开发出的程序或服务来管理计算机，以满足日常工作的需要，如图 2-1 所示。

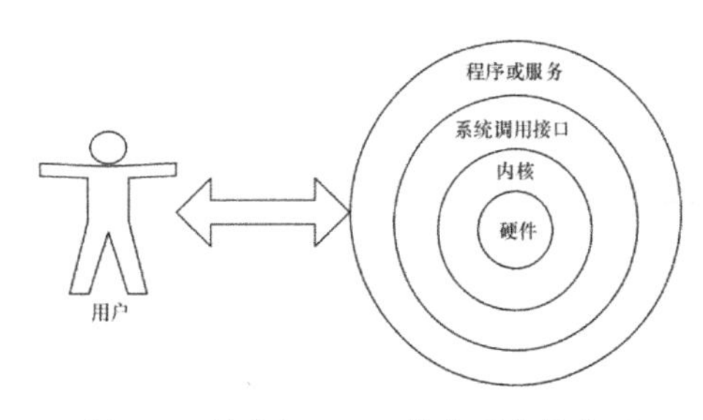

图 2-1　用户与 Linux 操作系统的交互

1）图形化管理工具

必须肯定的是，Linux 操作系统中有些图形化管理工具［如逻辑卷管理器（Logical Volume Manager，LVM）］确实非常好用，极大地降低了运维人员操作出错的概率，值得称赞。但是，很多图形化管理工具实际上调用了脚本来完成相应的工作，往往只是为了完成某种工作而设计的，缺乏 Linux 命令原有的灵活性及可控性。再者，图形化管理工具相较于 Linux 命令行界面会更加消耗系统资源，因此经验丰富的运维人员通常不会给 Linux 操作系统安装图形界面，仅在需要开始运维工作时直接通过命令行模式进行远程连接，不得不说，这样确实比较高效。

2）命令行管理工具

Shell 就是一个这样的命令行管理工具。Shell（也称终端或壳）充当的是人与内核（硬件）之间的“翻译官”，用户把一些命令“告诉”终端，它就会调用相应的程序服务来完成某些工作。目前，许多主流 Linux 操作系统默认使用的终端是 Bash（Bourne-Again Shell）解释器。主流 Linux 操作系统选择 Bash 解释器作为终端主要有以下 4 项优势，读者可以在今后的学习和工作中仔细体会 Linux 操作系统命令行管理工具的妙用，真正从心里爱上它们。其实，每个命令的使用方法都是有一定的规律的，学习中也应该举一反三，只有用普遍联系的、全面系统的、发展变化的观点观察事物，才能把握事物发展规律，这样也可以更快速地掌握命令的使用方法及技巧。

- 使用向上和向下的方向键可以调取之前执行过的 Linux 命令。
- 仅需输入命令或参数的前几位就可以使用 Tab 键补全。
- 具有强大的批处理脚本。
- 具有实用的环境变量功能。

2．关于 SSH

1）SSH

SSH（Secure Shell）是一种能够以安全的方式提供远程登录功能的协议，也是目前远程管理 Linux 操作系统的首选方式。

如果想要使用 SSH 协议来远程管理 Linux 操作系统，则需要部署和配置 sshd 服务程序。sshd 是基于 SSH 协议开发的一款远程管理服务程序，不仅使用起来方便、快捷，而且能够提供以下两种安全验证方式。

- 基于口令的验证：使用账户和密码来验证登录。
- 基于密钥的验证：需要先在本地生成密钥对，然后把密钥对中的公钥上传至服务器，并与服务器中的公钥进行比较。该方式相对来说更安全。

SSH 服务配置文件中包含的重要参数如表 2-1 所示。

表 2-1 SSH 服务配置文件中包含的重要参数

参 数	作 用
Port 22	默认的 SSH 服务端口
ListenAddress 0.0.0.0	指定 SSH 服务器监听的 IP 地址
Protocol 2	SSH 协议的版本号
HostKey /etc/ssh/ssh_host_key	SSH 协议的版本号为 1 时，指定 DES 私钥存放的位置
HostKey /etc/ssh/ssh_host_rsa_key	SSH 协议的版本号为 2 时，指定 RSA 私钥存放的位置
HostKey /etc/ssh/ssh_host_dsa_key	SSH 协议的版本号为 2 时，指定 DSA 私钥存放的位置
PermitRootLogin yes	指定是否允许 root 用户直接登录
StrictModes yes	当远程用户的私钥改变时直接拒绝连接
MaxAuthTries 6	最大密码尝试次数
MaxSessions 10	最大终端数
PasswordAuthentication yes	是否允许密码验证
PermitEmptyPasswords no	是否允许空密码登录（很不安全）

2）Shell 下的命令提示符

登录之后，可以看到形如“[huawl@zenti ~]$”的 Shell 提示符，分别对应如下内容：“[用户名@主机名 目录名]$”，其中普通用户的命令提示符以“$”结尾，超级用户的命令提示符以“#”结尾。

```
[huawl@zenti ~]$                ;一般用户以“$”结尾
[huawl@zenti ~]$ su   root      ;切换到 root 账号
Password:
[root@zenti ~]#                 ;命令提示符变成以“#”结尾了
```

【任务实施】

操作系统的核心功能就是管理和控制计算机硬件与软件资源，以尽量合理、有效地组织多个用户共享多种资源，而 Shell 则是介于使用者和操作系统核心程序之间的一个接口。

Linux 操作系统中的 Shell 又称终端。在终端窗口中，用户输入命令后，操作系统会执行该命令并将结果回显在屏幕上。

子任务 1　打开 Linux 操作系统的终端窗口

现在的 RHEL 7 操作系统默认采用的都是图形界面的 GNOME 或 KDE 操作方式，要想使用 Shell 功能，就必须像在 Windows 操作系统中那样打开一个终端窗口。一般用户的操作方法如下。

方法 1：依次选择“应用程序”→“系统工具”→“终端”命令，即可打开终端窗口，如图 2-2 所示。

方法 2：在桌面空白处右击，并在弹出的快捷菜单中选择“打开终端”命令，即可打开终端窗口，如图 2-3 所示。

图 2-2　通过应用程序菜单打开终端窗口

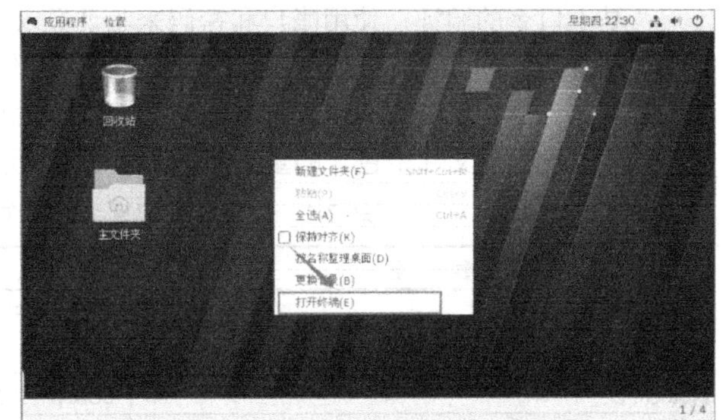

图 2-3　通过右键快捷菜单打开终端窗口

注意：对于方法 1，如果是英文系统，则对应的是“Applications”→“System Tools”→“Terminal”命令。由于这些英文一般都是比较常用的单词，本书的后面不再单独说明。

子任务 2　配置 SSH 远程连接（Windows 客户端）

SSH 是由 IETF 的网络小组（Network Working Group）制定、建立在应用层基础上的安全协议。SSH 服务是一个守护进程，由系统后台监听客户端的连接。SSH 服务端的进程名为 sshd，负责实时监听客户端的请求（IP 22 端口），包括公共密钥等交换信息。

Linux 7.4 操作系统默认开启 SSH 服务。SSH 服务端由两部分组成：openssh（提供 SSH 服务）和 openssl（提供加密的程序）。SSH 客户端软件主要有 Xshell、SecureCRT、MobaXterm 等工具。借助 SSH 客户端软件，可以远程连接 Linux 终端，并对其进行管理。以 Xshell 软件远程连接 Linux 终端为例，操作步骤如下。

步骤 1：在客户端安装 Xshell 软件，本例客户端系统为 Windows。

步骤 2：保证客户端的计算机与远程 Linux 服务端都在运行，且网络可达（能 ping 通）。

步骤 3：在客户端启动 Xshell，弹出 Xshell 运行界面，如图 2-4 所示。

步骤 4：单击“会话”对话框中的“新建”按钮，弹出“新建会话属性”对话框，进行相关操作，如图 2-5 所示。

步骤 5：单击“确定”按钮，回到“会话”对话框，可以看到已创建的连接，如图 2-6 所示。

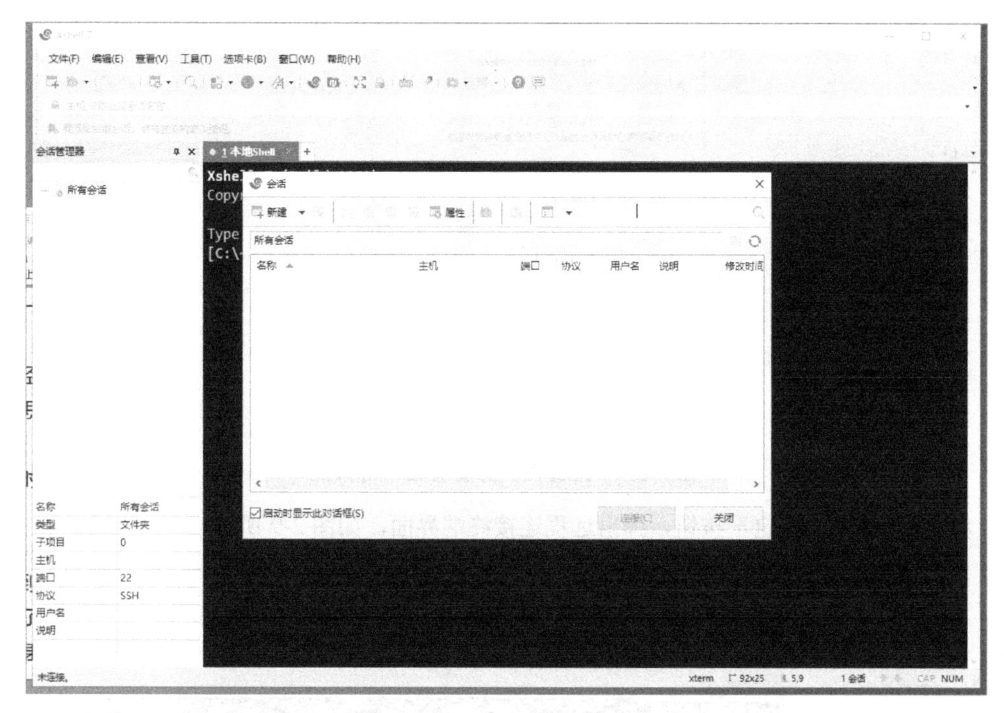

图 2-4　Xshell 运行界面

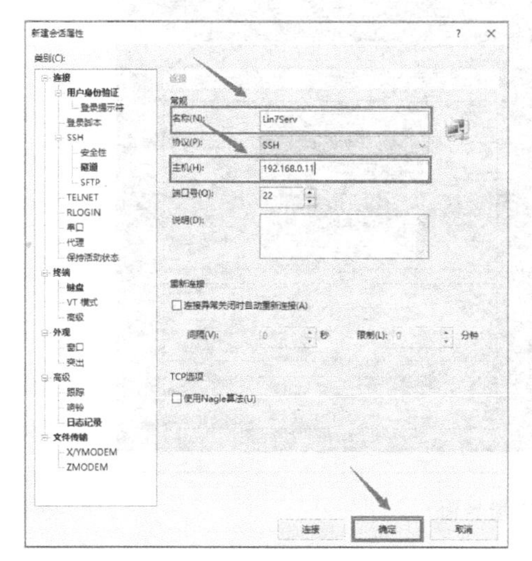

图 2-5　"新建会话属性"对话框

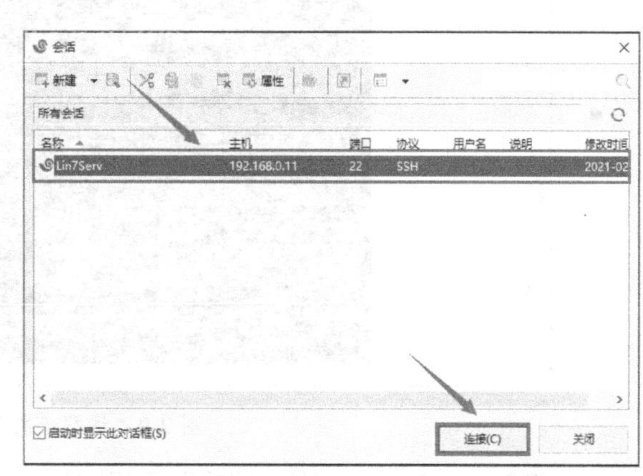

图 2-6　已创建的"Lin7Serv"连接

步骤 6：选择名称为"Lin7Serv"的连接，单击右下方的"连接"按钮，弹出"SSH 用户名"对话框，进行相关操作，如图 2-7 所示。

步骤 7：在"请输入登录的用户名"下方的文本框中输入用户名（本例为"root"），并勾选"记住用户名"复选框，单击"确定"按钮，弹出"SSH 用户身份验证"对话框，进行相关操作，如图 2-8 所示。

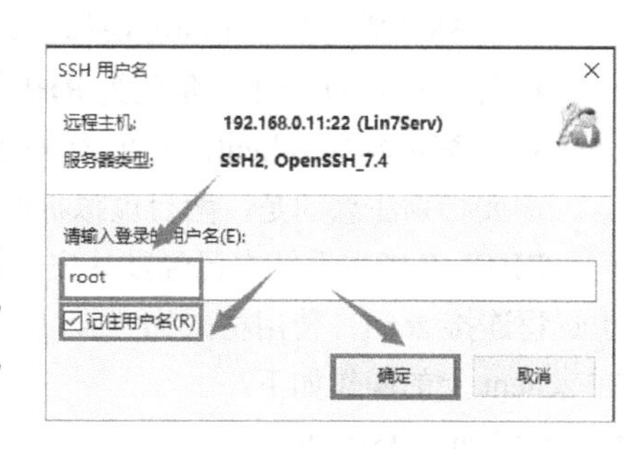

图 2-7　"SSH 用户名"对话框

图 2-8 “SSH 用户身份验证”对话框

步骤 8：单击“确定”按钮，弹出远程连接终端界面，如图 2-9 所示。

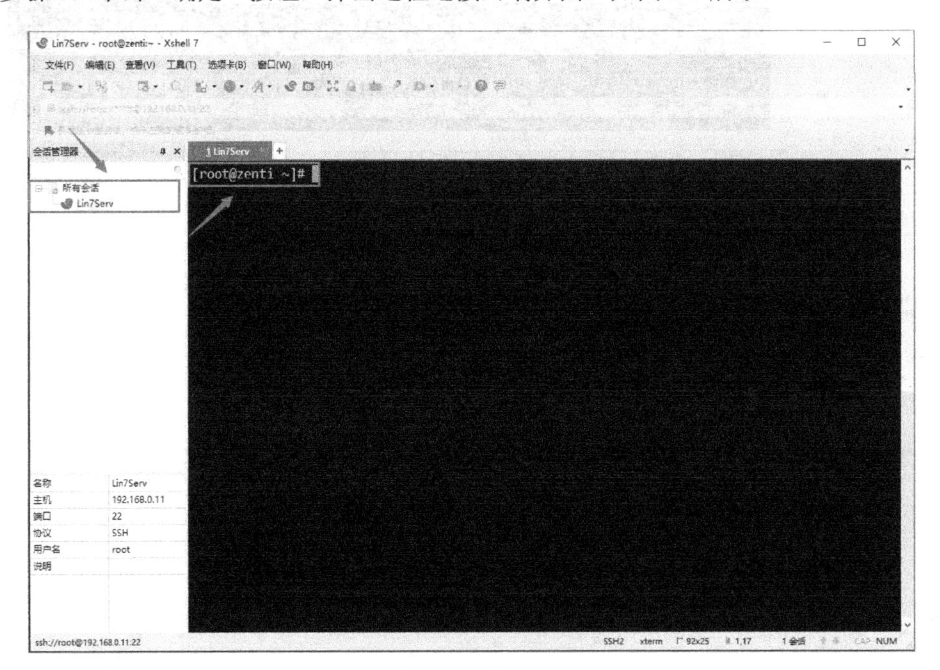

图 2-9 远程连接终端界面

子任务 3 在 Linux 客户端配置远程连接

使用 SSH 服务登录 Linux 操作系统，假设现有计算机的情况如下。

- 计算机名为 zenti，角色为 RHEL 7 服务器，IP 地址为 192.168.0.11/24。
- 计算机名为 zclient，角色为 RHEL 7 客户机，IP 地址为 192.168.0.21/24。

需要特别注意的是，两台虚拟机的网络配置方式一定要一致，本例中都改为桥接模式。

RHEL 7 操作系统中已经默认安装并启用了 sshd 服务程序。接下来使用 ssh 命令在 zclient 上远程连接 zenti，使用格式为“ssh [参数] 主机 IP 地址”。若要退出登录，则执行 exit 命令。在 zclient 上的操作如下。

```
[root@zclient ~]# ssh 192.168.0.11
The authenticity of host '192.168.0.11 (192.168.0.200)' can't be established.
```

```
ECDSA key fingerprint is SHA256:6iRzMOnK2AWD4glAyanKYe1nzkFHjCKP4Dijtf/VmS0.
ECDSA key fingerprint is MD5:9e:16:71:f5:55:10:27:ea:35:fe:9d:5f:e8:54:9f:b3.
Are you sure you want to continue connecting (yes/no)? yes
Warning: Permanently added '192.168.0.11' (ECDSA) to the list of known hosts.
root@192.168.0.11's password:
Last login: Sun Jan 24 13:03:45 2021
[root@zenti ~]#
[root@zenti ~]# exit
logout
Connection to 192.168.0.21 closed.
```

【知识拓展】

1. 禁止 root 用户远程登录

如果禁止以 root 用户身份远程登录服务器，则可以大大降低被黑客暴力破解密码的概率。下面进行相应配置。

步骤 1：修改 sshd_config，启用 PermitRootLogin 选项。

在 zenti 的 SSH 服务器上，首先使用 vim 文本编辑器打开 sshd 服务程序的主配置文件，然后把第 38 行“#PermitRootLogin yes”参数前的“#”去掉，并把参数值“yes”改为“no”，这样就不再允许 root 用户远程登录了，最后保存文件并退出。

```
[root@zenti ~]# vim /etc/ssh/sshd_config
    ......
37 #LoginGraceTime 2m
38 PermitRootLogin no
39 #StrictModes yes
40 #MaxAuthTries 6
41 #MaxSessions 10
    ......
```

步骤 2：重启 sshd 服务程序，使修改的内容生效。

一般的服务程序并不会在修改配置文件之后立即获得最新的参数。如果想让新的配置文件生效，则需要手动重启相应的服务程序。最好将这个服务程序加入开机启动项，这样系统在下一次启动时，该服务程序会自动运行，继续为用户提供服务。

```
[root@zenti ~]# systemctl restart sshd
[root@zenti ~]# systemctl enable sshd
```

步骤 3：远程连接测试。

当 root 用户再次尝试访问 sshd 服务程序时，系统会提示不可访问的错误信息。此处仍然在 zclient 上进行测试。

```
[root@zclient ~]# ssh root@192.168.0.11
root@192.168.0.11's password:        //此处输入远程主机 root 用户的密码
Permission denied, please try again.
```

注意：为了不影响下面的实训，请将配置文件/etc/ssh/sshd_config 的更改恢复到初始状态。

2．安全密钥验证

1）知识准备

加密是对信息进行编码和解码的技术。在传输数据时，如果担心被他人监听或截获，可以在传输前先使用公钥对数据进行加密处理，再进行传输。这样，只有掌握私钥的用户才能解密这段数据，除此之外的其他人即使截获了数据，一般也很难将其破译为明文信息。

在生产环境中使用口令验证方式存在被暴力破解或嗅探截获的风险。如果正确配置了密钥验证方式，则 sshd 服务程序将更加安全。

2）操作实录

步骤 1：创建用户。

下面使用密钥验证方式，本例以 student 用户身份登录 zenti，具体配置如下。

```
[root@zenti ~]# useradd student
[root@zenti ~]# passwd student
```

步骤 2：在 zclient 中生成密钥对。

```
[root@zclient~]# ssh-keygen
Generating public/private rsa key pair.
Enter file in which to save the key (/root/.ssh/id_rsa):        //按 Enter 键或设置密钥的存储路径
Enter passphrase (empty for no passphrase):                     //直接按 Enter 键或设置密钥的密码
Enter same passphrase again:                                    //再次按 Enter 键或设置密钥的密码
Your identification has been saved in /root/.ssh/id_rsa.
Your public key has been saved in /root/.ssh/id_rsa.pub.
The key fingerprint is:
SHA256:rDxnwHMim4fvX9uOMAfFTkqYVSxELvFYzMMwe+D0+fU root@zclient
The key's randomart image is:
+---[RSA 2048]----+
|*B*...           |
|OO.+..    .      |
|*oB.= o +        |
|oo.E.= * .       |
| ..+* + S        |
|. ...= *         |
|.     O          |
|      o o        |
|       o.        |
+----[SHA256]-----+
```

查看刚生成的密钥对，即查看公钥文件 id_rsa.pub 和私钥文件 id_rsa。

```
[root@zclient ~]# cat /root/.ssh/id_rsa.pub                    //查看公钥
ssh-rsa AAAAB3NzaC1yc2EAAAADAQABAAABAQCmw6i1aA8ROf6zvJ98Y8J+bMvhBDb3vOBcRdSd+
2YYHHzCNSyq0QiBd+/t9E/LkJX+Hr8hAwNC41Qi00N5ShiOIy1VHC/CTrxe003pEtJB+1DaTQ7n9NCSLEkn
L7eMSh2M+21QnE8edNEThUQLmzyKIreoI6iUanWaMXw2Pg4/hC4fLnXecjKOvZzdvBfUhP+TbpHx/hi+vR
1N3SxWQpGWVPVkbgvT6djfpLtSla153oC27KaCmCXeS1BvX7Vojyvz5SZmivZEOz2qOERaKWOAv3CYZ
49SZ8wwZ6cATVi1amabQguXLR8jBhuR3AJye4hWLJKLWAn6pz3sYRoLONSh root@zclient
[root@zclient ~]# cat /root/.ssh/id_rsa                        //查看私钥
```

（显示内容略）

步骤 3：传送公钥文件。

把 zclient 中生成的公钥文件传送给远程主机。

```
[root@zclient ~]# ssh-copy-id student@192.168.0.11
/usr/bin/ssh-copy-id: INFO: Source of key(s) to be installed: "/root/.ssh/id_rsa.pub"
/usr/bin/ssh-copy-id: INFO: attempting to log in with the new key(s), to filter out any that are already installed
/usr/bin/ssh-copy-id: INFO: 1 key(s) remain to be installed -- if you are prompted now it is to install the new keys
student@192.168.0.11's password: //此处输入远程服务器密码
Number of key(s) added: 1
Now try logging into the machine, with:     "ssh 'student@192.168.0.11'"
and check to make sure that only the key(s) you wanted were added.
```

步骤 4：在服务器上启用密钥验证。

对 zenti 进行设置（65 行左右），使其只允许密钥验证方式，拒绝传统的口令验证方式。将“PasswordAuthentication yes”修改为“PasswordAuthentication no”。修改完成后，保存文件并退出。

```
[root@zenti ~]# vim /etc/ssh/sshd_config
 ……
 #To disable tunneled clear text passwords, change to no here!
 #PasswordAuthentication yes
 #PermitEmptyPasswords no
 PasswordAuthentication no
 ……
```

重启 sshd 服务程序，使其生效。

```
[root@zenti ~]# systemctl restart sshd
```

步骤 5：登录验证。

在 zclient 上尝试使用 student 用户身份远程登录服务器，此时无须输入密码也可以成功登录。同时，使用 ifconfig 命令可以看到 ens33 的 IP 地址是 192.168.0.11，即 zenti 的网卡和 IP 地址，说明已成功登录到远程服务器 zenti 上。

```
[root@zclient ~]# ssh student@192.168.0.11
Enter passphrase for key '/root/.ssh/id_rsa':
[student@zenti ~]$ ifconfig
ens33: flags=4163<UP,BROADCAST,RUNNING,MULTICAST>  mtu 1500
        inet 192.168.0.11  netmask 255.255.255.0  broadcast 192.168.0.255
        ……
```

步骤 6：验证公钥文件是否传送成功。

在 zenti 上查看 zclient 的公钥文件是否传送成功。本例是传送成功的。

```
[root@zenti ~]# cat /home/student/.ssh/authorized_keys
ssh-rsa AAAAB3NzaC1yc2EAAAADAQABAAABAQCmw6i1aA8ROf6zvJ98Y8J+bMvhBDb3vOBcRdSd+
2YYHHzCNSyq0QiBd+/t9E/LkJX+Hr8hAwNC41Qi00N5ShiOIy1VHC/CTrxe003pEtJB+1DaTQ7n9NCSLEkn
L7eMSh2M+21QnE8edNEThUQLmzyKIreoI6iUanWaMXw2Pg4/hC4fLnXecjKOvZzdvBfUhP+TbpHx/hi+vR
1N3SxWQpGWVPVkbgvT6djfpLtSla153oC27KaCmCXeS1BvX7Vojyvz5SZmivZEOz2qOERaKWOAv3CYZ
49SZ8wwZ6cATVi1amabQguXLR8jBhuR3AJye4hWLJKLWAn6pz3sYRoLONSh root@zclient
```

3．远程传输命令

scp（secure copy）命令是一个基于 SSH 协议，在网络之间进行安全传输的命令，其使用格式为“scp [参数] 本地文件 远程账户@远程 IP 地址:远程目录”。现将其用法举例如下。

【例 2-1】在 zenti1 上，将 zenti1 中/opt/module 目录下的软件复制到 zenti2 对应的位置上。

```
[root@zenti1 ~]$ scp -r /opt/module    root@zenti2:/opt/module
```

【例 2-2】在 zenti2 上，将 zenti1 中/opt/module 目录下的软件复制到 zenti2 对应的位置上。

```
[root@zenti2 ~]$sudo scp -r root@zenti1:/opt/module root@zenti2:/opt/module
```

任务 2　Linux 常用命令

【任务分析】

本任务将带领大家认识 Linux 常用命令。通过这些命令的学习，大家不仅要掌握 Linux 常用命令的基本用法，还要理解 Linux 命令行界面的基本操作，体会命令行界面与图形用户界面的不同。

根据命令作用对象的不同，常用命令可以分为以下几类。

- 常用系统工作命令。
- 系统状态检测命令。
- 工作目录切换命令。
- 文本文件查看命令。
- 文件/目录管理命令。
- 打包压缩与搜索命令。

【知识准备】

1．熟悉 Linux 命令基础

Linux 命令是用于实现某一类功能的指令或程序，其执行依赖于程序解释器（如/bin/bash），解释器用于和系统打交道。

1）Linux 操作系统的目录结构

Linux 操作系统的目录结构呈树状排列，如图 2-10 所示。

- bin：存放二进制可执行文件。
- sbin：存放二进制可执行文件，只有 root 用户才能访问。
- etc：存放系统配置文件。
- usr：存放共享的系统资源。
- home：存放用户文件的家目录。
- root：超级用户的家目录（主目录）。
- dev：存放设备文件。
- lib：存放文件系统中的程序运行需要的共享库及内核模块。

- mnt：mount 系统管理员安装临时文件的安装点。
- boot：存放系统引导时使用的各种文件。
- tmp：存放各种临时文件。
- var：存放运行时需要改变数据的文件（log 日志）。

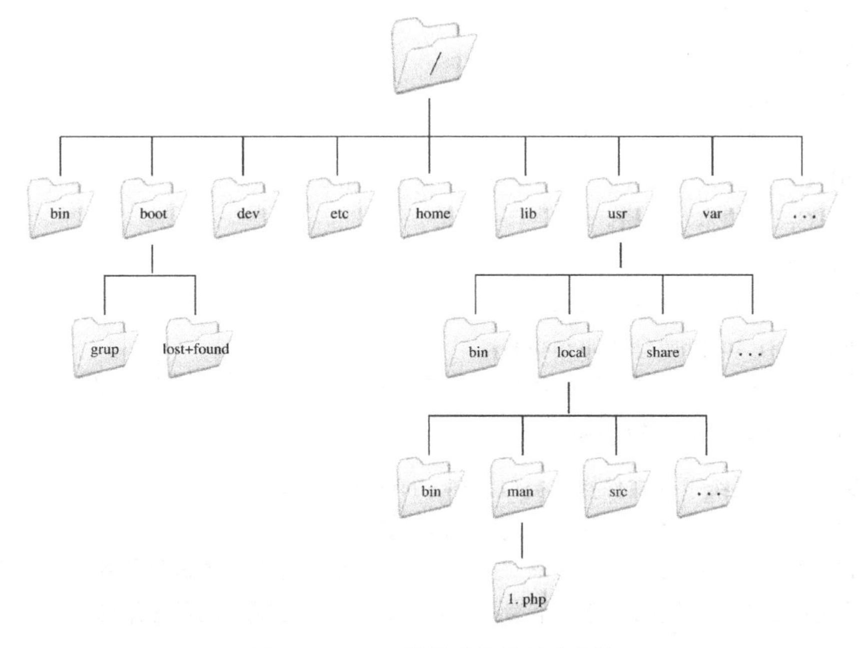

图 2-10　Linux 操作系统的目录结构

2）Linux 命令的分类和特点

Linux 命令分为内部命令和外部命令。

- 内部命令：属于 Linux 解释器的一部分，即 Linux 操作系统自带的一些命令，比如 ifconfig 等。
- 外部命令：独立于 Shell 解释器之外的一些程序文件，即通过 Shell 脚本编辑生成的程序文件。

Linux 命令的特点和使用时要遵循的规则如下。

- 在 Linux 操作系统中，命令区分大小写。
- 在命令行中，可以使用 Tab 键来自动补齐命令。
- 使用向上或向下的方向键可以翻查执行过的历史命令，并且可以再次执行。
- 如果要在一个命令行中输入和执行多个命令，可以使用分号来分隔命令，如 cd /;ls。

使用反斜杠“\”可以将一个较长的命令分成多行表达，增强命令的可读性。执行后，Shell 自动显示提示符“>”，表示正在输入一个长命令，此时可以继续在新行上输入命令的后续部分。

3）Linux 命令的用法

（1）通用的命令格式如下。

```
命令字 [选项] [参数]
```

选项及参数的含义如下。

- 选项：用于调节命令的具体功能。
  - ➢“-”引导短格式选项（单个字符），如-l。

➢ “--”引导长格式选项（多个字符，通常为 5 个英文字母），如--color。
➢ 多个短格式选项可以写在一起，用一个“-”引导，如-al。

- 参数：命令的操作对象，文件名或目录名等，如 ls -l /home。

（2）编辑命令的几个快捷键。

- Tab 键：自动补齐。
- 反斜杠“\”：强制换行。
- Ctrl+U：清空至行首。
- Ctrl+K：清空至行尾。
- Ctrl+L：清屏。
- Ctrl+C：取消本次编辑。

（3）帮助命令。

- 内部命令：help+命令（如 help cd）。
- 外部命令：man+命令（如 man ls）。

注意：也可以在命令后加--help 选项，查看/bin/bash 内部命令的帮助信息。

2．Linux 命令中通配符的使用

与 DOS 操作系统下的文件操作类似，在 UNIX 和 Linux 操作系统中，同样允许使用特殊字符来同时引用多个文件名，这些特殊字符被称为通配符。

常用的通配符有两个：“*”和“？”。其中，“*”表示文件名中该位置的任意一个字符串；“？”表示文件名中该位置的任意一个字符。表 2-2 所示为通配符的常见用法。

表 2-2　通配符的常见用法

通 配 符	含　义
*	代表文件名中的所有字符
ls te*	查找以 te 开头的文件
ls *html	查找以 html 结尾的文件
?	代表文件名中的任意一个字符
ls ?.c	查找第一个字符为任意字符，后缀为.c 的文件
ls a.?	查找只有 3 个字符，前 2 个字符为 a.，最后一个字符为任意字符的文件
[]	“[”和“]”将字符组括起来，表示可以匹配字符组中的任意一个字符
[abc]	匹配 a、b、c 中的任意一个字符
[a-f]	匹配从 a 到 f 范围内的任意一个字符
ls [a-f]*	查找从 a 到 f 范围内的任意一个字符开头的文件
ls a-f	查找文件名为 a-f 的文件，当“-”位于方括号外时会失去通配符的作用
\	如果要将通配符当作普通字符使用，可以在其前面加上转义符。“?”和“*”位于方括号内时，不使用转义符，就失去通配符的作用
ls *a	查找文件名为*a 的文件

3．后台运行程序

一个文本控制台或一个仿真终端在同一时刻只能运行一个程序或命令，并且在执行结束前，一般不能进行其他操作。此时可以采用将程序在后台执行的方式，以释放控制台或终端，使其仍能进行其他操作。如果想使程序在后台执行，只需在要执行的命令后加上一个符号“&”即可，如“find -name httpd.conf&”。

【任务实施】

子任务 1　常用系统工作命令

Linux 操作系统是一个以命令操作为基础的操作系统，初学者在刚接触时可能会感觉非常难学，其主要原因在于“命令难记”，但真的是这样的吗？其实不然，Linux 操作系统是一门实践性非常强的课程，只要能合理安排，有效地将最常用的 Linux 命令进行汇总、归纳、整理、分类，并与实践训练相结合，就可以让读者真正地理解相关知识，而不是单纯地死记硬背书中的命令。

本任务所涉及的命令并非 Linux 操作系统的全部命令，只是其中常用的一小部分。在后续的任务中，还有一些命令被安排到了相关的功能、服务的配置和管理中。只要读者采用以练代学的方式，就可以加深自己对相关知识的理解和掌握。

1．echo 命令

1）命令解析

echo 命令用于在终端输出字符串或变量提取后的值。该命令的语法格式如下。

```
echo [选项] [参数]
```

该命令的常用选项如下。

- -n：不输出行尾的换行符。
- -e：允许对下面列出的加反斜杠转义的字符进行解释。
- -E：禁止对下面列出的加反斜杠转义的字符进行解释。

在没有-E 选项的情况下，可以内置替换以下序列。

- \NNN：字符的 ASCII 代码为 NNN（八进制）。
- \\：反斜杠。
- \a：报警符（BEL）。
- \b：退格符。
- \c：禁止尾随的换行符。
- \f：换页符。
- \n：换行符。
- \r：回车符。
- \t：水平制表符。
- \v：纵向制表符。

echo 命令的参数，一般是指要输入的字符串内容或系统变量的值，如$SHELL。

2）操作实录

【例 2-3】 把指定字符串“zenti.com”输出到终端屏幕的命令如下。

```
[root@zenti ~]# echo zenti.com
```

该命令会在终端屏幕上显示如下信息。

```
zenti.com
```

【例 2-4】 使用$变量的方式提取变量 SHELL 的值，并将其输出到屏幕上。

```
[root@zenti ~]# echo $SHELL
/bin/bash
```

2．date 命令

1）命令解析

date 命令用于显示及设置系统的时间或日期。该命令的语法格式如下。

```
date [选项] [+指定的格式]
```

该命令的常用选项如下。

- -d datestr：显示 datestr 中设定的时间（非系统时间）。
- -s datestr：将系统时间设置为 datestr 中设定的时间。
- -u：显示目前的格林尼治时间。

此外，在 date 命令中输入以“+”号开头的参数，即可按照指定格式输出系统的时间或日期。date 命令中常见的参数格式及作用如表 2-3 所示。

表 2-3　date 命令中常见的参数格式及作用

参　数	作　用
%t	跳格（Tab 键）
%H	小时（00～23）
%I	小时（00～12）
%M	分钟（00～59）
%S	秒（00～59）
%j	今年的第几天

2）操作实录

【例 2-5】按照默认格式查看当前系统时间。

```
[root@zenti ~]# date
2021 年 02 月 25 日 星期四 23:36:37 CST
```

【例 2-6】按照“年-月-日 小时:分钟:秒”的格式查看当前系统时间。

```
[root@zenti ~]# date "+%Y-%m-%d %H:%M:%S"
2021-02-25 23:37:11
```

【例 2-7】将系统的当前时间设置为 2022 年 10 月 16 日 10 点。

```
[root@zenti ~]# date -s "20221016 10:00:00"
2022 年 10 月 16 日 星期日 10:00:00 CST
```

【例 2-8】再次使用 date 命令并按照默认的格式查看当前的系统时间。

```
[root@zenti ~]# date
2022 年 10 月 16 日 星期日 10:00:00 CST
```

date 命令中的参数%j 可用来查看今天是今年的第几天。这个参数能够很好地区分备份时间的新旧，即数字越大，越靠近当前时间。

【例 2-9】使用参数+%j 查看今天是今年的第几天。

```
[root@zenti ~]# date "+%j"
289
```

3．wget 命令

1）命令解析

wget 命令用于在终端中下载网络文件，支持断点续传。该命令的语法格式如下。

```
wget [选项] [参数]
```

该命令的常用选项如下。

- -b：后台下载模式。
- -P：下载到指定目录。
- -t：最大尝试次数。
- -c：断点续传。
- -p：下载页面内所有资源，包括图片、视频等。
- -r：递归下载。

2）操作实录

【例 2-10】使用 wget 命令从 www.zenti.com 网站上下载公司简介电子文档“zenti.pdf”（本例中的 www.zenti.com 为本地搭建的测试服务器）。

该文件完整路径为 http://www.zenti.com/docs/zenti.pdf。执行该命令后的下载效果如下。

```
[root@zenti ~]# wget http://www.zenti.com/docs/zenti.pdf
--2021-02-24 11:23:22 --http://www.zenti.com/docs/zenti.pdf
Resolving www.zenti.com (www.zenti.com)... 220.181.105.185
Connecting to www.zenti.com (www.zenti.com)|220.181.105.185|:80...
connected.
HTTP request sent, awaiting response... 200 OK
Length: 45948568 (44M) [application/pdf]
Saving to: 'zenti.pdf'
100%[==========================================>] 45,948,568 32.9MB/s in 1.3s
2021-02-24 11:23:22 (32.9 MB/s) -'zenti.pdf 'saved [45948568/45948568]
```

【例 2-11】使用 wget 命令递归下载 www.zenti.com 网站内的所有页面数据及文件，在下载完成后，会将其自动保存到当前路径下一个名为 www.zenti.com 的目录中。

```
[root@zenti ~]# wget -r -p http://www.zenti.com
--2021-02-24 19:31:41--http://www.zenti.com/
Resolving www.zenti.com... 106.185.25.197
Connecting to www.zenti.com|106.185.25.197|:80... connected.
HTTP request sent, awaiting response... 200 OK
Length: unspecified [text/html]
Saving to: 'www.zenti.com/index.html'
……
省略下载过程
……
```

4．ps 命令

1）命令解析

ps 命令用于查看系统中的进程状态。该命令的语法格式如下。

```
ps [选项]
```

ps 命令的功能非常强大，具体内容可参考 Linux 命令手册。这里只列出几个常用选项。

- -a：显示所有进程（包括其他用户的进程）。
- -u：用户及其他详细信息。
- -x：显示没有控制终端的进程。

2）操作实录

【例 2-12】显示连接服务器所有终端的用户进程。

```
[root@zenti ~]# ps -a
   PID TTY          TIME CMD
  2550 pts/0    00:00:00 ps
```

【例 2-13】显示 rhel74 用户的所有进程。

```
[root@zenti ~]# ps -u rhel74
```

【例 2-14】不区分终端，显示所有用户的所有进程。

```
[root@zenti ~]# ps aux
USER       PID %CPU %MEM    VSZ   RSS TTY      STAT START   TIME COMMAND
root         1  0.0  0.3 128164  6816 ?        Ss   10:19   0:01 /usr/lib/systemd/systemd
root         2  0.0  0.0      0     0 ?        S    10:19   0:00 [kthreadd]
root         3  0.0  0.0      0     0 ?        S    10:19   0:00 [ksoftirqd/0]
……
省略部分输出信息
……
```

以上输出项目对应的中文含义如表 2-4 所示。

表 2-4　输出项目对应的中文含义

输出项目	中文含义	输出项目	中文含义
USER	进程的所有者	TTY	所在终端
PID	进程号	STAT	进程状态
%CPU	运算器占用率	START	被启动的时间
%MEM	内存占用率	TIME	实际使用 CPU 的时间
VSZ	虚拟内存使用量（单位是 KB）	COMMAND	命令名称与参数
RSS	占用的固定内存量（单位是 KB）		

注意：Linux 操作系统中时刻运行着许多进程，如果能够合理地管理它们，则可以优化系统的性能。Linux 操作系统中有 5 种常见的进程状态，分别为运行、中断、不可中断、僵死与停止，各自的含义如下。

- R（运行）：进程正在运行或在运行队列中等待。
- S（中断）：进程处于休眠中。当某个条件形成后或者收到信号时，脱离该状态。
- D（不可中断）：进程不响应系统异步信号，即使用 kill 命令也不能将其中断。
- Z（僵死）：进程已经终止，但进程描述符依然存在。
- T（停止）：进程收到停止信号后停止运行。

5．top 命令

1）命令解析

top 命令用于动态地监视进程活动与系统负载等信息。该命令的语法格式如下。

```
top [选项]
```

top 命令相当强大，能够动态地查看系统运维状态，可被看作 Linux 操作系统中的“强化版的 Windows 任务管理器”。该命令的常用选项如下。

- -b：以批处理模式操作。

- -c：显示完整的命令。
- -d：刷新屏幕的间隔时间。
- -I：忽略失效过程。
- -s：保密模式。
- -S：累积模式。
- -i<时间>：设置间隔时间。
- -u<用户名>：指定用户名。
- -p<进程号>：指定进程。
- -n<次数>：循环显示的次数。

2）操作实录

【例 2-15】显示进程信息。

```
[root@zenti ~]# top
```

【例 2-16】显示完整的进程信息。

```
[root@zenti ~]# top -c
```

【例 2-17】设置信息更新次数的进程显示。

```
[root@zenti ~]# top -n 2
```

运行结果如图 2-11 所示。

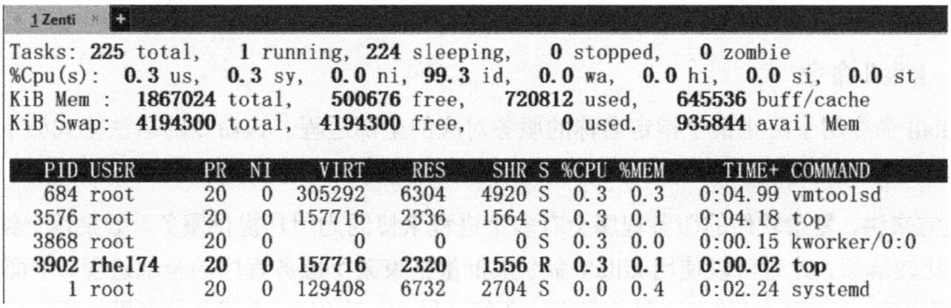

```
1 Zenti
Tasks: 225 total,   1 running, 224 sleeping,   0 stopped,   0 zombie
%Cpu(s):  0.3 us,  0.3 sy,  0.0 ni, 99.3 id,  0.0 wa,  0.0 hi,  0.0 si,  0.0 st
KiB Mem :  1867024 total,   500676 free,   720812 used,   645536 buff/cache
KiB Swap:  4194300 total,  4194300 free,        0 used.   935844 avail Mem

  PID USER      PR  NI    VIRT    RES    SHR S %CPU %MEM     TIME+ COMMAND
  684 root      20   0  305292   6304   4920 S  0.3  0.3   0:04.99 vmtoolsd
 3576 root      20   0  157716   2336   1564 S  0.3  0.1   0:04.18 top
 3868 root      20   0       0      0      0 S  0.3  0.0   0:00.15 kworker/0:0
 3902 rhel74    20   0  157716   2320   1556 R  0.3  0.1   0:00.02 top
    1 root      20   0  129408   6732   2704 S  0.0  0.4   0:02.24 systemd
```

图 2-11　top -n 2 的运行结果

6. pidof 命令

1）命令解析

pidof 命令用于查找指定名称的进程的进程号（PID）。该命令的语法格式如下。

```
pidof [选项] [参数]
```

该命令的常用选项如下。

- -s：仅返回一个 PID。
- -c：仅显示具有相同 root 目录的进程。
- -x：显示由脚本开启的进程。
- -o：指定不显示的进程的 PID。

该命令的参数通常是指服务名称。

注意：每个进程的 PID 是唯一的，因此可以通过 PID 来区分不同的进程。

2）操作实录

【例 2-18】使用 pidof 命令查询本地主机上 sshd 服务程序的 PID。

```
[root@zenti ~]# pidof sshd
3233 1077
```

注意：两个 PID 说明当前系统正在运行两个 sshd 服务程序。

7．kill 命令

1）命令解析

kill 命令用于终止某个指定 PID 的进程。该命令的语法格式如下。

```
kill [选项] [参数]
```

该命令的常用选项如下。

- -a：当处理当前进程时，不限制命令名和进程号的对应关系。
- -l <信息编号>：若不加<信息编号>选项，则-l 选项会列出全部的信息名称。
- -p：指定 kill 命令只打印相关进程的进程号，而不发送任何信号。
- -s <信息名称或编号>：指定要传送的信息。
- -u：指定用户。

该命令的参数通常是指相应进程或作业的识别号（PID）。

2）操作实录

【例 2-19】使用 kill 命令把【例 2-18】中查询到的 PID 对应的进程终止。

```
[root@zenti ~]# kill 3233
```

这种操作的效果等同于强制停止 sshd 服务程序。

8．killall 命令

killall 命令用于终止某个指定名称的服务对应的全部进程。该命令的语法格式如下。

```
killall [参数] [进程名称]
```

通常来讲，复杂软件的服务程序会有多个进程来协同为用户提供服务，如果逐个结束这些进程会比较麻烦，此时可以使用 killall 命令来批量结束某个服务程序的全部进程。下面以 httpd 服务程序为例，介绍如何结束该服务程序的全部进程。由于 RHEL 7 操作系统默认没有安装 httpd 服务程序，因此大家此时只需查看操作过程和输出结果即可，待学习了相关内容再进行实践。

```
[root@zenti ~]# pidof httpd
13581 13580 13579 13578 13577 13576
[root@zenti ~]# killall httpd
[root@zenti ~]# pidof httpd
[root@zenti ~]#
```

如果我们在系统终端中执行一个命令后想立即停止它，可以按 Ctrl+C 快捷键，这样将立即终止该命令的进程。或者，如果有些命令在执行时不断地在屏幕上输出信息，影响后续命令的输入，则可以在执行该命令时在末尾添加一个符号“&”，这样命令将进入系统后台执行。

子任务 2　系统状态检测命令

作为一名合格的运维人员，想要更快、更好地了解 Linux 服务器，必须具备快速查看 Linux 操作系统运行状态的能力。接下来会逐一讲解与网卡/网络、系统内核、系统负载、内存使用情况、当前登录情况、历史登录记录、命令执行记录等相关的命令的使用方法。这些命令都很实用，请读者用心学习，加以掌握。

1. ifconfig 命令

1）命令解析

ifconfig 命令用于配置和显示 Linux 内核中网络接口的网络参数。该命令的语法格式如下。

```
ifconfig [选项] [参数]
```

该命令的常用选项和参数如下。

- add<地址>：设置网络设备 IPv6 的 IP 地址。
- del<地址>：删除网络设备 IPv6 的 IP 地址。
- down：关闭指定的网络设备。
- up：启动指定的网络设备。
- IP 地址：指定网络设备的 IP 地址。

2）操作实录

【例 2-20】使用 ifconfig 命令查看当前网卡配置和网络状态。

在使用 ifconfig 命令查看本地主机当前的网卡配置与网络状态等信息时，其实主要查看的是网卡名称、IP 地址、网卡物理地址（又称 MAC 地址），以及接收数据包与发送数据包的个数及累计流量。

```
[root@zenti ~]# ifconfig
ens33: flags=4163<UP,BROADCAST,RUNNING,MULTICAST>  mtu 1500
        inet 192.168.0.11  netmask 255.255.255.0  broadcast 192.168.0.255
        inet6 fe80::1ee5:a71e:214b:7e80  prefixlen 64  scopeid 0x20<link>
        ether 00:0c:29:68:d0:c0  txqueuelen 1000  (Ethernet)
        ......
        省略部分输出信息
        ......
lo: flags=73<UP,LOOPBACK,RUNNING>  mtu 65536
        inet 127.0.0.1  netmask 255.0.0.0
        inet6 ::1  prefixlen 128  scopeid 0x10<host>
        ......
        省略部分输出信息
        ......
```

【例 2-21】使用 ifconfig 命令为设备 ens33 配置 IP 地址 192.168.1.12/24。

```
[root@zenti ~]# ifconfig ens33 192.168.1.12 netmask 255.255.255.0
```

注意：（1）使用 ifconfig 命令配置的网卡信息，在网卡重启或系统重启后，就不起作用了。如果想将上述配置信息永远保存在计算机中，就需要修改网卡的配置文件。

（2）如果使用远程连接的方式操作 Linux 服务器，则使用 ifconfig 命令后会断开连接。

2. uname 命令

1）命令解析

uname 命令用于查看系统内核与系统版本等信息。该命令的语法格式如下。

```
uname [选项]
```

该命令的常用选项如下。

- -a：显示系统所有相关信息。
- -m：显示计算机硬件架构。

- -n：显示主机名。
- -r：显示内核发行版本号。
- -s：显示内核名称。
- -v：显示内核版本。
- -p：显示主机处理器类型。
- -o：显示操作系统名称。
- -i：显示硬件平台。

2）操作实录

【例 2-22】使用 uname 命令查看当前系统的完整信息。

```
[root@zenti ~]# uname -a
Linux zenti.com 3.10.0-693.el7.x86_64 #1 SMP Thu Jul 6 19:56:57 EDT 2017 x86_64 x86_64 x86_64
GNU/Linux
```

【例 2-23】使用 uname 命令查看当前系统的内核版本信息。

```
[root@zenti ~]# uname -r
3.10.0-693.el7.x86_64
```

另外，如果要查看当前系统版本的详细信息，则需要查看 redhat-release 文件，其命令及相应的结果如下。

```
[root@zenti ~]# cat /etc/redhat-release
Red Hat Enterprise Linux Server release 7.4 (Maipo)
```

3．uptime 命令

1）命令解析

uptime 命令可以用于显示系统已经运行了多长时间。显示的信息依次为：当前时间，系统已经运行了多长时间，目前有多少个登录用户，系统在过去的 1 分钟、5 分钟和 15 分钟内的平均负载。uptime 命令的用法十分简单，直接输入“uptime”，即可查看系统负载情况。

该命令的语法格式如下。

```
uptime [选项]
```

该命令的常用选项如下。

- -p：以比较友好的格式显示系统正常运行的时间。
- -s：系统启动时间，格式为 yyyy-mm-dd hh:mm:ss。

2）操作实录

【例 2-24】显示当前系统的运行时间、用户等信息。

```
[root@zenti ~]# uptime
 13:11:15 up 57 min,   4 users,   load average: 0.00, 0.01, 0.05
```

【例 2-25】使用-s 选项显示当前系统正常运行的时间。

```
[root@zenti ~]# uptime -s
2021-03-14 12:13:42
```

4．free 命令

1）命令解析

free 命令既可以用于显示系统中物理的空闲内存、已用内存及交换内存，也可以用于显示被内核使用的缓冲和缓存。这些信息是通过解析文件/proc/meminfo 收集到的。

该命令的语法格式如下。

```
free [选项]
```

该命令的常用选项如下。

- -b：以 Byte 为单位显示内存使用情况。
- -k：以 KB 为单位显示内存使用情况。
- -m：以 MB 为单位显示内存使用情况。
- -g：以 GB 为单位显示内存使用情况。
- -s：持续显示内存。
- -t：显示内存使用总和。

2）操作实录

【例 2-26】以 MB 为单位显示当前系统的内存使用情况。

```
[root@zenti ~]# free -m
          total     used     free    shared  buff/cache  available
Mem:       1823      711      416        9       695       893
Swap:      4095        0     4095
```

【例 2-27】每隔 10 秒刷新内存使用情况。

```
[root@zenti ~]# free -s 10
          total     used      free     shared  buff/cache  available
Mem:    1867024   728944    426404     10252     711676     914820
Swap:   4194300        0   4194300

          total     used      free     shared  buff/cache  available
Mem:    1867024   729304    426016     10252     711704     914452
Swap:   4194300        0   4194300
^C
```

【例 2-28】使用人性化的方式（容量单位自适应）查看当前系统的内存使用情况。

```
[root@zenti ~]# free -h
          total     used     free     shared  buff/cache  available
Mem:       1.8G     713M     362M       10M      747M       890M
Swap:      4.0G       0B     4.0G
```

以上输出项目对应的中文含义如表 2-5 所示。

表 2-5　输出项目对应的中文含义

输出项目	total	used	free	shared	buff/cache	available
中文含义	内存总量	已用内存量	可用内存量	进程共享的内存量	磁盘缓存的内存量	被进程使用的物理内存大小

5. who 命令

1）命令解析

who 命令用于打印当前登录用户信息，包含系统的启动时间、活动进程、使用者 ID、登录终端等信息，是系统管理员了解系统运行状态的常用命令。

who 命令的输出信息默认来自文件/var/log/utmp 和/var/log/wtmp。

该命令的语法格式如下。

```
who [选项] [参数]
```

该命令的常用选项如下。

- -a：打印全面信息。
- -b：打印系统最近启动时间。
- -d：打印僵死的进程。
- -l：打印系统登录进程。
- -H：带列标题打印用户名、登录终端和登录时间。
- -t：打印系统上次锁定时间。
- -u：打印已登录用户列表。

2）操作实录

【例 2-29】打印系统当前登录用户的全部信息（-H 表示带列标题打印）。

```
[root@zenti ~]# who -a -H
名称      线路        时间              空闲   进程号 备注   退出
             系统引导 2021-03-14 12:13
             运行级别 5 2021-03-14 12:14
root      + pts/0     2021-03-14 12:14 01:56     1714 (192.168.0.108)
root      ? :0        2021-03-14 12:32   ?       1939 (:0)
root      + pts/1     2021-03-14 12:32 01:30     2750 (:0)
root      + pts/2     2021-03-14 12:42   .       3612 (192.168.0.108)
```

【例 2-30】打印系统最近启动时间。

```
[root@zenti ~]# who -b
          系统引导 2021-03-14 12:13
```

6. last 命令

1）命令解析

last 命令用于显示近期用户或终端的登录情况。该命令的信息来源是：/var/log 目录下名称为 wtmp 的文件。

该命令的语法格式如下。

```
last [选项]
```

该命令的常用选项如下。

- -R：不显示登入系统的主机名或 IP 地址。
- username：展示 username 的登录信息。
- tty：限制登录信息包含的终端代号。

2）操作实录

【例 2-31】显示近期用户或终端的登录情况。

```
[root@zenti ~]# last
rhel74   :1           :1               Wed Mar  3 20:16   still logged in
root     pts/1        :0               Wed Mar  3 19:01   still logged in
root     pts/0        192.168.0.100    Wed Mar  3 18:59   still logged in
root     :0           :0               Wed Mar  3 11:06   still logged in
```

【例 2-32】使最后一列显示主机 IP 地址。

```
[root@zenti ~]# last -n 5 -a -i
root      pts/2      Sun Mar 14 12:42    still logged in     192.168.0.108
root      pts/2      Sun Mar 14 12:38 - 12:42  (00:04)      192.168.0.108
root      pts/2      Sun Mar 14 12:37 - 12:38  (00:01)      192.168.0.108
root      pts/1      Sun Mar 14 12:32    still logged in     0.0.0.0
root      :0         Sun Mar 14 12:32    still logged in     0.0.0.0
```

7. history 命令

1）命令解析

history 命令用于显示指定数目的命令，读取历史命令文件中的目录到历史命令缓冲区中，以及将历史命令缓冲区中的目录写入命令文件。

该命令的语法格式如下。

```
history [选项] [参数]
```

该命令的主要选项如下。

- -N：显示历史记录中最近的 N 个记录。
- -c：清空当前历史命令。
- -a：将历史命令缓冲区中的命令写入历史命令文件。
- -r：将历史命令文件中的命令读入当前历史命令缓冲区。
- -w：将当前历史命令缓冲区中的命令写入历史命令文件。
- -d<offset>：删除历史记录中第 offset 个命令。
- -n<filename>：读取指定文件。

在单独使用该命令时，仅显示历史命令。在命令行中，可以使用符号“!”执行指定序号的历史命令。例如，要执行第 2 个历史命令，则输入“!2”。

2）操作实录

【例 2-33】使用 history 命令显示最近使用的 5 条历史命令。

```
[root@zenti ~]# history 5
  113  top -n 2
  114  shutdown now
  115  ifconfig ens33
  116  ls -lhi
  117  man ifconfig
```

【例 2-34】将历史命令文件中的内容读入当前 Shell 的 history 记录中。

```
[root@zenti ~]# history -r
```

【例 2-35】将当前 Shell 的历史命令追加到历史命令文件中。

```
[root@zenti ~]# history -a
```

子任务 3　工作目录切换命令

通过子任务 2 的学习，读者应该基本掌握了查询网卡/网络、系统内核、系统负载、内存使用情况、当前登录情况、历史登录记录等系统状态检测命令的使用。接下来主要介绍几条用于切换工作目录及查看目录中内容的命令。

1. pwd 命令

1）命令解析

pwd 是 print working directory 的缩写。正如单词 print working directory 的意思一样，pwd 命令的功能是打印工作目录，即显示当前工作目录的绝对路径。

该命令的语法格式如下。

```
pwd [选项]
```

该命令的常用选项如下。

- -L：显示逻辑路径。

2）操作实录

【例 2-36】查看当前工作目录的路径。

```
[root@zenti etc]# pwd
/etc
```

2. cd 命令

1）命令解析

cd 是 change directory 的缩写，其英文释义是改变目录，所以，cd 命令的功能是从当前目录切换到目标目录中。

该命令的语法格式如下。

```
cd [选项] [参数]
```

该命令的常用选项如下。

- -P：如果切换的目标目录是一个符号链接，则直接切换到符号链接指向的目标目录中。
- -L：如果切换的目标目录是一个符号链接，则直接切换到符号链接名所在的目录中。
- --：仅使用“-”选项时，当前目录将被切换到环境变量 OLDPWD 对应值的目录中。
- ~：切换到当前用户目录中。
- ..：切换到当前目录位置的上一级目录中。

语法格式中的参数一般是指目录或路径名，可以是绝对路径和相对路径。若省略目录名，则切换到使用者的用户目录（家目录）中。除了常见的切换目录方式，还有以下几个特例。

- cd -命令用于返回上一次所处的目录。
- cd..命令用于进入上级目录。
- cd ~命令用于切换到当前用户的家目录中。
- cd ~username 命令用于切换到其他用户的家目录中。

2）操作实录

【例 2-37】使用“cd 路径”的方式切换到/etc 目录中，再进入/bin 目录，然后返回/etc 目录。

```
[root@zenti ~]# cd /etc
[root@zenti etc]# cd /bin
[root@zenti bin]# cd -
/etc
[root@zenti etc]#
```

【例 2-38】使用 cd 命令快速切换到用户的家目录中。

```
[root@zenti etc]# cd ~
[root@zenti ~]#
```

3. ls 命令

1）命令解析

ls 是 list 的缩写。正如单词 list 的意思一样，ls 命令的功能是列出指定目录下的内容及其相关属性信息。

在默认状态下，ls 命令会列出当前目录的内容。而带上选项后，我们可以用 ls 命令做更多的事情。ls 命令作为最基础且使用频率很高的命令，我们有必要弄清楚它的用法。

该命令的语法格式如下。

```
ls [选项] [参数]
```

该命令的常用选项如下。

- -a：显示所有文件及目录（包括以“.”开头的隐藏文件）。
- -l：使用长格式列出文件及目录信息。
- -r：将文件以相反次序显示（默认按照英文字母次序）。
- -t：根据最后的修改时间排序。
- -A：同-a 选项，但不列出“.”（当前目录）及“..”（父目录）。
- -S：根据文件大小排序。
- -R：递归列出所有子目录。

该命令的参数一般为指定要显示列表的目录，也可以是具体的文件。

2）操作实录

【例 2-39】 列出/etc 目录下所有文件（包括隐藏文件）的详细信息。

```
[root@zenti ~]# ls -al /etc
总用量 1872
drwxr-xr-x. 138 root root    12288 3 月    3 11:09 .
dr-xr-xr-x.  18 root root     4096 7 月    4 2019 ..
drwxr-xr-x.   3 root root     4096 7 月    4 2019 abrt
-rw-r--r--.   1 root root       16 7 月    4 2019 adjtime
-rw-r--r--.   1 root root     1518 6 月    7 2013 aliases
-rw-r--r--.   1 root root    12288 7 月    4 2019 aliases.db
......
```

【例 2-40】 列出当前工作目录下所有名称以“s”开头的文件。

```
[root@zenti etc]# ls -ltr s*
-rw-r--r--. 1 root root 670293 6 月    7 2013 services
-rw-r--r--. 1 root root      0 5 月    4 2016 subuid
-rw-r--r--. 1 root root      0 5 月    4 2016 subgid
-rw-------. 1 root root    221 5 月    4 2016 securetty
......
```

子任务 4　文本文件查看命令

通过前文的学习，读者应该基本掌握了切换工作目录及管理文件的方法。在 Linux 操作系统中，“一切都是文件”，所以对服务程序进行配置就是编辑服务程序的配置文件。如果不能熟练地查阅系统或服务的配置文件，则以后工作时会非常“尴尬”。下面将介绍几个用于查看文本文件内容的命令。

1. cat 命令

1）命令解析

cat 命令用于连接文件并将其打印到标准输出设备上，经常用来显示较小的纯文本文件的内容，类似于 Windows 操作系统下的 type 命令。

该命令的语法格式如下。

```
cat [选项] [参数]
```

该命令的常用选项如下。

- -n 或-number：从 1 开始对所有输出的行编号。
- -b 或--number-nonblank：和-n 选项相似，只不过不对空白行编号。
- -s 或--squeeze-blank：当遇到连续两行以上的空白行时，就替换为一行空白行。
- -A：显示不可打印字符，行尾显示“$”。
- -e：等价于-vE 选项。
- -t：等价于-vT 选项。

该命令的参数如下。

- 文件列表：指定要显示内容的文件列表或者要连接的文件列表。

注意：当文件较大时，文本在屏幕上迅速闪过（滚屏）。为了控制滚屏，可以按 Ctrl+S 快捷键，停止滚屏；按 Ctrl+Q 快捷键，可以恢复滚屏。按 Ctrl+C（中断）快捷键可以终止该命令的执行，并且返回 Shell 提示符状态。

2）操作实录

假设 file1 和 file2 是当前目录下的两个文件，操作如下。

【例 2-41】 在屏幕上带行号显示 file1 文件的内容。

```
[root@zenti ~]# cat -n file1
     1  This is file1...
```

【例 2-42】 同时显示 file1 和 file2 文件的内容。

```
[root@zenti ~]# cat file1 file2
This is file1...
This is file2...
```

【例 2-43】 将 file1 和 file2 文件合并后放入 file 文件。

```
[root@zenti ~]# cat file1 file2 > file3
[root@zenti ~]# cat file3
This is file1...
This is file2...
```

2. more 命令

1）命令解析

more 命令是一个基于 vi 编辑器的文本过滤器，以全屏幕的方式按页显示文本文件的内容，支持 vi 编辑器中的关键字定位操作。

该命令的语法格式如下。

```
more [选项] [参数]
```

该命令的常用选项如下。

- -num：指定每屏显示的行数。
- -l：more 命令在通常情况下把^L 当作特殊字符，遇到这个字符就会暂停，而-l 选项可以阻止这个操作。
- -f：计算实际的行数，而非自动换行的行数。
- -p：先清除屏幕，再显示文本文件的剩余内容。
- -c：与-p 选项相似，不滚屏，先显示内容，再清除旧内容。
- -s：将多个空行压缩成一行显示。
- -u：禁止下画线。
- +/pattern：在每个文档显示前搜索某字符串，然后从该字符串之后开始显示。
- +num：从第 num 行开始显示。

该命令的参数如下。

- 文件：指定分页显示内容的文件。

more 命令中内置了若干个快捷键（内部操作命令）。

- Space 键：显示文本的下一屏内容。
- Enter 键：只显示文本的下一行内容。
- 斜杠符/：接着输入一个模式，可以在文本中寻找下一个相匹配的模式。
- H 键：显示帮助屏，该屏上有相关的帮助信息。
- B 键：显示上一屏内容。
- Q 键：退出 more 命令。

2）操作实录

先使用 cat 命令准备本操作的案例文件 test.txt。

```
[root@zenti ~]# cat -n anaconda-ks.cfg > test.txt
```

【例 2-44】显示 test.txt 文件的内容，在显示之前先清屏，并显示文件查看完成的百分比。

```
[root@zenti ~]# more -dc test.txt
```

【例 2-45】显示 test.txt 文件的内容，每 4 行显示一次，并且在显示之后清屏。

```
[root@zenti ~]# more -p -4 test.txt
     1  #version=DEVEL
     2  # System authorization information
     3  auth --enableshadow --passalgo=sha512
     4  repo --name="Server-HighAvailability"
--more--(7%)
```

3．head 命令

1）命令解析

head 命令用于显示文件的开头内容。在默认情况下，只显示文件的前 10 行内容。

该命令的语法格式如下。

```
head [选项] [参数]
```

该命令的常用选项如下。

- -n<数字>：指定显示头部内容的行数。

- -c<字符数>：指定显示头部内容的字符数。
- -v：总是显示文件名的头信息。
- -q：不显示文件名的头信息。

该命令的参数如下。

- 文件列表：指定显示头部内容的文件列表。

2）操作实录

【例 2-46】显示 test.txt 文件的名称信息，并显示文件的前两行内容。

```
[root@zenti ~]# head -v -n 2 test.txt
==> test.txt <==
     1  #version=DEVEL
     2  # System authorization information
```

【例 2-47】显示 test.txt 文件的前 20 个字符。

```
[root@zenti ~]# head -c 20 test.txt
     1  #version=DEVE
```

4．tail 命令

1）命令解析

tail 命令用于输入文件中的尾部内容，且默认在屏幕上显示指定文件的末尾 10 行。如果指定的文件不止一个，则会在显示的每个文件前面添加一个文件名标题。如果没有指定文件或者文件名为“-”，则读取标准输入。

该命令的语法格式如下。

```
tail [选项] [参数]
```

该命令的常用选项如下。

- --retry：在 tail 命令启动时，即使文件不可访问或者文件稍后变得不可访问，也会始终尝试打开文件。在使用此选项时，需要与--follow=name 选项连用。
- -c<N>或--bytes=<N>：输出文件尾部的 N（N 为整数）字节内容。
- -f<name/descriptor>或--follow<nameldescript>：显示文件最新追加的内容。
- -F：与--follow=name 和--retry 选项连用时功能相同。
- -n<N>或--line=<N>：输出文件尾部的 N（N 为整数）行内容。
- --pid=<进程号>：与-f 选项连用，当指定的进程号的进程终止后，自动退出 tail 命令。

该命令的参数如下。

- 文件列表：指定要显示尾部内容的文件列表。

2）操作实录

【例 2-48】显示 test.txt 文件的倒数 5 行内容。

```
[root@zenti ~]# tail -n 5 test.txt
    69  %anaconda
    70  pwpolicy root --minlen=6 -......-nochanges --notempty
    71  pwpolicy user --minlen=6 -......-nochanges --emptyok
    72  pwpolicy luks --minlen=6 -......-nochanges --notempty
    73  %end
```

【例 2-49】显示 test.txt 文件的最后 15 个字符。

```
[root@zenti ~]# tail -c 15 test.txt
ty
    73   %end
```

5．tr 命令

1）命令解析

tr 的英文全称是 transform，表示转换的意思。该命令可以对字符进行替换、压缩、删除操作，也可以将一组字符转换成另一组字符。

该命令的语法格式如下。

```
tr [选项] [字符串 1] [字符串 2]
```

该命令的常用选项如下。

- -c：选定字符串 1 中字符集的补集，即反选字符串 1 的补集。
- -d：删除字符串 1 中出现的所有字符。
- -s：删除重复出现的字符序列，只保留一个。

2）操作实录

【例 2-50】在 file3 文件中实现大小写字母的转换。

```
[root@zenti ~]# cat file3
This is file1...
This is file2...
[root@zenti ~]# tr "a-z" "A-Z" < file3
THIS IS FILE1...
THIS IS FILE2...
```

【例 2-51】删除 file3 文件中的数字。

```
[root@zenti ~]# tr -d "0-9" < file3
This is file...
This is file...
```

6．wc 命令

1）命令解析

wc 命令用来计算数字。我们可以使用 wc 命令计算文件的字节数、字符数或列数。若不指定文件名，或者指定的文件名为“-”，则 wc 命令会从标准输入设备中读取数据。

该命令的语法格式如下。

```
wc [选项] [参数]
```

该命令的常用选项如下。

- -c 或--bytes 或--chars：只显示字节数。
- -l 或--lines：只显示列数。
- -w 或--words：只显示字数。

该命令的参数如下。

- 文件列表：指定需要统计的文件列表。

2）操作实录

在 Linux 操作系统中，passwd 文件是用于保存系统账户信息的文件。

【例 2-52】使用 wc 命令统计当前系统中有多少个用户。

```
[root@zenti ~]#    wc -l /etc/passwd
41 /etc/passwd
```

【例 2-53】使用 wc 命令统计 file3 文件的字数。

```
[root@zenti ~]# wc -c file3
34 file3
```

7. stat 命令

1）命令解析

stat 命令用于显示文件的状态信息。该命令类似于 ls 命令，但其输出信息更详细。

该命令的语法格式如下。

```
stat[选项][[参数]
```

该命令的常用选项如下。

- -L：支持符号链接。
- -f：显示文件系统状态而非文件状态。
- -t：以简洁方式输出信息。

该命令的参数如下。

- 文件：指定要显示信息的普通文件或者文件系统对应的设备文件名。

2）操作实录

【例 2-54】查看 anaconda-ks.cfg 文件的 3 种时间状态，即 Access、Modify、Change。

```
[root@zenti ~]# stat anaconda-ks.cfg
  文件："anaconda-ks.cfg"
  大小：2221        块：8          IO 块：4096    普通文件
设备：802h/2050d    Inode：131084       硬链接：1
权限：(0600/-rw-------)  Uid：(    0/    root)   Gid：(    0/    root)
环境：system_u:object_r:admin_home_t:s0
最近访问：2021-03-15 10:10:34.593775999 +0800
最近更改：2019-07-04 16:17:17.253862620 +0800
最近改动：2019-07-04 16:17:17.253862620 +0800
创建时间：-
```

【例 2-55】查看文件系统状态信息。

```
[root@zenti ~]# stat -f anaconda-ks.cfg
  文件："anaconda-ks.cfg"
    ID：341fb8ae89ded164 文件名长度：255      类型：Ext2/Ext3
块大小：4096         基本块大小：4096
    块：总计：2547525     空闲：2525326     可用：2390158
Inodes：总计：655360       空闲：651525
```

8. cut 命令

1）命令解析

cut 命令用来显示行中的指定部分，删除文件中的指定字段。cut 命令经常用来显示文件的内容，类似于 Windows 操作系统下的 type 命令。

该命令的语法格式如下。

```
cut [选项] [参数]
```

该命令的常用选项如下。

- -b：以字节为单位进行分割，仅显示行中指定范围的字节。
- -c：以字符为单位进行分割，仅显示行中指定范围的字符。
- -d：自定义分隔符，默认为制表符 Tab。
- -f：显示指定字段的内容，与-d 选项一起使用。
- -n：取消分隔字节或字符。
- --complement：补足被选择的字节、字符或字段。
- --out-delimiter：指定输出内容时的字段分隔符。

该命令的参数如下。

- 文件：指定要进行内容过滤的文件。若不指定该参数，则该命令将读取标准输入。

2）操作实录

假设有一个学生报表，包含 No、Name、Mark、Percent 这 4 个字段，内容如下。

```
[root@zenti ~]# cat student.txt
No Name Mark Percent
01 tom      69      91
02 jack   71      87
03 alex    68      98
```

【例 2-56】使用-f 选项提取指定字段（这里的-f 可以简单记忆为--fields 的缩写）。

```
[root@zenti ~]# cut -f 2 -d " " student.txt
Name
tom
jack
alex
```

【例 2-57】使用 cut 命令输出每行的前 7 个字符。

```
[root@zenti ~]# cut -c1-7 student.txt
No Name
01 tom
02 jack
03 alex
```

注意：该命令有两个功能，其一是显示文件的内容，它会依次读取由参数 file 所指定的文件，并将它们的内容输出到标准输出中；其二是连接两个或多个文件，如 cut fl f2 > f3 先将 fl 和 f2 文件的内容合并，再通过输出重定向符“>”将它们放入 f3 文件。

子任务 5　文件/目录管理命令

到目前为止，我们学习 Linux 命令就像夯实“地基”一样，虽然表面上暂时还看不到成果，但实际上大家的“内功”已经相当深厚了。在 Linux 操作系统的日常运维工作中，还需要掌握对文件的创建、修改、复制、剪切、更名与删除等操作。

1. touch 命令

1）命令解析

touch 命令有两个功能：一个是创建新的空文件；另一个是改变已有文件的时间戳属性。

touch 命令会根据当前的系统时间更新指定文件的访问时间和修改时间。如果文件不存在，将会创建新的空文件，除非指定了-c 或-h 选项。

该命令的语法格式如下。

```
touch [选项] [参数]
```

该命令的常用选项如下。

- -a：改变文件的读取时间记录。
- -m：改变文件的修改时间记录。
- -r：使用参考文件的时间记录，与--file 选项的效果一样。
- -c：不创建新文件。
- -d：设定时间与日期，可以使用各种不同的格式。
- -t：设定文件的时间记录，格式与 date 命令相同。
- --no-create：不创建新文件。

该命令的参数如下。

- 文件列表：指定要设置时间属性的文件列表。

注意：*在修改文件的时间属性时，用户必须是文件的属主或者拥有写文件的访问权限。*

2）操作实录

【例 2-58】 在/test 目录下创建 file11 文件。

```
[root@zenti ~]# touch file11
```

【例 2-59】 在/test 目录下创建 file12、file13 文件。

```
[root@zenti ~]# touch file12 file13
```

【例 2-60】 批量创建文件，文件名为 text1、text2、…、text5。

```
[root@zenti ~]# touch text{1..5}
[root@zenti ~]# ls text*
text1   text2   text3   text4   text5
```

【例 2-61】 使用 touch 命令改变家目录下 test.txt 文件的修改时间记录。

为了方便读者看到操作前后的变化情况，操作结果以图片的形式展示，如图 2-12 所示。

```
[root@zenti ~]# stat test.txt
  文件："test.txt"
  大小：2732          块：8          IO 块：4096   普通文件
设备：802h/2050d      Inode：131252     硬链接：1
权限：(0644/-rw-r--r--)  Uid：(    0/    root)   Gid：(    0/    root)
环境：unconfined_u:object_r:admin_home_t:s0
最近访问：2021-08-13 13:11:46.960640267 +0800
最近更改：2021-08-13 13:10:42.290124015 +0800
最近改动：2021-08-13 13:10:42.290124015 +0800
创建时间：-
[root@zenti ~]# touch -m test.txt
[root@zenti ~]# stat test.txt
  文件："test.txt"
  大小：2732          块：8          IO 块：4096   普通文件
设备：802h/2050d      Inode：131252     硬链接：1
权限：(0644/-rw-r--r--)  Uid：(    0/    root)   Gid：(    0/    root)
环境：unconfined_u:object_r:admin_home_t:s0
最近访问：2021-08-13 13:11:46.960640267 +0800
最近更改：2021-08-13 13:31:57.721965895 +0800
最近改动：2021-08-13 13:31:57.721965895 +0800
创建时间：-
```

图 2-12 使用 touch 命令改变文件的修改时间记录

2. mkdir 命令

1）命令解析

mkdir 是 make directories 的缩写。mkdir 命令用于创建目录。

该命令的语法格式如下。

```
mkdir [选项] [参数]
```

该命令的常用选项如下。

- -p：递归创建多级目录。
- -m：在创建目录的同时设置目录的权限。
- -z：设置安全上下文，当使用 SELinux 时有效。
- -v：显示目录的创建过程。

该命令的参数如下。

- 目录列表：指定要创建的目录列表，多个目录之间用空格隔开。

2）操作实录

【例 2-62】在/usr 目录下创建新目录 newuser。

```
[root@zenti ~]# mkdir /usr/newuser
[root@zenti ~]# ls -d /usr/n*
/usr/newuser
```

【例 2-63】在当前目录下同时创建子目录 dir1、dir2、dir3。

```
[root@zenti ~]# mkdir dir1 dir2 dir3
[root@zenti ~]# ls -ld dir*
drwxr-xr-x. 2 root root 4096 3 月　16 11:08 dir1
drwxr-xr-x. 2 root root 4096 3 月　16 11:08 dir2
drwxr-xr-x. 2 root root 4096 3 月　16 11:08 dir3
```

【例 2-64】在当前目录中创建 bin 目录和 bin 目录下的 os_1 目录，将权限设置为文件属主可读、可写、可执行，同组用户可读、可执行，其他用户无权访问。

```
[root@zenti ~]# mkdir -pm 750 bin/os_1
[root@zenti ~]# ls -l bin
总用量 4
drwxr-x---. 2 root root 4096 3 月　16 11:14 os_1
```

注意：在创建目录时，应保证新目录与它所在目录下的文件没有重名。

3. rmdir 命令

1）命令解析

rmdir 命令的作用是删除空的目录，英文全称为 remove directory。

该命令的语法格式如下。

```
rmdir [选项] [参数]
```

该命令的常用选项如下。

- -p：用递归的方式删除指定目录路径中的所有父级目录。若指定目录路径非空，则报错。
- -- ignore-fail-on-non-empty：忽略因删除非空目录时出错而产生的错误信息。
- -v：显示命令的详细执行过程。

该命令的参数如下。

- 目录列表：要删除的空目录列表。当删除多个空目录时，目录名之间使用空格隔开。

2）操作实录

【例 2-65】删除当前目录下的空目录 dir1。

```
[root@zenti ~]# rmdir dir1
```

【例 2-66】递归删除指定的目录树 dir2/dir1。

```
[root@linuxcool ~]# rmdir -p dir2/dir1
```

【例 2-67】显示命令的详细执行过程。

```
[root@zenti ~]# mkdir -p aa/bb/cc/dd
[root@zenti ~]# rmdir -p -v aa/bb/cc/dd
rmdir: 正在删除目录 'aa/bb/cc/dd'
rmdir: 正在删除目录 'aa/bb/cc'
rmdir: 正在删除目录 'aa/bb'
rmdir: 正在删除目录 'aa'
```

注意：（1）使用 rmdir 命令只能删除空目录。在删除非空目录时，需要先删除该目录下的所有文件。

（2）使用 rmdir 命令的-p 选项可以递归删除指定的多级目录，但各级目录必须是空目录。

4．cp 命令

1）命令解析

cp 可被理解为 copy 的缩写，该命令的功能为复制文件或目录。

使用 cp 命令可以将多个文件复制到一个具体的文件或一个已经存在的目录中，也可以同时将多个文件复制到一个指定的目录中。

该命令的语法格式如下。

```
cp [选项] [参数]
```

该命令的常用选项如下。

- -f：若目标文件已存在，则会直接覆盖该文件。
- -i：若目标文件已存在，则会询问是否覆盖该文件。
- -p：保留源文件或目录的所有属性。
- -r/R：递归复制文件和目录。
- -d：当复制符号链接时，把目标文件或目录也建立为符号链接，并指向与源文件或目录链接的原始文件或目录。
- -l：对源文件建立硬链接，而非复制文件。
- -s：对源文件建立符号链接，而非复制文件。
- -b：在覆盖已存在的目标文件前将目标文件备份。
- -v：显示 cp 命令的详细执行过程。
- -a：相当于-dR--preserve=ace。
- --preserve=all：除了-p 选项的权限相关属性，还加入了 SELinux 的属性，如 links、xattr 等属性。

该命令的参数如下。

- 源文件：指定源文件列表。在默认情况下，使用 cp 命令不能复制目录，如果要复制目录，必须使用-R 选项。
- 目标文件：指定目标文件。当有多个源文件时，要求目标文件为指定的目录。

2）操作实录

【例 2-68】复制目录。

```
[root@zenti ~]# cp -R dir1 dir2
[root@zenti ~]# ls -l dir2
总用量 4
drwxr-xr-x. 2 root root 4096 3 月  16 11:31 dir1
```

【例 2-69】将 test1 文件更名为 test2。

```
[root@zenti ~]# cp -f test1 test2
```

【例 2-70】复制多个文件。

```
[root@zenti ~]# cp -r file1 file2 file3 dir2
```

5. mv 命令

1）命令解析

mv 命令用于重命名文件或目录，或者将文件从一个目录中移动到另一个目录中。

该命令的语法格式如下。

```
mv [选项] [参数]
```

该命令的常用选项如下。

- -i：若存在同名文件，则会询问是否覆盖该文件。
- -f：当覆盖已有文件时，不进行任何提示。
- -b：当目标文件存在时，覆盖前为其创建一个备份。
- -u：当源文件比目标文件新，或者目标文件不存在时，才会执行移动操作。

该命令的参数如下。

- 源文件：指定源文件列表。
- 目标文件：如果目标文件是文件名，则在移动文件的同时，将其更名为“目标文件”；如果目标文件是目录名，则将源文件移动到“目标文件”目录中。

2）操作实录

【例 2-71】将 file1 文件重命名为 file5。

```
[root@zenti ~]# mv file1 file5
```

【例 2-72】将 file1 文件移动到 dir1 目录中。

```
[root@zenti ~]# mv file1 /dir1
```

【例 2-73】将 dir1 目录移动到 dir3 目录中（前提条件是 dir3 目录已存在）。

```
[root@zenti ~]# mv /dir1 /dir3
```

【例 2-74】将 dir2 目录下的文件移动到当前目录中。

```
[root@zenti ~]# mv /dir2/* .
```

注意：mv 与 cp 命令的执行结果不同。mv 命令的执行好像文件“搬家”，文件个数并未增加。而 cp 命令的执行会对文件进行复制，文件个数增加了。

6．rm 命令

1）命令解析

rm 可被理解为 remove 的缩写。rm 命令的功能为删除一个目录中的一个或多个文件/目录。使用该命令也可以将某个目录及其中的所有文件及子目录删除。对于链接文件，只是删除了链接，原有文件均保持不变。

该命令的语法格式如下。

```
rm [选项] [参数]
```

该命令的常用选项如下。

- -f：忽略不存在的文件，不会出现警告信息。
- -i：删除前会询问用户是否执行删除操作。
- -r/R：递归删除。
- -v：显示指令的详细执行过程。

该命令的参数如下。

- 文件：指定被删除的文件列表，如果参数中含有目录，则必须加上-r 或-R 选项。

2）操作实录

【例 2-75】删除当前目录中以“test”开头的文件，并在删除前逐一询问是否确认删除。

```
[root@zenti ~]# rm -i text*
rm：是否删除普通空文件 "text1"？ Y
......
```

【例 2-76】直接删除当前目录中以“file”开头的文件，不出现任何提示。

```
[root@zenti ~]# rm -f file*
```

【例 2-77】递归删除目录及目录中的所有文件。

```
[root@zenti ~]# mkdir -p /data/log
[root@zenti ~]# rm -rf /data/log/
```

7．file 命令

1）命令解析

file 命令通常用来辨别文件类型，也可以用来辨别一些文件的编码格式。在 Linux 操作系统中，由于文本、目录、设备等被统称为文件，而我们又不能仅凭后缀就知道具体的文件类型，这时就需要使用 file 命令来查看文件类型。

该命令的语法格式如下。

```
file [选项] [参数]
```

该命令的常用选项如下。

- -b：在列出辨别结果时，不显示文件名称（简要模式）。
- -c：显示命令的详细执行过程，便于排错或分析程序执行的情况。常与-m 选项一起使用，用来在安装魔法数字文件之前调试它。
- -f：指定名称文件。当其内容有一个或多个文件名称时，file 命令会依序辨别这些文件，格式为每列显示一个文件名。
- -L：直接显示符号链接所指向的文件类别。

- -m：指定魔法数字文件。
- -v：显示版本信息。
- -z：尝试解读压缩文件的内容。
- -i：显示 MIME 类别。

该命令的参数如下。

- 文件：指定确定类型的文件列表，且多个文件之间使用空格分隔，可以使用 Shell 通配符匹配多个文件。

2）操作实录

【例 2-78】使用 file 命令查看家目录中的 anaconda-ks.cfg 文件类型。

```
[root@zenti ~]# file anaconda-ks.cfg
anaconda-ks.cfg: ASCII text
```

【例 2-79】查看/dev 目录中 sda 文件的类型。

```
[root@zenti ~]# file /dev/sda
/dev/sda: block special
```

子任务 6　打包压缩与搜索命令

在网络上，人们越来越倾向于传输压缩格式的文件，原因在于压缩文件体积小，在网速相同的情况下，传输时间短。下面将介绍如何在 Linux 操作系统中对文件进行打包压缩与解压缩，以及让用户基于关键词在文本文件中搜索匹配的信息、在整个文件系统中基于指定的名称或属性搜索特定文件。

1．tar 命令

1）命令解析

使用 tar 命令可以为 Linux 操作系统的文件和目录创建档案，可以为某一特定文件创建档案（备份文件），也可以在档案中改变文件，或者向档案中加入新的文件。

使用 tar 命令可以把多个文件和目录全部打包成一个文件，这对备份文件或将几个文件组合为一个文件以便网络传输是非常有用的。

该命令的语法格式如下。

```
tar [选项] [参数]
```

该命令的常用选项如下。

- -A：新增文件到已存在的备份文件中。
- -B：设置区块大小。
- -c：创建新的备份文件。
- -C <目录>：切换工作目录。先进入指定目录，再执行压缩/解压缩操作，可用于仅压缩特定目录里的内容或将内容解压缩到特定目录中。
- -d：记录文件的差别。
- -x：从归档文件中提取文件。
- -t：列出备份文件的内容。
- -z：通过 gzip 命令压缩/解压缩文件，文件名最好为*.tar.gz。
- -Z：通过 compress 命令处理备份文件。
- -f<备份文件>：指定备份文件。

- -v：显示指令执行过程。
- -r；添加文件到已压缩的文件中。
- -u：添加已改变和现有的文件到已经存在的压缩文件中。
- -j：通过 bzip2 命令压缩/解压缩文件，文件名最好为*.tar.bz2。
- -v：显示操作过程。
- -l：文件系统边界设置。
- -k：在提取文件时，不覆盖已有的文件。
- -m：在还原文件时，不变更文件的更改时间。
- -w：确认压缩文件的正确性。
- -p：保留原来的文件权限与属性。
- -P：使用文件名的绝对路径，不移除文件名称前的符号“/”。

该命令的参数如下。

- 文件或目录：指定要打包的文件或目录列表。

2）操作实录

【例 2-80】将/etc 目录下所有文件打包并使用 gzip 命令压缩后保存在当前目录中。

```
[root@zenti ~]# tar -czvf etc.tar.gz /etc
tar: 从成员名中删除开头的“/”
/etc/
/etc/fstab
/etc/crypttab
/etc/mtab
………………省略部分压缩过程信息………………
```

【例 2-81】将例 2-80 中备份的软件包解压缩到当前目录中的 etc 目录中。

```
[root@zenti ~]# mkdir /root/etc
[root@zenti ~]# tar -xzvf etc.tar.gz -C /root/etc
etc/
etc/fstab
etc/crypttab
etc/mtab
………………省略部分解压过程信息………………
```

2. grep 命令

1）命令解析

grep（global search regular expression(RE) and print out the line，全面搜索正则表达式并把行打印出来）是一种强大的文本搜索工具。它能使用正则表达式搜索文本，并把匹配的行打印出来。grep 命令的语法格式如下。

```
grep [选项]
```

该命令的常用选项如下。

- -i：在搜索时，忽略大小写。
- -c：只输出匹配行的数量。
- -l：只列出匹配的文件名，不列出具体的匹配行。

- -n：列出所有的匹配行，显示行号。
- -h：在查询多文件时，不显示文件名。
- -s：不显示不存在、没有匹配文本的错误信息。
- -v：显示不包含匹配文本的所有行。
- -w：匹配整词。
- -x：匹配整行。
- -r：递归搜索。
- -q：禁止输出任何结果，以退出状态表示搜索是否成功。
- -b：打印匹配的行距文件头部的偏移量，以字节为单位。
- -o：与-b 选项结合使用，打印匹配的词距文件头部的偏移量，以字节为单位。

2）操作实录

【例 2-82】在用户配置文件/etc/passwd 中查找含有/sbin/nologin 的行。

```
[root@zenti ~]# grep /sbin/nologin /etc/passwd
bin:x:1:1:bin:/bin:/sbin/nologin
daemon:x:2:2:daemon:/sbin:/sbin/nologin
adm:x:3:4:adm:/var/adm:/sbin/nologin
lp:x:4:7:lp:/var/spool/lpd:/sbin/nologin
mail:x:8:12:mail:/var/spool/mail:/sbin/nologin
operator:x:11:0:operator:/root:/sbin/nologin
………………省略部分输出过程信息………………
```

3．find 命令

1）命令解析

find 命令可以根据给定的路径和表达式查找文件或目录。

该命令的语法格式如下。

```
find [选项] [路径] [查找和搜索范围]
```

该命令的常用选项如下。

- -name：按名称查找。
- -size：按大小查找。
- -user：按属主查找。
- -type：按类型查找。
- -iname：忽略大小写。

2）操作实录

【例 2-83】使用-name 选项查看/etc 目录中所有以“.conf”结尾的配置文件。

```
[root@zenti ~]# find /etc -name "*.conf"
```

【例 2-84】使用-size 选项查看/etc 目录中大于 1MB 的文件。

```
[root@zenti ~]# find /etc -size +1M
```

【例 2-85】在/var/log 目录中忽略大小写查找以“.log”结尾的文件名。

```
[root@linuxcool ~]# find /var/log -iname "*.log"
```

注意：任何位于参数之前的字符串都将被视为要查找的目录名。如果在使用该命令时，不设置任何参数，则 find 命令将在当前目录中查找子目录与文件，并将找到的子目录和文件全部显示出来。

【知识拓展】

安装与管理软件包命令

1. rpm 命令

1）命令解析

rpm 是 RedHat Package Manager（红帽软件包管理器）的缩写，是用于管理 Linux 操作系统中的软件包的。在 Linux 操作系统下，几乎所有的软件都可以使用 rpm 命令进行安装、卸载及管理等操作。rpm 命令包含 5 种基本功能：安装、卸载、升级、查询和验证。

该命令的语法格式如下。

```
rpm [参数] [软件包]
```

该命令的常用参数如下。

- -a：查询所有的软件包。
- -：只列出配置文件，本参数需配合-l 参数使用。
- -d：只列出文本文件，本参数需配合-l 参数使用。
- -e 或--erase：卸载软件包。
- -f：查询文件或命令属于哪个软件包。
- -h 或--hash：安装软件包时列出标记。
- -i：显示软件包的相关信息。
- --install：安装软件包。
- -l：显示软件包的文件列表。
- -p：查询指定的 rpm 软件包。
- -q：查询软件包。
- -R：显示软件包的依赖关系。
- -s：显示文件状态，本参数需配合-l 参数使用。
- -U 或--upgrade：升级软件包。
- -v：显示命令的执行过程。
- -vv：显示命令的详细执行过程。

2）操作实录

下面以软件包 python-2.7.5-58.el7.x86_64.rpm 为例，演示其安装、升级、删除等过程。这里以光盘安装为基础，且假设光盘已经被正常挂载。

【例 2-86】直接安装软件包。

```
[root@zenti ~]# rpm -ivh python-2.7.5-58.el7.x86_64.rpm
```

【例 2-87】忽略报错，强制安装。

```
[root@zenti ~]# rpm --force -ivh python-2.7.5-58.el7.x86_64.rpm
```

【例 2-88】卸载 rpm 软件包。

```
[root@zenti ~]# rpm -e python-2.7.5-58.el7.x86_64.rpm
```

【例 2-89】升级软件包。

```
[root@zenti ~]# rpm -U file.rpm
```

2. yum 命令

1）命令解析

yum 是 Yellow dog Update, Modified 的缩写，是一个软件包管理器，可以用于查找、安装、删除某一个或一组甚至全部软件包，从指定的服务器自动下载 rpm 软件包并安装，同时自动处理依赖性关系，一次性安装所有依赖的软件包。

yum 是在 Fedora、RedHat 及 SUSE 中基于 rpm 的软件包管理器。

yum 命令的语法格式如下。

```
yum [参数]
```

yum 命令的常用参数如下。

- -y：对所有的提问都回答“yes”。
- -c：指定配置文件。
- -q：安静模式。
- -v：详细模式。
- -t：检查外部错误。
- install：安装 rpm 软件包。
- update：更新 rpm 软件包。
- remove：删除指定的 rpm 软件包。
- list：显示软件包的信息。
- clean：清理过期的缓存。

2）操作实录

使用 yum 命令安装和管理软件包，需要先配置安装源。安装源包括本地源和网络源，这里以本地源为基础，安装和管理相应软件包。本地安装源文件的配置方法详见项目 7 的任务 1。

【例 2-90】使用 yum 命令安装 DHCP 服务。

```
[root@zenti ~]# yum install dhcp -y
已加载插件：langpacks, product-id, search-disabled-repos, subscription-manager
……
已安装:
  dhcp.x86_64 12:4.2.5-58.el7
完毕!
```

【例 2-91】使用 yum 命令卸载/删除 DHCP 服务。

```
[root@zenti ~]# yum remove dhcp
已加载插件：langpacks, product-id, search-disabled-repos, subscription-manager
……
删除:
  dhcp.x86_64 12:4.2.5-58.el7
完毕!
```

任务 3　重定向、管道符与环境变量

【任务分析】

前文介绍了 Linux 常用命令。如果将不同命令组合使用，可以大幅度提高工作效率。本节将介绍重定向、管道符、通配符、转义符及环境变量等相关知识，为读者今后的 Shell 编程打下基础。张主管为了提高小李对命令的熟悉程度，给他安排了如下任务。

（1）熟悉输入/输出重定向的原理和用法。

（2）会使用管道符。

（3）会使用通配符。

（4）会使用转义符。

【知识准备】

1. 输入/输出重定向

前面讲解的用于查看当前目录中有哪些文件的 ls 等命令，在执行后默认将结果输出到计算机屏幕（显示器）上。如果我们想将命令执行结果保存到文件中，方便以后随时查阅，应该怎么做呢？这就要用到重定向的知识。

1）重定向概述

Linux Shell 重定向表示修改系统命令的默认执行方式。我们可以将其理解为“改变输入和输出的方向”，分为输入重定向和输出重定向。

既然重定向表示改变默认的输入/输出方向，那么默认的输入/输出方向又是什么呢？

相对程序而言，通过键盘读取用户输入数据供程序使用，即数据流从键盘输入程序，这就是标准的输入；程序运算产生的结果数据被直接呈现在显示器上，即数据流从程序输出到显示器中，这就是标准的输出。默认的标准输入/输出如图 2-13 所示。

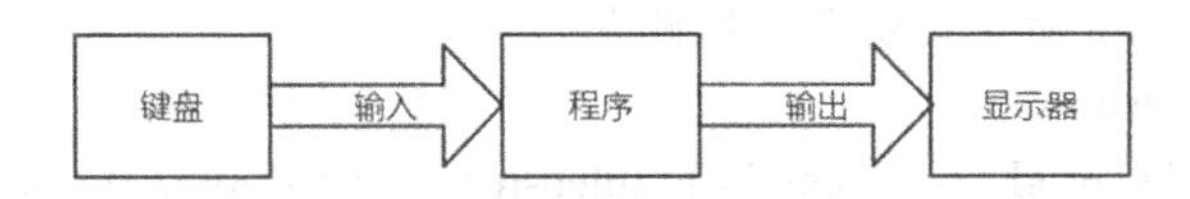

图 2-13　默认的标准输入/输出

将默认的通过键盘读取数据修改为通过文件读取数据，即数据流从文件输入程序，这就是输入重定向；程序运算产生的结果数据不显示在显示器上而是被存储到文件中，即数据流从程序输出到文件中，这就是输出重定向，如图 2-14 所示。

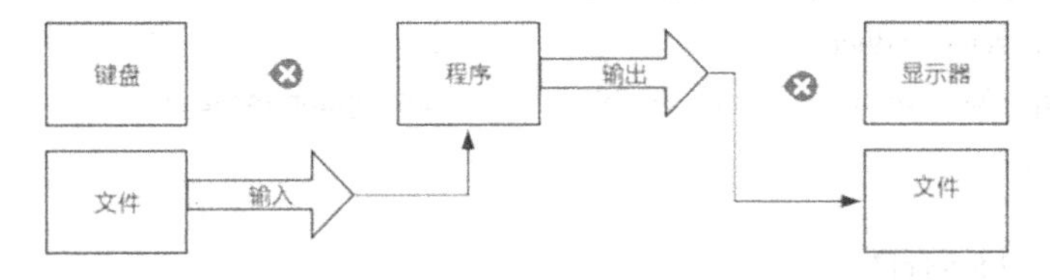

图 2-14　输入重定向和输出重定向

计算机的硬件设备有很多，常见的输入设备有键盘、鼠标、麦克风、手写板等，输出设备有显示器、投影仪、打印机等。不过，在 Linux 操作系统中，标准输入设备一般指键盘，标准输出设备一般指显示器。

前文提到过，Linux 操作系统中“一切皆文件”，包括键盘、显示器等输入/输出设备在内的所有计算机硬件都是文件。为了表示和区分已经打开的文件，Linux 操作系统会为每个文件分配一个 ID。这个 ID 是一个整数，被称为文件描述符（File Descriptor），如表 2-6 所示。

表 2-6　与输入/输出有关的文件描述符

文件描述符	文件名	类型	硬件
0	stdin	标准输入文件	磁盘
1	stdout	标准输出文件	显示器
2	stderr	标准错误输出文件	显示器

Linux 程序在执行任何形式的 I/O 操作时，都是在读取或写入一个文件描述符。一个文件描述符只是一个和打开的文件相关联的整数，它背后可能是一个磁盘上的普通文件、FIFO、管道、终端、键盘、显示器，甚至是一个网络连接。stdin、stdout、stderr 文件默认都是打开的，在重定向的过程中，0、1、2 这 3 个文件描述符可以直接使用。

2）重定向分类

（1）重定向分为输入和输出重定向。

输入重定向就是把文件导入到命令中，输出重定向则是把原本要输出到屏幕上的信息写入指定文件。输出重定向按输出内容分为标准输出重定向和错误输出重定向两种模式；按重定向写入方式分为清空写入和追加写入两种模式。

关于标准输出和错误输出的示例如下。

```
[root@zenti ~]# ls test/
test1.txt   test2.txt
[root@zenti ~]# ls xxx
ls: 无法访问 xxx: 没有那个文件或目录
```

使用 ls 命令查看指定目录中的文件信息。如果该目录存在且目录中有内容，将输出文件所有者、所属组群、文件大小等信息，也就是 ls 命令的标准输出信息。但是如果该目录不存在，则提示文件不存在的报错信息，也就是 ls 命令的错误输出信息。如果要把上面原本输出到屏幕的信息直接写入到文件中而不是显示到屏幕中，就要区别对待这两种输出信息。

（2）标准输出和错误输出的区别。

虽然标准输出和错误输出都是重定向技术，但是不同命令的标准输出和错误输出还是有区别的。如果一个命令执行成功，则通过标准输出重定向到文件中是没有问题的，但是通过错误输出重定向到文件中是不会成功的，信息依旧会显示到屏幕上。反之，如果一个命令执行失败，则通过错误输出重定向到文件中是没有问题的，但是通过标准输出重定向到文件中是不会成功的，信息依旧会显示到屏幕上。

首先使用 ls 命令查看一个已经存在的文件，并将信息重定向到 ls.txt 文件中，然后查看该文件，可以看到信息被成功存入。将错误输出信息重定向到 ls-err.txt 文件中，由于查看的文件存在，没有错误信息，所以查询成功的文件信息依然会显示在屏幕上，而错误重定向的文件里没有内容。

```
[root@zenti test]# ls
text1.txt   text2.txt
```

```
[root@zenti test]# ls -l text1.txt
-rw-r--r--. 1 root root 0 3 月   25 17:57 text1.txt
[root@zenti test]# ls -l text1.txt > ls.txt
[root@zenti test]# cat ls.txt
-rw-r--r--. 1 root root 0 3 月   25 17:57 text1.txt
[root@zenti test]# ls -l text1.txt 2> ls-err.txt
-rw-r--r--. 1 root root 0 3 月   25 17:57 text1.txt
[root@zenti test]# cat ls-err.txt
```

2．管道符

管道就是一个进程与另一个进程之间进行通信的通道，通常用于把一个进程的输出通过管道与另一个进程的输入相连接。

管道采用半双工运作方式。要想进行双向传输，需要使用两个管道。

管道可以分为匿名管道和命名管道，而 Shell 中使用的是匿名管道，所以本书仅描述匿名管道。例如，ls | grep main.c 命令使用了管道符连接两个命令，能够快速地让我们知道当前目录中是否有 main.c 文件。

管道的本质是内存中的缓冲区。所以，我们需要使用两个文件描述符来索引管道（一个表示读端，一个表示写端），并且规定，数据只能从读端读取、只能向写端写入。

3．通配符

通配符的概念在很多语言中都存在，如 Java、C#等，其作用就是模糊匹配。

假设你在计算机上存储了很多电影，某天突然想看某位演员的电影作品，但是因文件太多而导致记不清该电影的文件名，只依稀记得文件名包含了几个关键字，这时你应当如何快速找到对应的文件呢？

通配符就是为了应对这种场景而生的。熟练使用通配符，即使文件再多，我们也不会“迷路”。通配符，顾名思义就是通用的用于匹配信息的符号。常用的通配符如表 2-7 所示。

表 2-7 常用的通配符

符　号	意　义
*	匹配 0 个和多个字符
?	匹配单个字符
[0-9]	匹配 0～9 之间的单个数字字符
[123]	匹配 1、2、3 这 3 个指定数字中的任意一个数字
[abc]	匹配 a、b、c 这 3 个字符中的任意一个字符

4．转义符

人和 Linux 内核之间的交互是通过在 Shell 终端中执行相关命令来实现的。为了更好地理解用户的表达，除了通配符、管道符，Shell 解释器还提供了特别丰富的转义符来处理用户输入的特殊数据。

本节只选取几个常用的转义符进行讲解，其作用如表 2-8 所示。

表 2-8 常用的转义符及作用

转 义 符	作　用
\	反斜杠，使后面的一个变量变为单纯的字符串

续表

转 义 符	作　用
''	单引号，转义其中的所有变量为单纯的字符串
""	双引号，保留其中的变量属性，不进行转义处理
``	反引号，执行其中的命令后返回结果

【任务实施】

子任务 1　输入/输出重定向

1．输入重定向

1）命令解析

常用的输入重定向符号、用法和作用如表 2-9 所示。

表 2-9　常用的输入重定向符号、用法和作用

符号、用法	作　用
命令 < 文件	将文件作为命令的标准输入
命令 << 分界符	从标准输入中读入，直到遇到分界符才停止
命令 < 文件 1 > 文件 2	将文件 1 作为命令的标准输入并将标准输出重定向到文件 2 中

输入重定向相对来说用得很少，其作用是将文件直接导入到命令中。现有/etc/passwd 文件，存储了系统用户信息，且一行记录一个用户。

2）操作实录

【例 2-92】通过输入重定向将/etc/passwd 文件导入到 wc 命令中，统计用户个数。

```
[root@zenti ~]# wc -l < /etc/passwd
44
```

2．输出重定向

1）命令解析

常用的输出重定向符号、用法和作用如表 2-10 所示。

表 2-10　常用的输出重定向符号、用法和作用

符号、用法	作　用
命令 1> 文件	将标准输出重定向到文件中（清空原有文件数据），1 可以省略
命令 2> 文件	将错误输出重定向到文件中（清空原有文件数据）
命令 1>> 文件	将标准输出重定向到文件中（追加到原有内容后面），1 可以省略
命令 2>> 文件	将错误输出重定向到文件中（追加到原有内容后面）
命令 &>> 文件	将标准输出和错误输出一起写入到文件中（追加到原有内容后面）
命令 >> 文件 2>&1	同上条命令：命令 &>> 文件

对于重定向中的标准输出模式，其文件描述符 1 一般省略不写，而对于错误输出模式，其文件描述符 2 是必须写的。

2）操作实录

【例 2-93】使用 man 命令查看 ls 命令的使用方法，并将输出信息重定向到 ls.txt 文件中，然后使用 cat 命令查看 ls.txt 文件的信息。

```
[root@zenti ~]# ls test
```

```
test1.txt    test2.txt
[root@zenti test]# man ls > ls.txt
[root@zenti test]# ls
ls.txt    test1.txt    test2.txt
[root@zenti test]# cat ls.txt
LS(1)                    General Commands Manual                    LS(1)
NAME
        ls, dir, vdir - 列目录内容
提要
        ls [选项] [文件名...]
......
```

接下来演示清空写入和追加写入的区别。

【例 2-94】先通过清空写入模式向 ls.txt 文件中写入一行数据，查看文件内容的变化，再通过追加写入模式向文件中写入一行数据，查看文件内容的变化。

```
[root@zenti test]# echo "Welcome to Zenti Corp." > ls.txt
[root@zenti test]# cat ls.txt
Welcome to Zenti Corp.
[root@zenti test]# echo "Write new message into ls.txt" >> ls.txt
[root@zenti test]# cat ls.txt
Welcome to Zenti Corp.
Write new message into ls.txt
```

可以看到清空模式将清空文件原有内容，追加模式将在原有内容后面添加数据。

子任务 2 管道符

1）命令解析

使用管道符可以把很多命令组合起来使用，提高工作效率。简言之，管道符的作用就是：把前一个命令原本要输出到屏幕的标准正常数据当作后一个命令的标准输入。

管道符采用“|”表示，使用格式为“命令 A|命令 B|命令 C...”。

2）操作实录

【例 2-95】统计被禁止登录系统的用户数量。

```
[root@zenti test]# grep "/sbin/nologin" /etc/passwd | wc -l
35
```

使用 grep 命令匹配/etc/passwd 文件中的关键字“/sbin/nologin”，查找被限制登录系统的用户，并将匹配结果输入到 wc 命令中，统计匹配的行数，即可得到被限制登录系统的用户数量。

【例 2-96】将文件内容中的小写字母替换为大写字母并输出。

```
[root@zenti test]# cat test1.txt
Welcome to Zenti Corp.
[root@zenti test]# cat test1.txt | tr [a-z] [A-Z]
WELCOME TO ZENTI CORP.
[root@zenti test]# cat test1.txt
Welcome to Zenti Corp.
```

使用 cat 命令读取 test1.txt 文件的内容并导入到 tr 命令中，使用 tr 命令将内容中的小

写字母替换为大写字母。可以看到，该操作只是对读取后的内容进行替换，对原文件并没有影响。

注意：tr 命令是用于替换文件中文本的命令，前文讲解了近 60 个 Linux 命令，因为 Linux 命令太多，所以不可能涵盖所有命令，其余命令将根据场景需求以案例的形式分散演示。

子任务 3　通配符

1）命令解析

通配符就是通用的匹配信息的符号，比如，星号“*”代表匹配零个或多个字符；问号“?”代表匹配单个字符；方括号内加上数字，如[0-9]代表匹配 0～9 之间的单个数字的字符；方括号内加上字母，如[abc]代表匹配 a、b、c 这 3 个字符中的任意一个字符。

2）操作实录

【例 2-97】匹配文件名以 test 开头的所有文件。

```
[root@zenti test]# ls
ls.txt    test1.txt    test2.txt
[root@zenti test]# ls -l test*
-rw-r--r--. 1 root root 23 4 月    3 13:04 test1.txt
-rw-r--r--. 1 root root   0 4 月    3 10:37 test2.txt
```

【例 2-98】匹配文件名最后一位为 1 或 3 的所有文件。

```
[root@zenti test]# ls
ls.txt    test1.txt    test2.txt
[root@zenti test]# ls -l test[13].txt
-rw-r--r--. 1 root root 23 4 月    3 13:04 test1.txt
```

子任务 4　掌握转义符的使用方法

【例 2-99】输出以美元符“$”表示的价格。

```
[root@zenti test]# PRICE=99
[root@zenti test]# echo "The price is $PRICE"
The price is 99
[root@zenti test]# echo "The price is $$PRICE"
The price is 1718PRICE
```

首先定义 PRICE 变量，用于保存价格。然后使用 echo 命令输出，却发现输出的不是预期结果。原因在于 Linux 操作系统中的“$”表示变量，具有特殊的作用，表示当前程序的进程号。这时就需要使用反斜杠进行转义，去除其特殊功能，将这个符号转义为单纯的文本。示例代码如下。

```
[root@zenti test]# echo "The price is \$$PRICE"
The price is $99
```

【例 2-100】将命令执行结果赋值给变量并输出。

```
[root@zenti test]# uname -a
Linux zenti.com 3.10.0-693.el7.x86_64 #1 SMP Thu Jul 6 19:56:57 EDT 2017 x86_64 x86_64 x86_64 GNU/Linux
[root@zenti test]# MYSYS=`uname -a`
[root@zenti test]# echo $MYSYS
```

```
Linux zenti.com 3.10.0-693.el7.x86_64 #1 SMP Thu Jul 6 19:56:57 EDT 2017 x86_64 x86_64 x86_64
GNU/Linux
```

本例使用 uname 命令查看当前操作系统信息，并赋值给 MYSYS 变量，然后输出变量值。

【知识拓展】 

1. tr 命令

1）命令解析

tr 命令的作用是替换文本文件中的字符，其语法格式如下。

```
tr [原始字符] [目标字符]
```

用户通常都想要快速地替换文本中的一些词汇，如果采用手动替换方式，难免工作量巨大，尤其是在需要处理大批量内容时。这时 tr 命令就可以派上用场了，只需使用管道符将文本内容传递给它进行替换操作即可。

2）操作实录

【例 2-101】将测试文件 test.txt 中的字母 a 替换成 c。

```
[root@zenti ~]# cat test.txt
aaa    bbb
[root@zenti ~]# cat test.txt|tr 'a' 'c'
ccc    bbb
```

2. 环境变量

变量是计算机系统用于保存可变值的数据类型。在 Linux 操作系统中，环境变量名称一般是大写的，这是一种约定俗成的规范。直接使用变量名即可获得对应的变量值。

环境变量是一种特殊的变量，是操作系统正常运行的前提条件，只有数百个环境变量协同工作才能使操作系统正常地为用户提供服务。然而，我们没有必要学习和掌握所有的数百个环境变量，只需学习和掌握常用的环境变量即可。

1）查看环境变量之 env 命令

一般使用 env 命令查看环境变量名，代码如下。

```
[root@zenti test]# env
XDG_SESSION_ID=1
HOSTNAME=zenti.com
SELINUX_ROLE_REQUESTED=
TERM=xterm-256color
SHELL=/bin/bash
……
```

使用 echo 命令查看环境变量的值，代码如下。

```
[root@zenti test]# echo $SHELL
/bin/bash
```

Linux 作为一个多用户、多任务的操作系统，能够为每个用户提供独立的工作环境，因此，一个相同的环境变量会因为用户身份的不同而具有不同的值。

【例 2-102】以不同用户身份查看环境变量 HOME 的值。

```
[root@zenti test]# echo $HOME
/root
[root@zenti test]# su - rhel74
上一次登录：五 3 月 12 22:28:16 CST 2021pts/0 上
[rhel74@zenti ~]$ echo $HOME
/home/rhel74
[rhel74@zenti ~]$ exit
登出
[root@zenti test]#
```

本例先以 root 用户身份查看 HOME 变量的值，然后切换为 rhel74 用户，再次查看 HOME 变量的值。从试验结果来看，相同环境变量的值是不一样的。

注意：关于用户切换命令 su 的用法，su rhel74 和 su - rhel74 的区别是非常大的。如果不加“-”，则表示只切换用户不切换 Shell 环境；如果加上“-”，则表示连同 Shell 环境一起切换。此处无论是否切换 Shell 环境，两个不同用户的 HOME 变量的值都不一样。

2）设置环境变量之 export 命令

变量由固定的变量名/用户和系统设置的变量值两部分组成，因此我们完全可以根据工作需要自行创建变量。

【例 2-103】创建一个名称为 MYDIR、值为/etc/profile.d/的自定义变量。这样一来，我们只需要通过该变量，就可以很方便地进入值对应的目录。

```
[root@zenti test]# MYDIR=/etc/profile.d/
[root@zenti test]# echo $MYDIR
/etc/profile.d/
[root@zenti test]# pwd
/root/test
[root@zenti test]# cd $MYDIR
[root@zenti profile.d]# pwd
/etc/profile.d
```

此时创建的 MYDIR 只是局部变量，作用范围有限，在默认情况下不能被其他用户使用。

```
[root@zenti ~]# su rhel74
[rhel74@zenti root]$ echo $MYDIR

[rhel74@zenti root]$ exit
exit
```

通过本例可以看出，切换为 rhel74 用户后，该变量没有值，因此使用 env 命令查看时没有该变量。

如果想要让其他用户也可以使用该变量，则需要使用 export 命令，将其提升为全局变量。注意，export 命令后的变量名前不加“$”。示例代码如下。

```
[root@zenti ~]# export MYDIR
[root@zenti ~]# env
……
MYDIR=/etc/profile.d
```

```
……
```

使用 env 命令也可以查看该变量，此时我们切换为 test 用户，查看该变量是否可以使用，代码如下。

```
[root@zenti ~]# su rhel74
[rhel74@zenti root]$ echo $MYDIR
/etc/profile.d
[rhel74@zenti root]$ exit
exit
```

注意：本例只是切换为 rhel74 用户，并没有切换环境，所以可以使用自定义的环境变量 MYDIR。如果使用 su - rhel74 切换了 Shell 环境，将无法使用自定义的环境变量 MYDIR。

3）常用的环境变量

表 2-11 列举了几个常用且重要的环境变量。

表 2-11　几个常用且重要的环境变量

变量名称	作用
HOME	表示用户家目录
SHELL	表示用户在使用的 Shell 解释器名称
HISTSIZE	表示输出的历史命令记录条数
HISTFILESIZE	表示保存的历史命令记录条数
LANG	表示系统语言、语系名称
PATH	定义解释器搜索用户执行命令的路径

4）命令执行流程

在 Linux 操作系统中，“一切皆文件”，Linux 命令也不例外。当用户执行一条命令之后，Linux 操作系统中到底发生了什么事情呢？

简单来说，命令在 Linux 操作系统中的执行分为以下 4 个步骤。

（1）判断用户是否以绝对路径或相对路径的方式输入命令，如果是，则直接执行，否则进行第二步。

（2）检查用户输入的命令是否有别名，如果有，则找到原命令，否则进行第三步。

（3）Bash 解释器会判断用户输入的是内部命令还是外部命令，如果是内部命令，则直接执行，否则进行第四步。

（4）系统在环境变量 PATH 中查找用户输入的命令，找到对应的命令文件后执行该命令。

简单来说就是，用户通过 Shell 程序输入命令，并由 Shell 解释器查找对应的命令文件并执行该命令。

注意：思考一个经典的问题，能否将当前目录“.”添加到 PATH 变量中呢？

虽然可以将当前目录“.”添加到 PATH 变量中，使得用户在某些情况下可以免去输入命令路径的麻烦，但是这样存在很大的安全风险。假如黑客在常用的公用目录/tmp 下存放了一个与 ls 或 cd 等命令同名的病毒文件，而用户又恰巧在公共目录中执行了这些命令，就很可能“中招”。

在了解 Linux 命令执行流程后，使用一台安装了 Linux 操作系统的计算机时，在执行命令前先检查 PATH 变量中是否有可用目录，这是一个很好的习惯。

至此，我们已经学习了大部分 Linux 命令。

任务 4　使用 vim 编辑器

【任务分析】

Windows 操作系统提供了一个文本编辑工具——记事本，可以很方便地编辑各种文本文件。事实上，在 Linux 操作系统中，很多服务、功能都是通过配置文件完成的，所以，需要使用专门的编辑工具对这些配置文件进行修改。小李给自己定下了以下学习目标。

（1）通过 vi/vim 编辑器创建并编辑文本文件 test.txt。

（2）通过 vi/vim 编辑器修改本地主机的主机名为 zenti.com。

（3）通过 vi/vim 编辑器修改网卡信息，将 IP 地址修改为 192.168.18.132/24。

（4）通过 vi/vim 编辑器修改 yum 配置文件。

【知识准备】

1．vi/vim 概述

vi（visual interface）是一个文本编辑器，主要用于 UNIX 操作系统及类 UNIX 环境中。

vim（vi+improved）编辑器在 vi 编辑器的基础上进行了功能提升，相当于 vi 编辑器的增强版。

所有的类 UNIX 操作系统都会内建 vi 编辑器，就像 Windows 操作系统中的记事本一样，可以对文本内容进行编辑。vi 编辑器是 UNIX 操作系统初始的编辑器，允许查看文件中的行，并在文件中移动、插入、编辑和替换文本。

由于 UNIX 操作系统是商业操作系统，理查德•斯托曼发起了 GNU 计划。该计划的目标是创建一套完全自由的操作系统，实现 UNIX 操作系统的标准接口，并且完全向上兼容 UNIX 操作系统，但是可以自由使用。在 GNU 项目中，程序员在将 vi 编辑器移植到开源世界的同时对其进行了改进，将其重命名为 vi improved，也就是我们所说的 vim 编辑器。

因此，vim 编辑器是从 vi 编辑器发展而来的一个具有编程能力的文本编辑器，可以主动地以字体颜色辨别语法的正确性，方便程序设计。另外，vim 编辑器具有代码补全、编译及错误跳转等方便编程的功能，在程序设计中被广泛使用。

有些 Linux 操作系统发行版可能没有安装 vim 编辑器（在需要时自行安装即可），但是一定会有 vi 编辑器。vi/vim 编辑器有 3 种工作模式：编辑模式、输入模式和命令模式，如图 2-15 所示。这 3 种模式之间可以相互转换，每种模式可以进行不同的操作，完成不同的功能。

- 编辑模式：控制光标移动，可对文本进行复制、粘贴、删除和查找等操作。
- 输入模式：正常的文本录入。
- 命令模式：保存或退出文档，以及设置编辑环境。

每次运行 vim 编辑器时，默认进入编辑模式。在完成编辑后，从命令模式退出。要想高效率地操作文本，必须先弄清楚这 3 种模式的操作区别，以及这 3 种模式之间的切换方法。

2．编辑模式

在 Windows 操作系统上编辑文件时，肯定会涉及复制、粘贴、删除等操作，而这些操作在 vi 编辑器中都是在编辑模式下进行的。

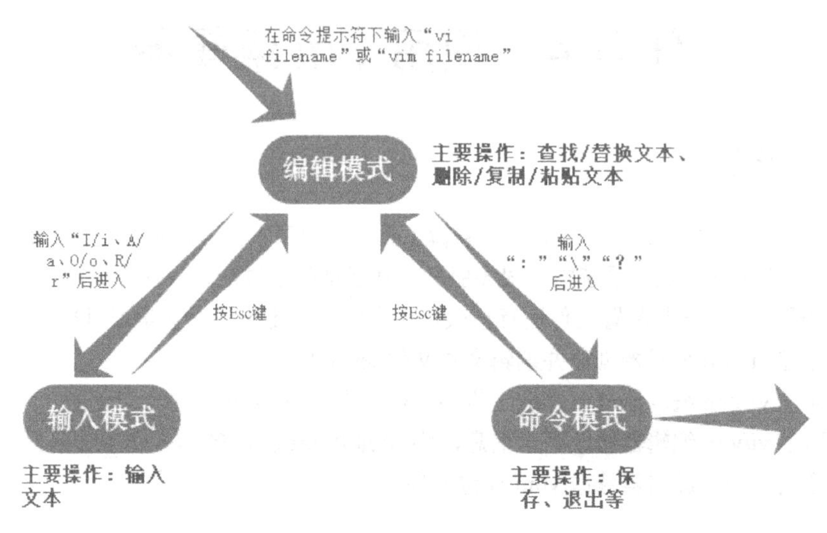

图 2-15　vi/vim 编辑器的工作模式

编辑模式是默认模式，要进入编辑模式和命令模式，都需要用它作为“桥梁”。

使用 vi 命令打开一个文件，可直接进入编辑模式。在这个模式中，可以对文本内容进行复制、粘贴、删除等操作；可以通过键盘的方向键将光标移动到指定位置，也可以通过快捷键控制光标的位置。

1）复制

复制操作根据复制的内容和范围不同，有不同的复制命令，如表 2-12 所示。

表 2-12　vi/vim 编辑器中的复制命令

命令（语法）	功 能 描 述	案例（说明）
yy	复制当前光标所在行	
yny 或 nyy	复制从当前光标所在行开始的 n 行	y2y：表示从当前光标所在行开始复制 2 行
yw	赋值一个单词	从光标之后开始复制，包括词尾的空格。如果想要复制整个单词，则需要将光标放到单词首字母处

2）粘贴

粘贴操作根据粘贴位置不同，有不同的粘贴命令，如表 2-13 所示。

表 2-13　vi/vim 编辑器中的粘贴命令

命令（语法）	功 能 描 述	案例（说明）
p	粘贴	粘贴到当前光标的下一行（复制的行），或当前光标字符之后（复制的单词）
P	粘贴	粘贴到当前光标的上一行

3）删除

删除操作根据删除的内容、范围和位置不同，有不同的删除命令，如表 2-14 所示。

表 2-14　vi/vim 编辑器中的删除命令

命令（语法）	功 能 描 述	案例（说明）
dd	删除当前光标所在行	
dnd 或 ndd	删除从当前光标所在行开始的 n 行	d2d：表示从当前光标所在行开始删除两行

续表

命令（语法）	功能描述	案例（说明）
dw	删除光标之后的一个单词	从光标之后开始删除，包括词尾的空格。如果要删除整个单词，则需要将光标放到单词首字母处，类似于yw命令
x	删除光标之后的一个字符	相当于按Delete键
X	删除光标之前的一个字符	相当于按Backspace键

4）撤销

撤销命令用于撤销上一次操作，具体如表2-15所示。

表2-15　vi/vim编辑器中的撤销命令

命令（语法）	功能描述	案例（说明）
u	撤销	

5）定位

对于上述复制、粘贴、删除操作，到目前为止，我们都是通过方向键来控制光标位置的，但是这样效率太低。使用下面的定位命令可以快速定位。在编辑模式下定位光标位置，进入编辑模式下进行编辑，这样可以大大提高效率。vi/vim编辑器中的定位命令如表2-16所示。

表2-16　vi/vim编辑器中的定位命令

命令（语法）	功能描述	案例（说明）
Shift+^	行首	
Shift+$	行尾	
1+Shift+G	页头	先按1，再按Shift+G快捷键
Shift+G	页尾	
*+Shift+G	任意行	先按*，再按Shift+G快捷键，在调试程序时非常有用

3. 输入模式

在编辑模式下，可以使用i、a、o、r命令进入输入模式，对文档内容进行编辑。命令的区别在于进入编辑模式后光标插入点不同，如表2-17所示。

表2-17　输入模式下的命令及功能

命　令	命令类别	功能描述
i	插入	当前光标之前
I	插入	当前光标所在行的行首
a	插入	当前光标之后
A	插入	当前光标所在行的行尾
o	插入	当前光标所在行的下一行，新开一行
O	插入	当前光标所在行的上一行，新开一行
r	替换	当前光标之后，新的输入会替换一个字符
R	替换	替换当前光标之后的多个字符

4. 命令模式

在一般命令模式下，可以通过3个命令，即“:”、“/”和“？”，进入末行命令模式，完成文件保存、内容查找及字符替换操作。在命令执行完成后，可以通过Esc键返回一般命令模式。

1）文件保存

文件保存命令的语法格式如下。

```
:[选项]
```

文件保存命令的常用选项包括 w（保存）、q（退出）、!（强制执行）等，也可以相互组合使用，其用法及含义如表 2-18 所示。

表 2-18　常用选项用法及含义

选　项	含　义
:w [filename]	保存，如果有 filename 参数，则将文件名另存为 filename
:r [filename]	从另一个文件中读入内容，并追加到当前文件的光标所在行之后
:wq	保存并退出文档
:wq!	强制保存并退出文档
:wq! Filename	将文件名另存为 filename 并退出编辑器
:n1,n2 w [filename]	将 n1 到 n2 的内容存储为新文件 filename
:! command	在 vim 编辑器中执行 Linux 命令
:set nu	显示行号
:set nonu	与:set nu 选项相反，取消行号
ZZ	若文件未修改，则不存储并退出；若文件已修改，则存储后退出

2）查找内容

查找内容命令主要有两个，即“/”和“？”。两者的功能一致，只记住其中一个即可。

查找内容命令的语法格式如下。

```
/keywords
?keywords
```

在使用“/”时，将从光标所在位置向下查询，按 N 键可向下查找下一个；在使用“?”时，将从光标所在位置向上查询，按 N 键可向上查找上一个。

示例代码如下。

```
/zenti                    //在当前文档中查找 zenti 字符串
```

3）替换内容

使用如下命令可以替换当前文档中的内容。

替换内容命令的语法格式如下。

```
:[范围] s/要被替换的内容/新内容/[c,e,g,i]+回车
```

- 范围：“1,5”表示从第 1 行到第 5 行。“1,$”表示从第 1 行到最后一行，等价于“%”。“%”表示当前编辑的文章。
- 可组合选项[c,e,g,i]：c 表示 confirm，在每次替换前都询问是否替换；e 表示不显示 error；g 表示 globe，不询问，整行替换；i 表示 ignore，不区分字母大小写；I 表示对字母大小写敏感。

示例代码如下。

```
:1,3 s/you/YOU            //在当前文档的第 1 行至第 3 行搜索 you 并将其替换为 YOU。注意，不仅替换
                          //单词，只要匹配就会替换，比如如果第 2 行存在 your 这个单词
                          //则会被替换为 YOUr
:1,3 s/you/YOU/c          //在替换前会询问是否替换
s/e/E/g                   //替换当前行的所有 e 为 E。假设当前光标所在行的内容为 where are you from
                          //则在替换后变为 whErE arE you from
```

【任务实施】

子任务 1　编写简单文档

到目前为止，大家已经具备了在 Linux 操作系统中编写文档的理论基础了，接下来我们一起动手编写一个简单的脚本文档。这里将尽量把所有操作步骤和按键过程都标注出来，如果大家忘记了某些快捷键命令的作用，可以返回前文中进行复习。

创建示例文档，这里以 test.txt 文档为例。

步骤 1：启动 Linux 操作系统终端，输入“vim test.txt”，进入 vim 编辑器，如图 2-16 所示。

在使用 vim 命令时，如果指定目录中存在该文档，则会打开它；如果不存在，则会创建一个临时的输入文档。

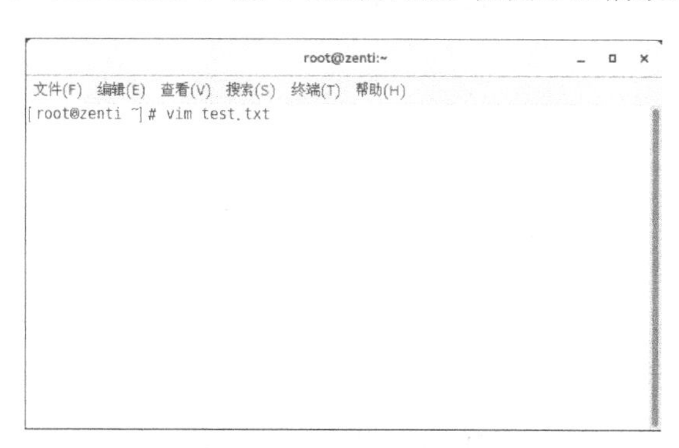

图 2-16　进入 vim 编辑器

步骤 2：编辑新建的文档。

默认进入的是 vim 编辑器的命令模式。此时只能执行该模式下的命令，而不能随意输入文本内容。只有我们切换到输入模式时，才可以编写文档。

使用 A、I、O 三个键可以从命令模式切换到输入模式。其中，A 键与 I 键是分别在光标后面一位和光标当前位置切换到输入模式的，而 O 键则会在光标所在行的下面再创建一个空行，此时按 A 键即可进入编辑器的输入模式，如图 2-17 所示。

在进入编辑器的输入模式后，可以随意输入文本内容，且编辑器不会把输入的文本内容当作命令来执行，如图 2-18 所示。

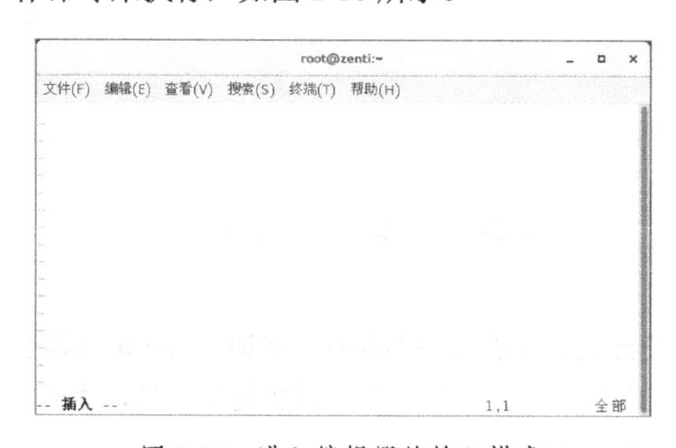

图 2-17　进入编辑器的输入模式

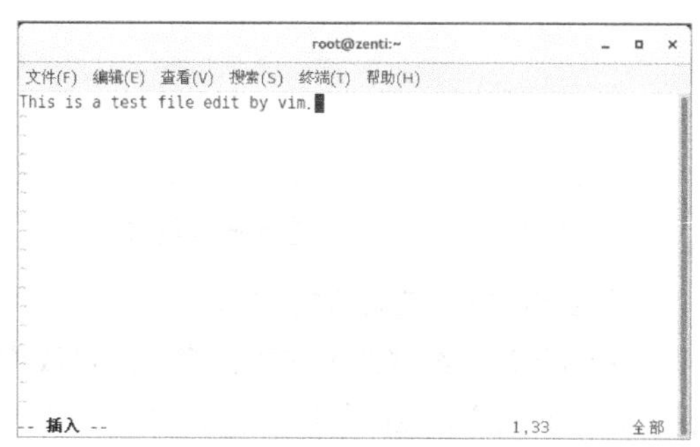

图 2-18　在编辑器中输入文本内容

步骤 3：在编写完成后，要想保存并退出文档，必须先按 Esc 键，从输入模式返回命令模式，如图 2-19 所示。首先输入“:”，切换到末行命令模式，然后输入“w”，完成保存操作。若要保存并退出文档，则需要在“:”后输入“wq”，如图 2-20 所示。

步骤 4：当在末行命令模式下输入“wq”时，就意味着保存并退出文档。之后就可以使用 cat 命令查看保存的文档内容了，如图 2-21 所示。

步骤 5：要想继续编辑这个文档，只需在命令提示符后面输入“vim test.txt”，如图 2-22 所示。本例要求在原有文本内容的下面追加内容，所以在命令模式下按 O 键进入输入模式会更高效，操作过程如图 2-23 和图 2-24 所示。

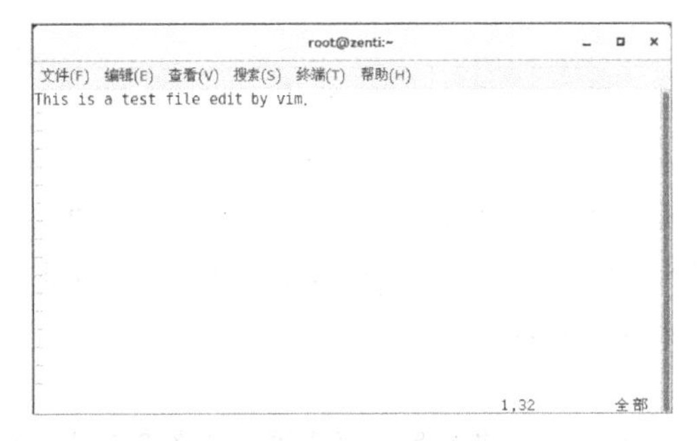

图 2-19 返回命令模式

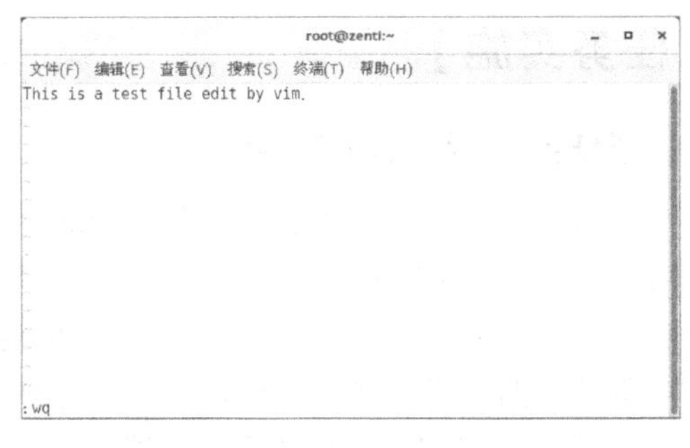

图 2-20 在末行命令模式下输入“wq”

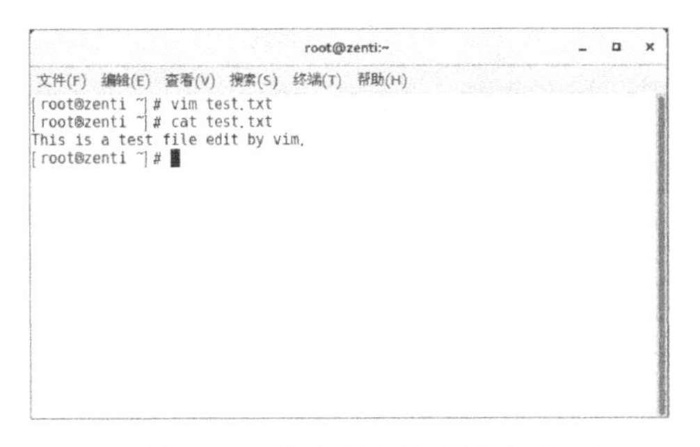

图 2-21 查看保存的文档内容

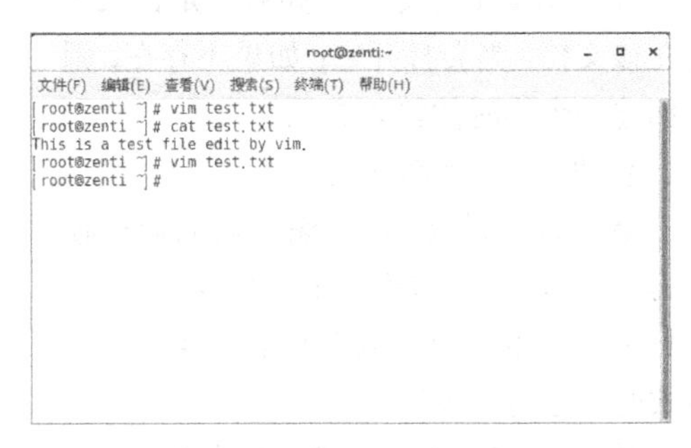

图 2-22 使用 vim 命令打开 test.txt 文档

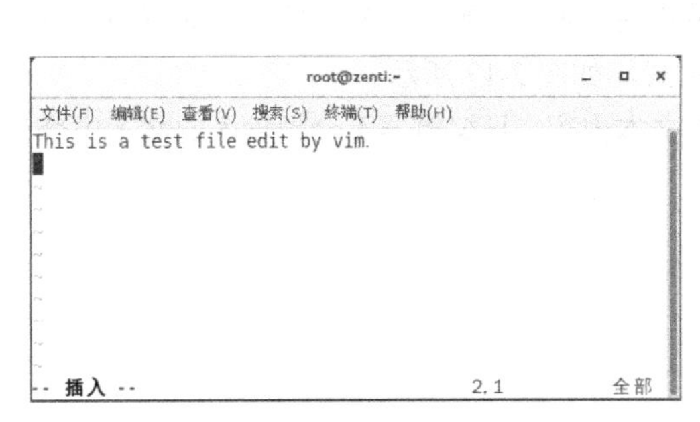

图 2-23 按 O 键，进入输入模式

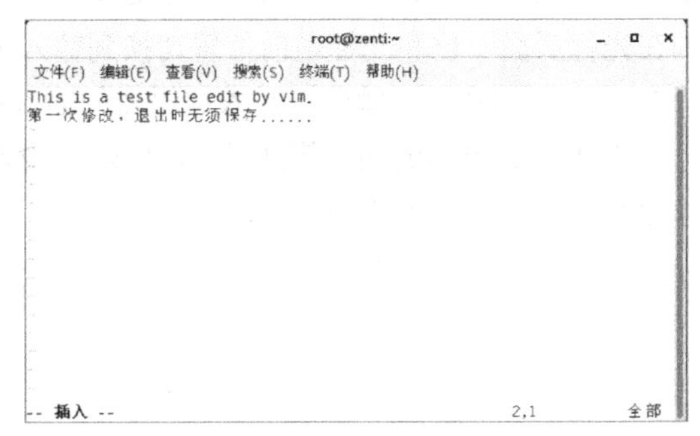

图 2-24 编辑文档（追加内容）

步骤 6：退出编辑后的文档。

因为此时已经修改了文本内容，所以我们在尝试直接退出而不保存文档时，vim 编辑器会拒绝我们的操作，这时只能先保存再退出文档，或者在命令后使用“!”强制退出文档，才可以结束本次输入操作，具体如图 2-25、图 2-26 和图 2-27 所示。

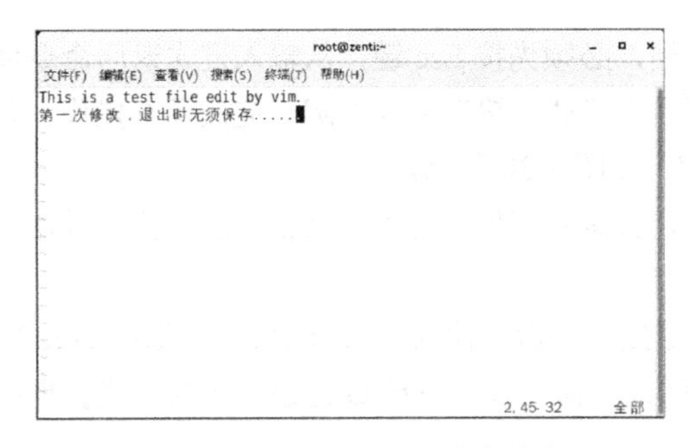

图 2-25 按 Esc 键返回命令模式

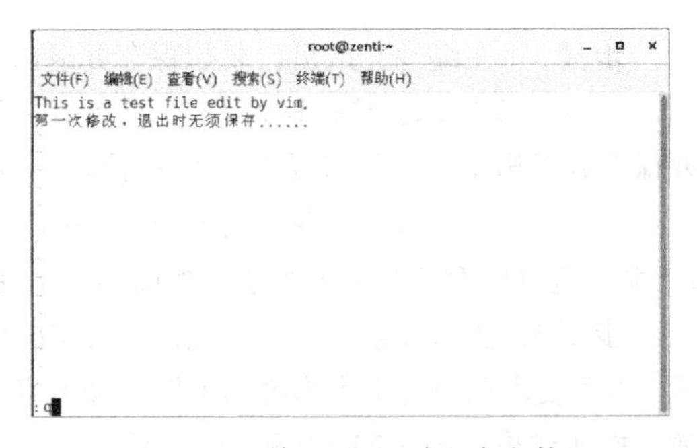

图 2-26 输入“q”并退出文档

现在大家应当具备了一些vim编辑器的实战经验，是不是并没有想象中那么难？接下来查看文本的内容，就会发现追加输入的内容并没有被保存下来。

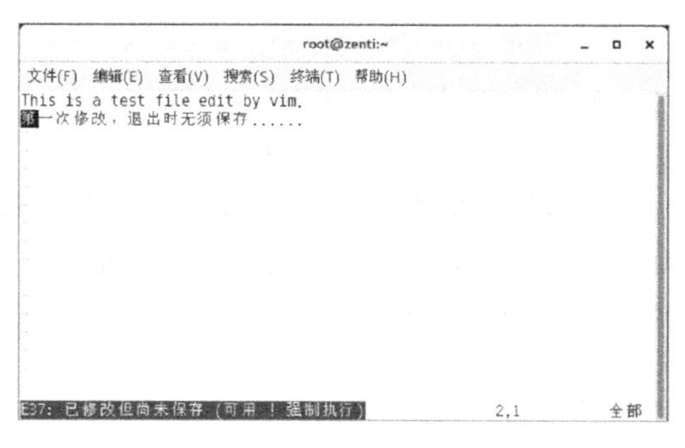

图 2-27　未保存提示

子任务 2　配置主机名

为了在局域网中查找某台特定的主机或者对主机进行区分，除了需要 IP 地址，还需要为主机配置一个主机名，使主机之间可以通过这个类似于域名的名称来相互访问。在 Linux 操作系统中，主机名大多被保存在/etc/hostname 文件中，接下来将/etc/hostname 文件的内容修改为“zenti.com”，步骤如下。

步骤 1：使用 vim 编辑器修改/etc/hostname 文件。

```
[root@zenti ~]# vim /etc/hostname
zenti
```

步骤 2：把原始主机名删除后追加内容“zenti.com”。

注意：使用 vim 编辑器修改主机名文件后，需要在末行命令模式下执行:wq!命令，才能保存并退出文档。

步骤 3：保存并退出文档后，使用 hostname 命令检查是否修改成功。

```
[root@zenti ~]# hostname
zenti.com
```

hostname 命令用于查看当前的主机名，但是有时主机名的改变不会被立即同步到系统中，所以如果在修改完成后仍然显示原来的主机名，可重启系统，再进行查看。

子任务 3　配置网卡信息

正确配置网卡 IP 地址是两台服务器相互通信的前提条件。在 Linux 操作系统中，“一切都是文件”，因此，配置网络服务实际上就是在编辑网卡配置文件。

在 RHEL 5、RHEL 6 操作系统中，网卡配置文件的前缀为 eth，第 1 块网卡为 eth0，第 2 块网卡为 eth1，以此类推。而在 RHEL 7 操作系统中，以“ifcfg”开头，与网卡名称共同组成了网卡配置文件的名称，由于每台设备的硬件及架构是不一样的，因此请读者使用 ifconfig 命令自行确认各自网卡的默认名称。

现在有一个名称为 ifcfg-ens33 的网卡设备，要求将其配置为开机自启动，并且 IP 地址、子网、网关等信息由人工指定，具体步骤如下。

步骤 1：切换到/etc/sysconfig/network-scripts 目录（存放网卡配置文件）中。

步骤 2：使用 vim 编辑器修改网卡配置文件 ifcfg-ens33，逐项写入下面的配置参数，保存并退出文件。

- 设备类型：TYPE=Ethernet。
- 地址分配模式：BOOTPROTO=static。
- 网卡名称：NAME=ens33。
- 是否启动：ONBOOT=yes。
- IP 地址：IPADDR=192.168.18.132。

- 子网掩码：NETMASK=255.255.255.0。
- 网关地址：GATEWAY=192.168.18.1。
- DNS 地址：DNS1=192.168.18.1。

进入网卡配置文件所在的目录，然后编辑网卡配置文件，在其中填入如下信息。

```
[root@zenti ~]# cd /etc/sysconfig/network-scripts/
[root@zenti network-scripts]# vim ifcfg-ens33
TYPE=Ethernet
BOOTPROTO=static
DEVICE=ens33
ONBOOT=yes
IPADDR=192.168.18.132
NETMASK=255.255.255.0
GATEWAY=192.168.18.1
DNS1=192.168.18.1
```

步骤 3：重启网络服务并测试网络是否连通。

执行重启网卡设备的命令（在正常情况下不会有提示信息），然后通过 ping 命令测试网络是否连通。由于在 Linux 操作系统中，ping 命令不会自动终止，因此需要手动按 Ctrl+C 快捷键来强行结束进程。代码如下。

```
[root@zenti network-scripts]# systemctl restart network
[root@zenti network-scripts]# ping 192.168.18.132
PING 192.168.18.132 (192.168.0.108) 56(84) bytes of data.
64 bytes from 192.168.18.132: icmp_seq=1 ttl=128 time=0.280 ms
64 bytes from 192.168.18.132: icmp_seq=2 ttl=128 time=3.12 ms
^C
--- 192.168.0.108 ping statistics ---
4 packets transmitted, 4 received, 0% packet loss, time 3031ms
rtt min/avg/max/mdev = 0.280/1.617/3.125/1.257 ms
```

子任务 4　配置 yum 软件仓库

yum 软件仓库的作用是进一步简化 rpm 管理软件的难度，以及自动分析所需软件包及其依赖关系。

既然需要使用 yum 软件仓库，就要先把它搭建起来，然后将其配置规则确定好。鉴于项目 3 才会讲解 Linux 的存储结构和设备挂载操作，所以我们当前将重心放到 vim 编辑器的学习上。搭建并配置 yum 软件仓库的大致步骤如下。

步骤 1：进入/etc/yum.repos.d/目录（存放 yum 软件仓库的配置文件）。

```
[root@zenti ~]# cd /etc/yum.repos.d/
```

步骤 2：使用 vim 编辑器创建一个名称为 rhel7.repo 的新配置文件（文件名可随意命名，但后缀必须为.repo），逐项写入下面的配置参数，保存并退出文件（不要写后面的中文注释）。

- [rhel-media]　　//yum 软件仓库唯一的标识符，避免与其他仓库冲突。
- name=zenti　　//yum 软件仓库的名称描述，易于识别仓库用处。
- baseurl=file:///media/cdrom　　//提供的方式包括 FTP（ftp://..）、HTTP（http://..）、本地（file:///..）。

- enabled=1　　//设置此源是否可用。1 为可用，0 为禁用。
- gpgcheck=1　　//设置此源是否校验文件。1 为校验，0 为不校验。
- gpgkey=file:///media/cdrom/RPM-GPG-KEY-redhat-release　　//若使用上面的参数开启了校验，则需要指定公钥文件地址。

示例代码如下。

```
[root@zenti yum.repos.d]# vim rhel7.repo
[rhel7]
name=rhel7
baseurl=file:///mnt/dvd
enabled=1
gpgcheck=0
```

步骤 3：按配置参数的路径挂载光盘，并把光盘挂载信息写入/etc/fstab 文件。

```
[root@zenti yum.repos.d]# mkdir /mnt/dvd
[root@zenti yum.repos.d]# mount /dev/sr0 /mnt/dvd
mount: /dev/sr0 写保护，将以只读方式挂载
[root@zenti yum.repos.d]# vim /etc/fstab
/dev/sr0 /mnt/dvd iso9660 defaults 0 0        //在 fstab 文件最后加上这一行内容
```

步骤 4：使用 yum install httpd -y 命令检查 yum 软件仓库是否可用。

```
[root@zenti ~]# yum install httpd
已加载插件：langpacks, product-id, search-disabled-repos, subscription-manager
………………省略部分输出信息………………
完毕！
```

在创建挂载点后，进行挂载操作，并设置为开机自动挂载。尝试使用 yum 软件仓库来安装 Web 服务，出现“完毕！”则代表配置正确。

【知识拓展】

1. vim 编辑器中的注释方法

1）一般注释

单行注释：在要注释的内容前加上符号“//”或“#”。

多行注释：在要注释的内容前加上符号“/*”，在要注释的内容后加上符号“*/”。

2）批量添加注释

方法 1：块选择模式。

（1）批量注释。

① 先按 Esc 键，进入命令行模式，再按 Ctrl + V 快捷键，进入列（也叫区块）模式。

② 在行首使用上下方向键选择需要注释的多行。

③ 按 I 键，进入插入模式。

④ 输入注释符（如“//”“#”等）。

⑤ 按 Esc 键，完成注释。

注意：按 Esc 键后，需要稍等一会才会出现注释。

（2）取消批量注释。

① 先按 Esc 键，进入命令行模式，再按 Ctrl + V 快捷键，进入列模式。

② 选定要取消注释的多行。

③ 按 X 或 D 键。

注意：如果使用的是“//”注释，则需要执行两次该操作；如果使用的是“#”注释，则执行一次该操作即可。

方法 2：替换命令。

（1）批量注释。

使用下面的命令在指定的行首添加注释。

命令格式如下。

```
:起始行号,结束行号 s/^/注释符/g（注意冒号）
```

（2）取消批量注释。

命令格式如下。

```
:起始行号,结束行号 s/^注释符//g（注意冒号）
```

【例 2-104】在 10～20 行添加“//”注释。

```
:10,20s#^#//#g
```

【例 2-105】在 10～20 行删除“//”注释。

```
:10,20s#^//##g
```

【例 2-106】在 10～20 行添加“#”注释。

```
:10,20s/^/#/g
```

【例 2-107】在 10～20 行删除“#”注释。

```
:10,20s/#//g
```

2. vi/vim 编辑器的使用

vi/vim 编辑器的常用模式，以及快捷键、命令等如图 2-28 所示。

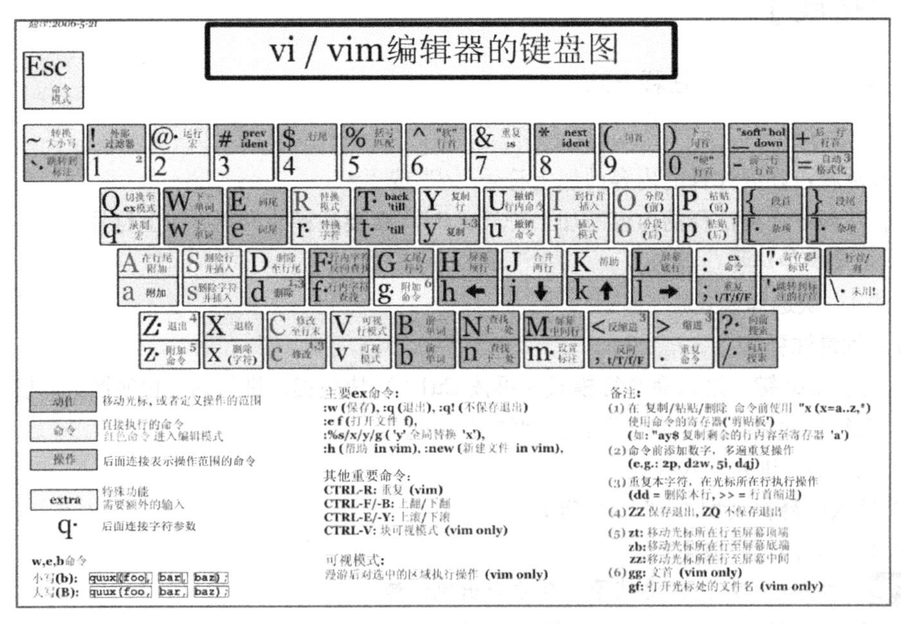

图 2-28　vi/vim 编辑器的键盘图

项目小结

本项目主要讲述了 Linux 操作系统中的常用命令及其使用方法，如常用系统工作命令、系统状态检测命令、工作目录切换命令、文本文件查看命令、文件/目录管理命令和打包压缩与搜索命令等。本项目的内容相对枯燥，且需要记忆的知识量较大。在学习时，需结合实际情况多操作、多实践。只有学好本部分内容，才能为学习后面的项目打下基础。

实践训练（工作任务单）

（1）文件和目录类命令。

启动计算机，使用 root 用户身份登录系统，进入命令行界面。

使用 pwd 命令查看当前所在的目录。

使用 ls 命令列出此目录中的文件和目录。

返回上层目录，使用 rm 命令删除 test 目录及其中所有文件。

（2）启动计算机，使用 zenti 用户身份登录系统。在登录成功后，会打开一个终端窗口。

（3）使用 pwd 命令查看当前工作目录，使用 ls 命令查看当前目录中有哪些内容。

（4）使用 cd 命令切换到 tmp 目录，使用 pwd 命令查看当前工作目录是否改变。

（5）使用-l 选项查看 tmp 目录中的详细信息。这一步要求根据输出的第一个字符判断文件的类型，即判断哪些是目录，哪些是普通文件。使用-a 选项查看隐藏文件，并观察隐藏文件的特点。

（6）使用 cat 命令查看 file1 文件的内容，并显示行号。

（7）在 tmp 目录中创建子目录 dir2，以及文件 file2、file3。将 file1 文件复制到 dir1 目录中，并将复制后的文件命名为 file1.bak；将 file2 文件移动到 dir2 目录中；将 file3 文件重命名为 file3.bak。

（8）删除 file3.bak 文件。使用 rmdir 命令删除 dir2 目录，观察删除操作是否成功。如果不成功，则尝试使用 rm 命令重新删除。

（9）在后台运行 cat 命令，使用 ps 命令查看这个进程并强行终止其运行。

（10）运行 cat 命令，按 Ctrl+Z 快捷键挂起 cat 进程。使用 jobs 命令查看作业。先使用 bg 命令将 cat 进程切换到后台运行，再使用 fg 命令将其切换到前台运行，最后按 Ctrl+C 快捷键结束 cat 进程的运行。

课后习题

1．填空题

（1）Linux 操作系统__________大小写，大写字母与小写字母是不同的字符。在命令行中，可以使用________键自动补齐命令。

（2）如果在一个命令行中输入和执行多条命令，可以使用________来分隔命令。

（3）Linux 操作系统的命令提示符为[cvc@rhel7 ~]$，当前登录用户为________，$表示该用户是________用户。

（4）在 Linux 操作系统中，可以使用________命令查看该命令的帮助信息（帮助信息一般包含命令格式、命令示例和选项功能说明）；也可以使用________命令查看该命令的操作说明文档（说明文档是对该命令的详细说明）。

（5）在 Linux 操作系统中使用命令进行文件操作时，支持使用通配符。常用通配符有________和________，前者表示匹配零个或任意多个字符，后者表示匹配任意一个（有且仅有一个）字符。

（6）要使程序以后台方式运行，需要在执行的命令后加上一个________符号。

（7）使用________ 命令可以显示系统当前的日期和时间。

（8）将 file1 文件的内容输出到 file2 文件中并替换原内容，正确的命令是________，将 file1 文件的内容追加到 file2 文件中，正确的命令是________。

（9）使用________ 命令可以分屏显示文件的内容，但该命令只能向下翻页。如果想要实现向下、向上翻页功能，甚至实现前后、左右移动功能，可以使用________ 命令。

2．单项选择题

（1）Linux 命令行下自动补全命令或文件/目录名的快捷键是（　　）。

A．Shift　　B．Ctrl　　C．Alt　　D．Tab

（2）在一行的结束位置加上（　　）符号，表示未结束，下一行继续。

A．/　　B．\　　C．;　　D．&

（3）当我们需要重复执行刚刚执行过的命令时，下面哪种操作是正确的？（　　）

A．利用向左方向键调出上一个命令　　B．按 Tab 键

C．使用 Ctrl+Alt 快捷键　　D．利用向上方向键调出上一个命令

（4）下列哪个命令可以实现清屏功能？（　　）

A．reset　　B．eliminate　　C．clear　　D．clean

（5）下列哪个命令可以在 Linux 操作系统中查看 pwd 命令的帮助信息？（　　）

A．pwd man　　B．help --pwd　　C．pwd --help　　D．pwd /?

（6）Linux 中通常使用（　　）快捷键来终止命令的运行。

A．Ctrl+C　　B．Ctrl+D　　C．Ctrl+K　　D．Ctrl+F

（7）假设 root 用户的家目录为/root，当前 Linux 操作系统的命令提示符为[root@rhel7 ~]#，则输入 pwd 命令后显示的结果为（　　）。

A．root　　B．/root　　C．root@rhel7　　D．/rhel7

（8）假设普通用户 cvc 的家目录为/home/cvc，当前 Linux 操作系统的命令提示符为[cvc@rhel7 ~]$，则输入 pwd 命令后显示的结果为（　　）。

A．cvc　　B．/cvc　　C．/home/cvc　　D．/home

（9）假设普通用户 cvc 的家目录为/home/cvc，当前 Linux 操作系统的命令提示符为[cvc@rhel7 vsftpd]$，则下列哪个命令不能切换到该用户的家目录？（　　）

A．cd　　B．cd ~　　C．cd ..　　D．cd /home/cvc

（10）在创建目录时，如果新建目录的父目录不存在，则可以使用（ ）参数。

A．-a　　B．-d　　C．-m　　D．-p

（11）如果想要查看当前目录下名为 file1 的文件的大小、修改日期和时间等信息，则下列命令中正确的是（ ）。

A．ls file1　　B．ls -a file1　　C．ls -l file1　　D．ls -d file1

（12）在使用 ls -ld /home/cvc/命令后，下列结果中可能正确的是（ ）。

A．develop2.txt public_html 公共 模板 视频 图片 文档 下载 音乐 桌面

B．/home/cvc/公共: /home/cvc/模板:

C．drwx-----x. 15 cvc cvc 4096 2 月 7 16:50 /home/cvc/

D．/home/cvc/

（13）在/root/file1 目录下有多个子目录，如果想要查看该目录及其子目录中的所有文件，则下列命令中正确的是（ ）。

A．ls -a /root/file1　　B．ls -d /root/file1

C．ls -l /root/file1　　D．ls -lR /root/file1

（14）如果想要删除当前目录中的 aaa 目录（aaa 目录中有其他子目录及相关的文件），则下列命令中正确的是（ ）。

A．rm -rf ./aaa　　B．rmdir ./aaa　　C．del ./aaa　　D．delete ./aaa

（15）在使用 rm -i 命令时，系统会提示用户确认（ ）。

A．命令行的每个选项　　B．文件的位置

C．是否有写的权限　　D．是否真的删除

（16）在/home/cvc/temp 目录下有多个子目录，如果想要删除这个目录，则下列命令中正确的是（ ）。

A．cd /home/cvc/temp　　B．rm /home/cvc/temp

C．rmdir /home/cvc/temp　　D．rm －rf /home/cvc/temp

（17）在复制文件时，如果想要将文件的所有特性一起复制，则可以加上（ ）参数。

A．-b　　B．-d　　C．-n　　D．-p

（18）下列哪个命令能够将当前目录中的 aaa.txt 文件复制到当前目录中并重命名为 bbb.txt?（ ）

A．cp /aaa.txt ./bbb.txt　　B．cp ./aaa.txt ./bbb.txt

C．cp /bbb.txt /aaa.txt　　D．cp /aaa.txt /bbb.txt

（19）下列哪个命令可以创建空文件？（ ）

A．touch　　B．mkdir　　C．make　　D．create

（20）tail -f /var/log/audit/audit.log 命令的作用是（ ）。

A．显示/var/log/audit/audit.log 文件的前 10 行内容

B．动态显示/var/log/audit/audit.log 文件新增加的内容

C．显示/var/log/audit/audit.log 文件的后 10 行内容

D．显示/var/log/audit/audit.log 文件的所有内容

（21）如果想要将/home/cvc 目录下的所有文件打包，并保存到/mnt 目录下（/mnt 目录存在），设置压缩文件名为 cvc.tar.gz，则下列命令中正确的是（ ）。

A．tar czPvf /mnt/cvc.tar.gz /home/cvc/*

B．tar -cjvf /mnt/cvc.tar.gz /home/cvc/*

C．tar -cf /mnt/cvc.tar.gz /home/*.*

D．tar -cvf /mnt/cvc.tar.gz /home/*

（22）某用户编写了一个文件 aaa.txt，如果想要将该文件名修改为 bbb.txt，则使用（　　）命令可以实现。

A．rm aaa.txt bbb.txt　　B．echo aaa.txt >bbb.txt

C．cd aaa.txt bbb.txt　　D．mv aaa.txt　bbb.txt

（23）使用（　　）命令可以检测系统是否安装了 DHCP 相关的软件包。

A．rpm -qa |grep dhcp　　B．find -qa |grep dhcp

C．list -qa |grep dhcp　　D．less -qa |grep dhcp

（24）使用 find 命令查找文件大小大于 10MB 的文件时，使用的参数是（　　）。

A．-size >10M　　B．-size +10M

C．>10M　　D．+10M

（25）使用（　　）命令查找当前目录下以“.txt”结尾的文件，并逐页显示。

A．find . -name “*.txt” | more　　B．find . -name “!*.txt” | more

C．find . -name “?.txt” | more　　D．find . -name “#.txt” | more

（26）在使用 find 命令进行文件查找时，如果只想查找目录文件，可以使用（　　）参数。

A．-d　　B．-type d　　C．-perm d　　D．--dir

（27）使用（　　）命令可以查看系统内部及所有用户的进程。

A．ps aux　　B．ps　　C．ps -u　　D．ps -l

（28）使用（　　）命令可以查看磁盘的使用情况。

A．cat　　B．list　　C．df　　D．du

3．简答题

（1）简述 find、locate、grep 命令的区别。

（2）简述 halt、shutdown、poweroff 命令的区别。

（3）简述 sshd 服务程序的安全验证的方法，并说明哪个更安全。

项目3

Linux 磁盘管理

学习目标

【知识目标】

- 了解物理设备的命名规则。
- 了解 Linux 操作系统中的文件存储结构。
- 熟悉磁盘阵列的相关知识。
- 了解磁盘配额的基本知识。

【技能目标】

- 能够使用工具添加磁盘分区并创建文件系统与挂载点。
- 能够挂载硬件设备。
- 掌握磁盘配额的配置方法。
- 能够创建磁盘阵列 RAID。
- 能够使用逻辑卷管理器 LVM。

项目背景

通过这段时间的学习，小李感觉自己好像发现了“新大陆”。他发现 Linux 命令的功能非常强大，甚至他认为只要打开终端窗口，整个 Linux 操作系统就在自己的掌控之中。确实，Linux 命令以其统一的结构、强大的功能，成为每个 Linux 操作系统的管理员必不可少的工具。但是到目前为止，我们学习的 Linux 命令还是非常有限和简单的。要想全面理解和掌握 Linux 操作系统的强大之处，就必须针对不同的 Linux 主题进行深入学习。从本项目开始，我们会按照这个思路，慢慢揭开 Linux 操作系统的“神秘面纱”，逐步走进 Linux 操作系统的世界。下面就先从 Linux 磁盘分区和文件系统的管理开始吧!

项目分解与实施

根据公司的整体结构，结合各部门性质，不同的用户对磁盘的使用需求是不尽相同的：有的用户仅需要进行普通文件/目录的存储访问；有的用户要求磁盘具有一定的容灾/容错功能，以便在数据丢失时可以最大限度地恢复，从而减少损失；还有的用户对磁盘空间的需求变动较大。在征求相关部门的意见后，小李与部门主管制订了以下磁盘分配方案。

1. 行政部、市场部等常规性工作较多的部门，使用普通磁盘分区。

2. 财务部、各办事处等涉及较多重要且涉密的数据，对数据安全性要求较高，考虑采用磁盘阵列方式部署磁盘。

3. 研发部、网络部等因工作原因对磁盘空间的需求变动较大，建议采用 LVM 方式部署磁盘。

4. 根据各部门工作性质的不同，设定不同人员或组群在磁盘空间方面的使用限制。

任务 1　管理磁盘分区

【任务分析】

行政部、市场部等常规性工作较多的部门，对磁盘的使用并无太多特殊需求，因此考虑使用普通磁盘分区，详细规划如下。

（1）新增加一块磁盘，专门用于存放这类部门的文件。

（2）行政部公共磁盘空间大小为 10GB，文件系统采用 Ext4。

（3）市场部公共磁盘空间大小为 8GB，文件系统采用 XFS。

【知识准备】

1. fdisk 命令

在安装 Linux 操作系统时，其中一个步骤是进行磁盘分区。在进行磁盘分区时，可以采用 Disk Druid、RAID 和 LVM 等方式。除此之外，在 Linux 操作系统中还有 fdisk、cfdisk、parted 等磁盘分区工具。本任务主要以 fdisk 命令为例进行介绍。

注意：下面所有的命令，都以新增一块 SCSI 磁盘为前提，且新增的磁盘为/dev/sdb。请在开始本任务前在虚拟机中增加该磁盘，然后启动系统。

1）fdisk 命令的用法

磁盘分区工具 fdisk 在 DOS、Windows 和 Linux 操作系统中都有相应的应用程序。在 Linux 操作系统中，fdisk 命令是基于菜单的命令。在对磁盘进行分区时，可以在 fdisk 命令后面直接加上要分区的磁盘作为参数。

【例 3-1】对新增加的第二块 SCSI 磁盘进行分区。

```
[root@zenti ~]# fdisk /dev/sdb
欢迎使用 fdisk (util-linux 2.23.2)。

更改将停留在内存中，直到您决定将更改写入磁盘。
使用写入命令前请三思。

Device does not contain a recognized partition table
使用磁盘标识符 0x4fa2ef4f 创建新的 DOS 磁盘标签。

命令(输入 m 获取帮助):
```

2）fdisk 命令的选项（子命令）

在例 3-1 中，可以在“命令(输入 m 获取帮助):”提示后面输入相应的子命令来选择需要的操作。例如，输入 m 可以列出所有可用命令。表 3-1 所示为 fdisk 命令的选项及其功能。

表 3-1 fdisk 命令的选项及其功能

选 项	功 能	命 令	功 能
a	调整磁盘启动分区	q	不保存更改，退出 fdisk 命令
d	删除磁盘分区	t	更改分区类型
l	列出所有支持的分区类型	u	切换所显示的分区大小的单位
m	列出所有命令	w	把修改写入磁盘分区表后退出
n	创建新分区	x	列出高级选项
p	列出磁盘分区表		

2. mkfs 命令

在进行磁盘分区后，需要创建文件系统才能使用。创建文件系统类似于 Windows 操作系统中的磁盘格式化。在 Linux 操作系统中，创建文件系统的命令是 mkfs，相当于 Make File System，语法格式如下。

```
mkfs   [参数]   文件系统
```

mkfs 命令的常用参数如下。

- -t：指定要创建的文件系统类型。
- -c：创建文件系统前先检查坏块。
- -l file：从 file 文件中读磁盘坏块列表。file 文件一般是由磁盘坏块检查程序生成的。
- -V：输出创建的文件系统的详细信息。

在完成存储设备的分区和格式化操作后，接下来就要挂载并使用存储设备了。

3. fsck 命令

fsck 命令相当于 File System Check，主要用于检查文件系统的正确性，并对 Linux 磁盘进行修复。fsck 命令的语法格式如下。

```
fsck   [参数]   文件系统
```

fsck 命令的常用参数如下。

- -t：给定文件系统类型，若在/etc/fstab 磁盘中已有定义或 Kernel 本身已支持，则无须添加此选项。
- -s：一个一个地执行 fsck 命令并进行检查。
- -A：对/etc/fstab 磁盘中所有列出来的分区进行检查。
- -C：显示完整的检查进度。
- -d：列出 fsck 命令的调试结果。
- -P：在同时使用-A 选项时，多个 fsck 命令的检查会一起执行。
- -a：如果检查中发现错误，则自动修复。
- -r：如果检查中发现错误，则询问是否修复。

4. dd 命令

dd 命令用指定大小的块复制一个文件，并在复制的同时进行指定的转换。

dd 命令的常用参数如下。

- if=文件名：输入文件名，默认为标准输入，即指定源文件。
- of=文件名：输出文件名，默认为标准输出，即指定目标文件。
- bs=bytes：同时设置输入/输出的块大小为 bytes 字节。
- count=blocks：仅复制 blocks 块，块大小等于 bs 指定的字节数。

5. df 命令

df 命令用于查看文件系统的磁盘空间使用情况。使用该命令可以获取磁盘被使用了多少空间，以及目前还有多少空间等信息，还可以获取文件系统的挂载位置。df 命令的语法格式如下。

```
df [参数]
```

df 命令的常用参数如下。

- -a：显示所有文件系统的磁盘空间使用情况，包括 0 块的文件系统，如/proc 文件系统。
- -k：以 k 字节为单位显示。
- -i：显示 I 节点信息。
- -t：显示各指定类型的文件系统的磁盘空间使用情况。
- -x：列出不是某一指定类型的文件系统的磁盘空间使用情况（与-t 选项相反）。
- -T：显示文件系统类型。

6. du 命令

du 命令用于显示磁盘空间的使用情况。该命令可逐级显示指定目录的每一级子目录占用文件系统数据块的情况。du 命令的语法格式如下。

```
du [参数] [文件或目录名]
```

du 命令的常用参数如下。

- -s：对每个 name 参数只给出占用的数据块总数。
- -a：递归显示指定目录中各文件及子目录中各文件占用的数据块数。
- -b：以字节为单位列出磁盘空间的使用情况（AS 4.0 中默认以 KB 为单位）。
- -k：以 1024 字节为单位列出磁盘空间的使用情况。
- -c：除了显示指定目录或文件的大小，还显示所有目录或文件的总数。
- -l：计算所有文件大小，对硬链接文件重复计算。
- -x：跳过不同文件系统上的相同目录，不予统计。

7. mount 与 umount 命令

1）mount 命令

在磁盘上创建文件系统之后，还需要把新创建的文件系统连接到操作系统上才能使用，这个过程被称为挂载。文件系统挂载到的目录被称为挂载点（Mount Point）。

Linux 操作系统中提供了/mnt 和/media 两个专门的挂载点。一般而言，挂载点应该是一个空目录，否则目录中原来的文件将被系统隐藏。通常将光盘和软盘挂载到/media/cdrom（或者/mnt/cdrom）和/media/floppy（或者/mnt/ floppy）下，其对应的设备文件名分别为/dev/cdrom 和/dev/fd0。

文件系统可以在系统引导过程中自动挂载，也可以手动挂载。手动挂载文件系统的挂载命令是 mount。mount 命令的语法格式如下。

```
mount [选项] 设备 挂载点
```

mount 命令的主要选项如下。

- -t：指定要挂载的文件系统的类型。
- -r：如果不想修改要挂载的文件系统，则可以使用该选项以只读方式挂载。
- -w：以可写的方式挂载文件系统。
- -a：挂载/etc/fstab 文件中记录的设备。

2）umount 命令

当文件系统不再使用时，可以被卸载。umount 命令的作用是卸载已安装的文件系统、目录或文件。umount 命令的语法格式如下。

```
umount [选项] <文件系统>
```

umount 命令的主要选项如下。

- -a：卸载/etc/mtab 目录中记录的所有文件系统。
- -f：强制卸载（对于无法访问的 NFS 系统）。
- <文件系统>：除了直接指定文件系统，还可以用设备名称或挂载点来表示文件系统。

【任务实施】

【例 3-2】下面以创建行政部文件系统为例，在/dev/sdb 磁盘上创建大小为 10GB、文件系统类型为 Ext4 的/dev/sdb1 主分区，并讲解 fdisk 命令的用法。

步骤 1：利用如下命令，打开 fdisk 的操作菜单。

```
[root@zenti ~]# fdisk /dev/sdb
……
命令(输入 m 获取帮助):
```

步骤 2：输入 p，查看当前分区表。

```
命令(输入 m 获取帮助): p
磁盘 /dev/sdb：42.9 GB，42949672960 字节，83886080 个扇区
Units = 扇区 of 1 * 512 = 512 bytes
扇区大小(逻辑/物理)：512 字节 / 512 字节
I/O 大小(最小/最佳)：512 字节 / 512 字节
磁盘标签类型：dos
磁盘标识符：0x94ede9bf
   设备 Boot      Start         End      Blocks   Id  System
命令(输入 m 获取帮助):
```

上面显示了/dev/sdb 磁盘的参数和分区情况。/dev/sdb 磁盘的大小为 42.9GB，同时可以查看磁盘的字节数、扇区数等信息。从倒数第 2 行开始是分区情况，依次表示分区名、是否为启动分区、起始扇区、终止扇区、分区的总块数、分区 ID、文件系统类型。

从命令的执行结果中可以看到，/dev/sdb 磁盘并无任何分区。

注意：此处以/dev/sda 磁盘的分区情况为例，介绍各项目的含义。

```
[root@zenti ~]# fdisk /dev/sda
......
   设备 Boot      Start         End      Blocks   Id  System
/dev/sda1   *        2048     1026047      512000   83  Linux
```

```
/dev/sda2          1026048     21997567     10485760    83   Linux
/dev/sda3         21997568     38774783      8388608    83   Linux
......
```

/dev/sda1 分区是启动分区（带有符号“*”），起始扇区是 2048，终止扇区是 1026047，分区的总块数是 512000 块（每块的大小是 512 字节，即总共占用 500MB 左右的空间）。

步骤 3：输入 n，创建一个新分区。

```
命令(输入 m 获取帮助)：n     //使用 n 命令创建新分区
```

步骤 4：在“Partition type:”后选择要创建的分区类型和分区编号。

（1）在“Select (default p):”后输入 p，或直接按 Enter 键取默认值，选择创建主分区（若要创建扩展分区，则输入 e；若要创建逻辑分区，则输入 l，或直接按 Enter 键取默认值）。

（2）在“分区号 (1-4，默认 1):”后输入 1，或直接按 Enter 键取默认值，创建第一个主分区（主分区和扩展分区的可选数字标识为 1～4，逻辑分区的数字标识从 5 开始）。操作如下。

```
Partition type:
   p    primary (0 primary, 0 extended, 4 free)
   e    extended
Select (default p): p       //输入 p，以创建主磁盘分区
分区号 (1-4，默认 1)：1
```

步骤 5：确定分区大小。

（1）在“起始扇区”后输入此分区的起始扇区值，本例中直接按 Enter 键取默认值 2048。

（2）在“终止扇区”后输入终止扇区值，以确定当前分区的大小。也可以使用+sizeM 或者+sizeG 的方式指定分区大小。本例根据任务需求，输入“+10G”。操作如下。

```
起始 扇区 (2048-41943039，默认为 2048)：
将使用默认值 2048
终止扇区, +扇区 or +size{K,M,G} (2048-41943039，默认为 41943039)：+10G
分区 1 已设置为 Linux 类型，大小设为 10 GiB
```

步骤 6：设置分区的文件系统类型和 ID。

（1）在“命令(输入 m 获取帮助):”后输入 t。

（2）在“已选择分区”后输入要设置的分区编号，本例中为 1。

（3）在“Hex 代码(输入 L 列出所有代码):”后输入要设置的分区类型对应的代码，本例中输入 83，指定/dev/sdb1 分区的文件系统类型为 Linux。操作如下。

```
命令(输入 m 获取帮助)：t
已选择分区 1
Hex 代码(输入 L 列出所有代码)：83
已将分区“Linux”的类型更改为“Linux”
```

提示：如果不知道分区 ID 是多少，可以在“Hex 代码(输入 L 列出所有代码):”后输入 L 后查找。

步骤 7：保存并退出 fdisk。

（1）在完成上述步骤后，程序返回待输入子命令的状态。

（2）在“命令(输入 m 获取帮助):”后输入 w，把分区信息写入磁盘分区表并退出。

步骤 8：使用同样的方法创建市场部磁盘分区/dev/sdb2（8GB，XFS）。

步骤 9：如果要删除磁盘分区，则在 fdisk 的操作菜单下输入 d，并选择相应的磁盘分区即可。在删除磁盘分区后输入 w，保存并退出。（本步骤仅用于功能演示，与任务需求无关。）

```
命令(输入 m 获取帮助)：d
分区号 (1-3，默认 3)：
分区 3 已删除
命令(输入 m 获取帮助)：w
The partition table has been altered!
```

【例 3-3】在/dev/sdb1 分区上创建 Ext4 类型的文件系统，并在创建时检查磁盘坏块，显示详细信息。

```
[root@zenti ~]# mkfs -t ext4 -V -c /dev/sdb1
mkfs，来自 util-linux 2.23.2
mkfs.ext4 -c /dev/sdb1
……
Writing superblocks and filesystem accounting information: 完成
[root@zenti ~]# mkdir /newFS
[root@zenti ~]# mount /dev/sdb1 /newFS
[root@zenti ~]# df -h
文件系统            容量   已用   可用  已用%  挂载点
/dev/sda2          9.8G   256M   9.0G    3% /
……
/dev/sdb1          477M   2.3M   445M    1% /newFS
```

【例 3-4】检查/dev/sdb1 分区上是否有错误，如果有错误，则自动修复（必须先把磁盘卸载，才能检查分区）。

```
[root@zenti ~]# umount /dev/sdb1
[root@zenti ~]# fsck -a /dev/sdb1
fsck，来自 util-linux 2.23.2
/dev/sdb1: clean, 11/128016 files, 26684/512000 blocks
```

【例 3-5】使用 dd 命令创建和使用交换文件。当系统的交换分区不能满足系统的要求且磁盘上又没有可用空间时，可以使用交换文件提供虚拟内存。

```
[root@zenti ~]# dd if=/dev/zero of=/swap bs=102400 count=10240
记录了 10240+0 的读入
记录了 10240+0 的写出
1048576000 字节(1.0 GB)已复制，8.54365 秒，123 MB/秒
```

上述命令的执行结果是在磁盘的根目录下创建一个块大小为 102400 字节、块数为 10240、名为 swap 的交换文件。该文件的大小为 102400×10240≈1.0GB。

在创建/swap 交换文件后，使用 mkswap 命令说明该文件用于交换空间。

```
[root@zenti ~]# mkswap /swap 1024000
```

可以使用 swapon 命令激活交换空间，也可以使用 swapoff 命令卸载被激活的交换空间。

```
[root@zenti ~]# swapon   /swap
[root@zenti ~]# swapoff   /swap
```

【例 3-6】列出各文件系统的磁盘空间使用情况。

```
[root@zenti ~]# df
文件系统        1K-块     已用      可用  已用% 挂载点
/dev/sda2      10190100 1285148 8364280   14% /
……
/dev/sda3       8125880   36988 7653080    1% /home
tmpfs            186704       8  186696    1% /run/user/42
```

【例 3-7】列出各文件系统的 I 节点的磁盘空间使用情况。

```
[root@zenti ~]# df -ia
文件系统          Inode 已用(I) 可用(I) 已用(I)% 挂载点
rootfs               -       -       -       - /
……
/dev/sda8        65536      92   65444      1% /tmp
/dev/sda3       524288      45  524243      1% /home
```

【例 3-8】列出文件系统类型。

```
[root@zenti ~]# df -T
文件系统       类型        1K-块     已用      可用  已用% 挂载点
/dev/sda2      ext4     10190100 1285148 8364280   14% /
……
/dev/sda3      ext4      8125880   36988 7653080    1% /home
tmpfs          tmpfs      186704       8  186696    1% /run/user/42
```

【例 3-9】以字节为单位列出所有文件和目录的磁盘空间使用情况。

```
[root@zenti ~]# du -ab
129     ./.tcshrc
16      ./.esd_auth
20      ./file2
……
40      ./file3
7793515 .
```

【例 3-10】把文件系统类型为 Ext4 的磁盘分区/dev/sdb1 挂载到/newFS 目录下。

```
[root@zenti ~]# mkdir /newFS
[root@zenti ~]# mount -t ext4 /dev/sdb1 /newFS
```

【例 3-11】将光盘挂载到/media/cdrom 目录下。

```
[root@zenti ~]# mkdir /media/cdrom
[root@zenti ~]# mount -t iso9660 /dev/cdrom /media/cdrom
mount: /dev/sr0 写保护，将以只读方式挂载
```

【例 3-12】卸载光盘。

```
[root@zenti ~]# umount /media/cdrom
```

注意：光盘在没有卸载之前，无法从驱动器中弹出。正在使用的文件系统不能被卸载。

【知识拓展】

文件系统的自动挂载

使用 mount 命令挂载的文件系统，只能在系统重启前有效，当系统重启后，如果还需要使用该文件系统，应当再次执行挂载命令。

fstab 文件是用来存放文件系统的静态信息的文件，位于/etc/目录中，可以使用文件查看命令（如 cat /etc/fstab）来查看，如图 3-1 所示。如果要修改该文件，可以使用 vi 或 vim 命令。

```
[root@zenti ~]# cat /etc/fstab

#
# /etc/fstab
# Created by anaconda on Thu Jul  4 16:07:48 2019
#
# Accessible filesystems, by reference, are maintained under '/dev/disk'
# See man pages fstab(5), findfs(8), mount(8) and/or blkid(8) for more info
#
UUID=1b7ff293-dd7e-4507-b5c7-eda7b9af9b8e /                       ext4    defaults        1 1
UUID=ce8249a1-02c5-4035-98b5-ef9acb136098 /boot                   ext4    defaults        1 2
UUID=89d359d4-6a16-48a9-b8e9-51dc0ed3ff93 /home                   ext4    defaults        1 2
UUID=79bea56d-a7ef-4c3f-8475-0343b805b2f1 /tmp                    ext4    defaults        1 2
UUID=34e6f86a-d7f4-43fc-97e1-6bea271e4ab8 /usr                    ext4    defaults        1 2
UUID=7d2cb051-4b94-4310-8c3d-787dbfc9d15d /var                    ext4    defaults        1 2
UUID=a8eb1f8f-70ca-4155-b4ad-664d3fba0060 swap                    swap    defaults        0 0
```

图 3-1　/etc/fstab 文件

/etc/fstab 文件的每一行代表一个文件系统，每一行又包含 6 列，这 6 列的内容如下。

```
<file system> <dir>    <type>      <options>  <dump>    <pass>
```

具体含义如下。

- file system：要挂载的分区或设备文件。
- dir：文件系统的挂载点。
- type：文件系统的类型。
- options：挂载选项，决定传递给 mount 命令时如何挂载。各选项之间用逗号分隔。
- dump：由 dump 程序决定文件系统是否需要备份，0 表示不备份，1 表示备份。
- pass：由 fsck 程序决定系统引导时是否检查磁盘及次序，取值可以为 0、1、2。

系统启动时会自动从这个文件中读取信息，并且会自动将此文件中指定的文件系统挂载到指定的目录下。

【例 3-13】如果想要实现每次开机都自动将文件系统类型为 VFAT 的/dev/sdb3 分区挂载到/media/sdb3 目录下，则需要在/etc/fstab 文件中添加一行内容，如图 3-2 所示。这样，在重新启动计算机后，/dev/sdb3 分区就能自动挂载了。

```
# /etc/fstab
# Created by anaconda on Thu Jul  4 16:07:48 2019
#
# Accessible filesystems, by reference, are maintained under '/dev/disk'
# See man pages fstab(5), findfs(8), mount(8) and/or blkid(8) for more info
#
UUID=1b7ff293-dd7e-4507-b5c7-eda7b9af9b8e /                       ext4    defaults        1 1
UUID=ce8249a1-02c5-4035-98b5-ef9acb136098 /boot                   ext4    defaults        1 2
UUID=89d359d4-6a16-48a9-b8e9-51dc0ed3ff93 /home                   ext4    defaults        1 2
UUID=79bea56d-a7ef-4c3f-8475-0343b805b2f1 /tmp                    ext4    defaults        1 2
UUID=34e6f86a-d7f4-43fc-97e1-6bea271e4ab8 /usr                    ext4    defaults        1 2
UUID=7d2cb051-4b94-4310-8c3d-787dbfc9d15d /var                    ext4    defaults        1 2
UUID=a8eb1f8f-70ca-4155-b4ad-664d3fba0060 swap                    swap    defaults        0 0
/dev/sdb3                                 /media/sdb3             vfat    defaults        0 0
```

图 3-2　编辑/etc/fstab 文件

本例的前提是/etc/fstab 文件和/media/sdb3 目录已经存在。

步骤 1：使用 vim 命令进入/etc/fstab 文件的编辑状态。

```
[root@zenti ~]# vim /etc/fstab
```

步骤 2：按 A 键进入插入状态，并将光标移动到最后一行的末尾，然后输入图 3-2 中框选的内容。

步骤 3：按 Esc 键，然后输入“:wq”，保存并退出。

任务 2 配置磁盘阵列

【任务分析】

根据公司网络环境和对磁盘的使用规划，财务部、北京办事处、上海办事处等几个部门对数据的安全性要求较高，以防止在磁盘损坏等情况下出现数据丢失。结合部门特点和 Linux 操作系统的技术要点，小李拟将这 3 个部门的存储空间配置为磁盘阵列 RAID5。

（1）财务部的磁盘阵列采用 5 块磁盘，空间大小为 5GB。

（2）北京办事处、上海办事处的磁盘阵列采用 4 块磁盘，空间大小为 10GB。

【知识准备】

1. Linux 操作系统中的软 RAID

RAID（Redundant Array of Inexpensive Disks，独立磁盘冗余阵列）用于将多个廉价的小型磁盘驱动器合并为一个磁盘阵列，以提高存储性能和容错性能。

RAID 可以分为软 RAID 和硬 RAID。其中，软 RAID 是通过软件实现多块磁盘冗余的，而硬 RAID 一般是通过 RAID 卡实现多块磁盘冗余的。前者配置简单，管理也比较灵活，对中小企业来说不失为一种最佳选择。硬 RAID 在性能方面具有一定优势，但往往费用比较高。

RAID 作为高性能的存储系统，已经得到了越来越广泛的应用。RAID 的级别从概念的提出到现在，已经发展为 6 个级别，分别是 0、1、2、3、4、5，但是最常用的是 0、1、3、5 这 4 个级别。

RAID0：将多个磁盘合并为一个大磁盘，使其不冗余，采用并行 I/O，速度最快。RAID0 也称为带区集。它会将多个磁盘并列起来，形成一个大磁盘。在存放数据时，RAID0 先将数据按磁盘的个数进行分段，然后将这些数据写到这些磁盘中，如图 3-3 所示。

RAID1：把磁盘阵列中的磁盘分成相同的两组，使它们互为镜像。当任一磁盘介质出现故障时，可以利用其镜像上的数据恢复，从而提高系统的容错能力。其磁盘利用率只有 50%，如图 3-4 所示。

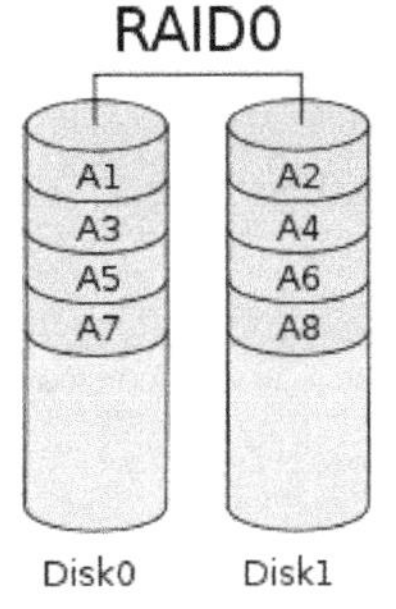

图 3-3 RAID0 技术示意图

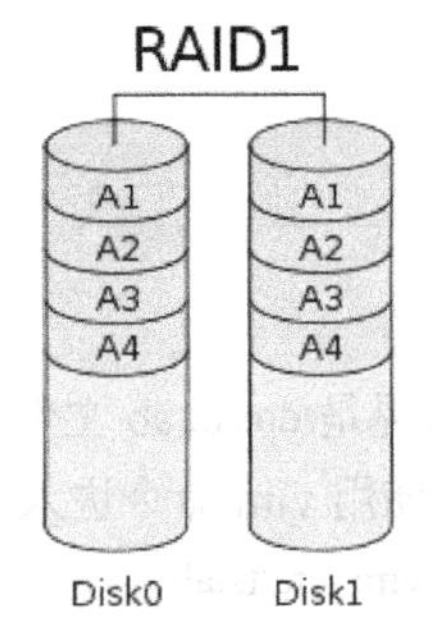

图 3-4 RAID1 技术示意图

RAID3：RAID3 存放数据的原理和 RAID0、RAID1 不同。RAID3 以一个磁盘来存放数据的奇偶校验位，并将数据分段存储于其余磁盘中。它像 RAID0 一样以并行的方式来存放数据，但速度没有 RAID0 快。使用单独的校验盘来保护数据虽然没有镜像的安全性高，但是大大提高了磁盘利用率，即$(n-1)/n$。其中，n 为使用 RAID3 的磁盘总数量。

RAID5：向阵列的磁盘中写入数据，奇偶校验数据被存放在阵列的各个磁盘中，允许单个磁盘出错。RAID5 也是以数据的校验位来保证数据安全的，但它不是以单独磁盘来存放数据的校验位的，而是将数据段的校验位交互存放于各个磁盘上。这样即使任何一个磁盘损坏了，也可以根据其他磁盘上的校验位来重建损坏的数据。其磁盘利用率为$(n-1)/n$，如图 3-5 所示。

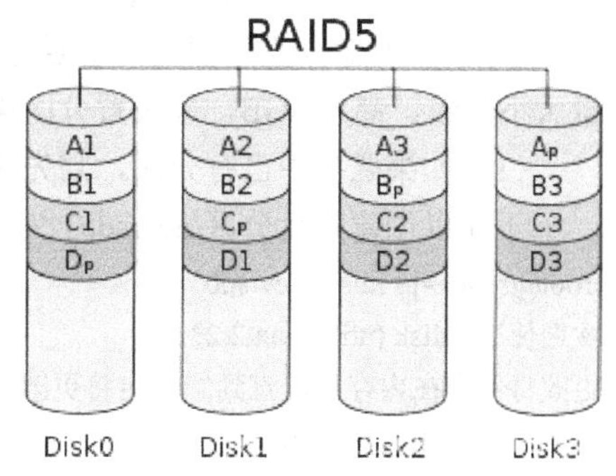

图 3-5　RAID5 技术示意图

2. mdadm 命令——管理 Linux 软 RAID

1）命令解析

mdadm 是 multiple devices admin 的缩写，是 Linux 操作系统下的一款标准的软 RAID 管理工具，可以管理 Linux 软 RAID，比如创建、调整、监控 RAID。

mdadm 命令的语法格式如下。

```
mdadm [参数]
```

mdadm 命令的常用模式如下。

- create：创建一个新的 RAID，每个设备都具有元数据（超级块）。
- build：创建或组合成一个没有元数据（超级块）的 RAID。
- manage：更改一个现有的 RAID，比如添加新的备用成员和删除故障设备。

mdadm 命令的常用参数如下。

- -D：显示 RAID 设备的详细信息。
- -A：加入一个以前定义的 RAID 设备。
- -B：创建一个没有超级块的 RAID 设备。
- -I：将设备添加到 RAID 中，或者从 RAID 中删除设备。
- -C：创建 RAID 设备，把 RAID 信息写入每个 RAID 成员超级块。
- -r：把 RAID 成员移出 RAID 设备。
- -a：向 RAID 设备中添加一个成员。
- --re-add：把最近移除的 RAID 成员重新添加到 RAID 设备中。
- -S：停用 RAID 设备，释放所有资源。

2）操作实录

【例 3-14】使用 sda1 和 sdb1 创建 RAID0，条带大小是 64KB。

```
[root@zenti ~]# mdadm  - -create /dev/md0  - -chunk=64  - level=0  - -raid-devices=2 /dev/sda1 /dev/sdb1
```

【例 3-15】给 md0 增加热备盘 sdc1。

```
[root@zenti ~]# mdadm /dev/md0 --add /dev/sdc1
```

【例 3-16】停止 md0 的运行。

```
[root@zenti ~]# mdadm —stop /dev/md0
```

【任务实施】

本任务根据北京办事处的磁盘阵列配置要求，以 4 块磁盘/dev/sdb、/dev/sdc、/dev/sdd、/dev/sde 为例来讲解 RAID5 的创建方法。这里假设系统中已安装 4 块 SCSI 磁盘。

步骤 1：创建 4 个磁盘分区。

使用 fdisk 命令重新创建 4 个磁盘分区/dev/sdb1、/dev/sdc1、/dev/sdd1、/dev/sde1，使其容量大小一致，都为 3GB，并设置分区类型为 fd（Linux raid autodetect）。

（1）如果磁盘中已有分区，则先删除原有分区。

下面以创建磁盘分区/dev/sdb1 为例（如果有其他分区，则需要先将其删除）来讲解。

```
[root@zenti ~]# fdisk /dev/sdb
欢迎使用 fdisk (util-linux 2.23.2)。
更改将停留在内存中，直到您决定将更改写入磁盘。
使用写入命令前请三思。
命令(输入 m 获取帮助)：d                              //删除分区命令
分区号 (1,2，默认 2)：
分区 2 已删除                                         //删除分区 2
命令(输入 m 获取帮助)：d                              //删除分区命令
已选择分区 1
分区 1 已删除
```

（2）在/dev/sdb 磁盘上创建新分区 sdb1。

```
命令(输入 m 获取帮助)：n                              //创建新分区命令
Partition type:
   p   primary (0 primary, 0 extended, 4 free)
   e   extended
Select (default p):                                   //选择分区类型为默认主分区
Using default response p
分区号 (1-4，默认 1)：                                //设置分区编号为默认值 1
起始 扇区 (2048-41943039，默认为 2048)：
将使用默认值 2048
终止扇区，+扇区 or +size{K,M,G} (2048-41943039，默认为 41943039)：+5G
分区 1 已设置为 Linux 类型，大小设为 5 GiB            //设置分区容量为 5GB
命令(输入 m 获取帮助)：t                              //设置文件系统命令
已选择分区 1
Hex 代码(输入 L 列出所有代码)：fd                     //设置文件系统为 fd
已将分区“Linux”的类型更改为“Linux raid autodetect”
命令(输入 m 获取帮助)：w                              //保存并退出
The partition table has been altered!
Calling ioctl() to re-read partition table.
正在同步磁盘。
```

（3）使用同样的方法创建其他 3 个磁盘分区，最后的分区结果如下（已去掉无用信息）。

```
[root@zenti ~]# fdisk -l
设备 Boot      Start      End         Blocks     Id   System
```

```
/dev/sdb1        2048      10487807     5242880    fd   Linux raid autodetect
/dev/sdc1        2048      10487807     5242880    fd   Linux raid autodetect
/dev/sdd1        2048      10487807     5242880    fd   Linux raid autodetect
/dev/sde1        2048      10487807     5242880    fd   Linux raid autodetect
```

步骤 2：使用 mdadm 命令创建 RAID5。

RAID 设备名为/dev/mdX，其中 X 为设备编号，该编号从 0 开始。

```
[root@zenti ~]# mdadm --create /dev/md0 --level=5 --raid-devices=3 --spare-devices=1 /dev/sd[b-e]1
mdadm: Defaulting to version 1.2 metadata
mdadm: array /dev/md0 started.
```

上述命令中指定 RAID 设备名为/dev/md0，级别为 5，使用 3 个设备创建 RAID，并将 1 个设备留作备用。在上面的语法格式中，最后面是装置文件名。这些装置文件名可以是整个磁盘，如/dev/sdb，也可以是磁盘上的分区，如/dev/sdb1。不过，这些装置文件名的总数必须等于--raid-devices 与--spare-devices 的个数之和。在此例中，/dev/sd[b-e]1 是一种简写形式，表示/dev/sdb1、/dev/sdc1、/dev/sdd1、/dev/sde1，其中，/dev/sde1 为备用的。

步骤 3：为/dev/md0 设备创建 Ext4 文件系统。

```
[root@zenti ~]# mkfs -t ext4 -c /dev/md0
mke2fs 1.42.9 (28-Dec-2013)
......
正在写入 inode 表: 完成
Creating journal (32768 blocks): 完成
Writing superblocks and filesystem accounting information: 完成
```

步骤 4：查看创建的 RAID5 的具体情况（注意哪个是备用设备）。

```
[root@zenti ~]# mdadm --detail /dev/md0
/dev/md0:
......
        Raid Level : raid5                                  //RAID5 阵列
        Array Size : 10477568 (9.99 GiB 10.73 GB)           //阵列空间 10GB
     Used Dev Size : 5238784 (5.00 GiB 5.36 GB)
......
    Number   Major   Minor   RaidDevice State
       0       8       17        0      active sync   /dev/sdb1
       1       8       33        1      active sync   /dev/sdc1
       4       8       49        2      active sync   /dev/sdd1
       3       8       65        -      spare         /dev/sde1
```

步骤 5：将 RAID 设备挂载。

将 RAID 设备/dev/md0 挂载到指定的/media/md0 目录下，并显示该设备中的内容。

```
[root@zenti ~]# mkdir /mnt/md0
[root@zenti ~]# mount /dev/md0 /mnt/md0
[root@zenti ~]# cd /mnt/md0;ls
[root@zenti md0]#
```

步骤 6：写入测试。

写入一个 100MB 的 test_file 文件，供数据恢复时测试使用。

```
[root@zenti md0]# dd if=/dev/zero of=test_file count=2 bs=50M
记录了 2+0 的读入
记录了 2+0 的写出
104857600 字节(105 MB)已复制，0.148098 秒，708 MB/秒
[root@zenti md0]# ll
总用量 102400
-rw-r--r--. 1 root root 104857600 8 月  25 23:24 test_file
```

使用同样的方法创建财务部、上海办事处的磁盘阵列。

说明：（1）磁盘阵列的数据恢复请参见本节“知识拓展”部分。

（2）本例中的磁盘阵列是在多个磁盘的分区中配置而成的。在工况环境下，还有一种配置方式，即在同一个磁盘的多个分区上配置磁盘阵列。

【知识拓展】

RAID 设备的数据恢复

如果 RAID 设备中的某个磁盘损坏，则系统会自动停止这块磁盘的工作，让备用的磁盘代替损坏的磁盘继续工作，保障数据安全，为系统提供高可靠的数据服务。假设/dev/sdc1 损坏，更换损坏的 RAID 成员的方法如下。

步骤 1：将损坏的 RAID 成员标记为失效（使用软件模拟磁盘损坏情况）。

```
[root@zenti ~]# mdadm /dev/md0 --fail /dev/sdd1
mdadm: set /dev/sdd1 faulty in /dev/md0                //表明分区 sdd1 已经被标记为失效
```

步骤 2：移除失效的 RAID 成员。

```
[root@zenti ~]# mdadm   /dev/md0   --remove   /dev/sdd1
mdadm: hot removed /dev/sdd1 from /dev/md0
```

步骤 3：更换磁盘设备，添加一个新的 RAID 成员。

```
[root@zenti ~]# mdadm   /dev/md0   --add   /dev/sde1
```

步骤 4：查看 RAID5 下的文件是否损坏，同时再次查看 RAID5 的情况。

```
[root@zenti ~]# ll /mnt/md0
总用量 102400
-rw-r--r--. 1 root root 104857600 8 月  25 23:24 test_file
[root@zenti ~]# mdadm --detail /dev/md
mdadm: /dev/md does not appear to be an md device
[root@zenti ~]# mdadm --detail /dev/md0
/dev/md0:
……
    Number   Major   Minor   RaidDevice State
       0       8       17        0      active sync   /dev/sdb1
       1       8       33        1      active sync   /dev/sdc1
       3       8       65        2      active sync   /dev/sde1
```

说明：在 mdadm 命令的参数中，凡是以“--”引出的参数都与“-”加单词首字母的方式等价。例如，“--remove”等价于“-r”，“--add”等价于“-a”。

步骤 5：当不再使用 RAID 设备时，可以使用 mdadm -S /dev/mdX 命令的方式停用 RAID 设备。需要注意的是，应当先卸载再停用。

```
[root@zenti ~]# umount /dev/md0
umount: /dev/md0：未挂载
[root@zenti ~]# mdadm -S /dev/md0
mdadm: stopped /dev/md0
```

任务 3　管理逻辑卷

【任务分析】

本任务主要完成研发部、网络部的磁盘配置。根据工作安排，研发部和网络部对磁盘存储量的需求会随时发生变动，所以建议将其磁盘配置为逻辑卷。

（1）将研发部磁盘配置为 10GB 的逻辑卷。

（2）网络部由于软件、工具等存储量较大，初步计划将磁盘配置为 20GB 的逻辑卷。

【知识准备】

当用户想要随着实际需求的变化调整磁盘分区的大小时，会受到磁盘“灵活性”的限制。这时就需要用到另一项非常普及的磁盘设备资源管理技术——LVM（Logical Volume Manager，逻辑卷管理器）。LVM 允许用户对磁盘资源进行动态调整。

LVM 在磁盘分区和文件系统之间添加了一个逻辑层。它提供了一个抽象的卷组，可以把多块磁盘进行卷组合并。这样一来，用户不必关心物理磁盘设备的底层架构和布局，就可以实现对磁盘分区的动态调整。LVM 的技术架构如图 3-6 所示。

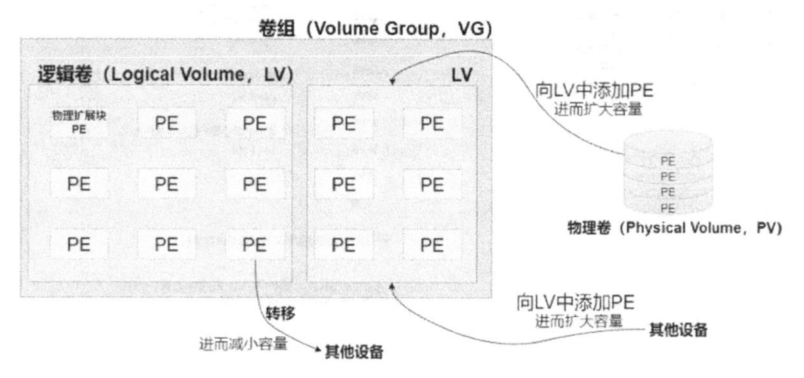

图 3-6　LVM 的技术架构

物理卷处于 LVM 的底层，可以被理解为物理磁盘、磁盘分区或 RAID 磁盘阵列。

卷组建立在物理卷之上，一个卷组可以包含多个物理卷，并且卷组在被创建之后也可以继续向其中添加新的物理卷。

逻辑卷是使用卷组中空闲的资源创建的，并且逻辑卷在被创建后可以动态地扩展或缩小占用空间。这就是 LVM 的核心理念。

在部署 LVM 时，需要逐个配置物理卷、卷组和逻辑卷。常用的 LVM 部署命令如表 3-2 所示。

表 3-2 常用的 LVM 部署命令

功能/命令	物理卷管理	卷 组 管 理	逻辑卷管理
扫描	pvscan	vgscan	lvscan
创建	pvcreate	vgcreate	lvcreate
显示	pvdisplay	vgdisplay	lvdisplay
删除	pvremove	vgremove	lvremove
扩展	—	vgextend	lvextend
缩小	—	vgreduce	lvreduce

【任务实施】 

以研发部磁盘的配置为例，任务实现思路为：首先对其中添加的两块新磁盘进行物理卷创建的操作，然后对这两块磁盘进行卷组合并。接下来，根据需求把合并后的卷组切割出一个大约 10GB 的逻辑卷设备，最后把这个逻辑卷设备格式化为 XFS 文件系统后挂载使用。

子任务 1 部署逻辑卷

步骤 1：在服务器系统中添加两块物理磁盘，这里以虚拟机上的操作为例。

为了避免多个任务之间的冲突，请大家自行将虚拟机还原到初始状态，并在虚拟机中添加两块新磁盘，然后开机，如图 3-7 所示。

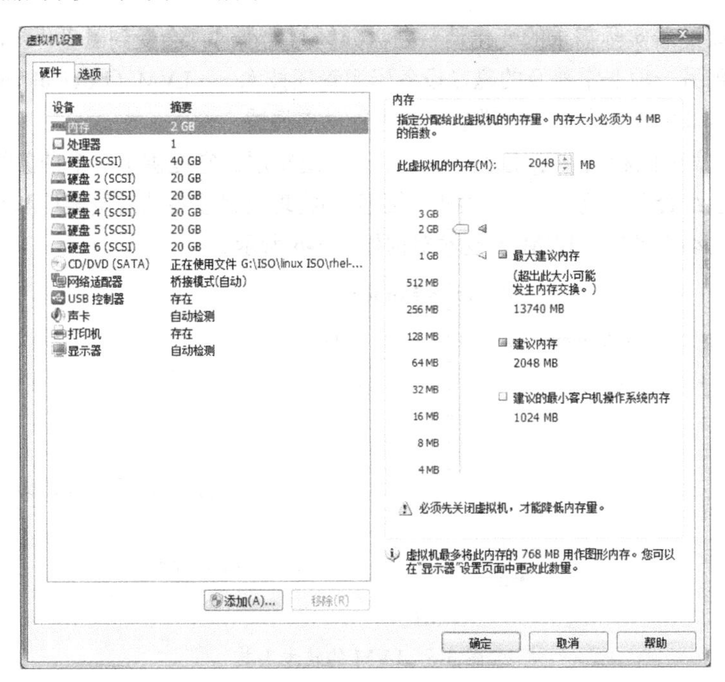

图 3-7 在虚拟机中添加两块新磁盘

在虚拟机中添加多块新磁盘的目的是更好地演示 LVM 中无须用户关心底层物理磁盘的特性。

步骤 2：让新添加的两块磁盘支持 LVM。

```
[root@zenti ~]# pvcreate /dev/sdf /dev/sdg
```

```
  Physical volume "/dev/sdf" successfully created
  Physical volume "/dev/sdg" successfully created
```

步骤 3：把两块磁盘加入到 Research 卷组中，然后查看卷组的状态。

```
[root@zenti ~]# vgcreate Research /dev/sdf /dev/sdg
  Volume group "Research" successfully created
[root@zenti ~]# vgdisplay
  --- Volume group ---
  ……
  VG Size               39.99 GiB
  PE Size               4.00 MiB
  Total PE              10238
  ……
```

步骤 4：为研发部切割出一个大约 5GB 的逻辑卷，并将其命名为 vRD。

```
[root@zenti ~]# lvcreate -n vRD -l 1280 Research
  Logical volume "vRD" created
[root@zenti ~]# lvdisplay
  --- Logical volume ---
  ……
  LV Size                5.00 GiB
  Current LE             1280
  ……
```

步骤 5：把生成的逻辑卷格式化，然后挂载使用。

```
[root@zenti ~]# mkfs.xfs /dev/Research/vRD
mke2fs 1.42.9 (28-Dec-2013)
……
Creating journal (32768 blocks): 完成
Writing superblocks and filesystem accounting information: 完成
[root@zenti ~]# mkdir /mnt/vRD
[root@zenti ~]# mount /dev/Research/vRD /mnt/vRD
```

步骤 6：查看挂载状态，并写入配置文件。

写入配置文件的目的是使该配置永久生效，但是在进行下一个任务时需要恢复到初始状态。

```
[root@zenti ~]# df -h
文件系统                        容量   已用   可用  已用% 挂载点
……
/dev/mapper/Research-vRD   4.9G    21M   4.6G     1% /mnt/vRD
[root@zenti ~]# echo "/dev/Research/vRD /mnt/vRD ext4 defaults 0 0">>/etc/fstab
```

子任务 2　扩展逻辑卷

研发部因新增了一个项目而需要额外的磁盘空间来存储新项目的数据和资料，并报请网络部处理。张主管便授权小李进行处理，临时为研发部扩展 5GB 的存储空间，同时提醒小李在扩展前一定要记得卸载设备和挂载点的关联。

虽然之前的磁盘有足够的空间，但是为了知识的完整性，这里将一并介绍卷组和逻辑卷，以便应对工况环境下的各种情况。

步骤 1：卸载已挂载的逻辑卷。

```
[root@zenti ~]# umount /mnt/vRD
```

步骤 2：增加新的物理卷到卷组中。

当卷组中没有足够的空间分配给逻辑卷时，可以向卷组中增加物理卷，以增加卷组的空间。下面先增加/dev/sdh 物理卷（支持 LVM），再将/dev/sdh 物理卷增加到 Research 卷组中。

```
[root@zenti ~]# pvcreate /dev/sdh
  Physical volume "/dev/sdh" successfully created
[root@zenti ~]# vgextend Research /dev/sdh
  Volume group "Research" successfully extended
[root@zenti ~]# vgdisplay
  --- Volume group ---
  ……
  VG Size               <59.99 GiB
  ……
```

步骤 3：把研发部的逻辑卷 vRD 扩展至 10GB。

```
[root@zenti ~]# lvextend -L 10G /dev/Research/vRD
  Size of logical volume Research/vRD changed from 5.00 GiB (1280 extents) to 10.00 GiB (2560 extents)
  Logical volume Research/vRD successfully resized
```

步骤 4：检查磁盘完整性，并重置磁盘容量。

```
[root@zenti ~]# e2fsck -f /dev/Research/vRD
e2fsck 1.42.9 (28-Dec-2013)
……
/dev/Research/vRD: 11/333248 files (0.0% non-contiguous), 58892/1331200 blocks
[root@zenti ~]# resize2fs /dev/Research/vRD
resize2fs 1.42.9 (28-Dec-2013)
Resizing the filesystem on /dev/Research/vRD to 2621440 (4k) blocks
The filesystem on /dev/Research/vRD is now 2621440 blocks long
```

步骤 5：重新挂载磁盘并查看挂载状态。

```
[root@zenti ~]# mount -a
[root@zenti ~]# df -h
文件系统                    容量  已用  可用 已用% 挂载点
……
/dev/mapper/Research-vRD  9.8G   23M  9.2G    1% /mnt/vRD
```

子任务 3　缩小逻辑卷

经过几个月的忙碌，研发部的项目已经接近尾声，各项资料数据已经归档，原来扩展的磁盘空间也已经空闲出来，所以网络部在取得研发部的同意后，决定收回 4GB 的空闲空间，避免资源浪费，使磁盘资源得到充分利用。

在对逻辑卷进行缩小操作时，必须提前备份数据，来保证数据安全。另外，Linux 操作系统规定，在对 LVM 逻辑卷进行缩小操作之前，要先检查文件系统的完整性（当然，这也是为了保证数据安全），同时，记得把文件系统卸载。

步骤 1：卸载已挂载的逻辑卷。

```
[root@zenti ~]# umount /mnt/vRD
```

步骤 2：检查文件系统的完整性。

```
[root@zenti ~]# e2fsck -f /dev/Research/vRD
e2fsck 1.42.9 (28-Dec-2013)
……
/dev/Research/vRD: 11/650240 files (0.0% non-contiguous), 79433/2621440 blocks
```

步骤 3：把逻辑卷 vRD 的容量减小到 6GB（10−4=6GB）。

```
[root@zenti ~]# mount -a
[root@zenti ~]# df -h
文件系统                    容量   已用   可用  已用% 挂载点
……
/dev/mapper/Research-vRD   9.8G   23M   9.2G     1% /mnt/vRD
[root@zenti ~]# resize2fs /dev/Research/vRD 6G
resize2fs 1.42.9 (28-Dec-2013)
Resizing the filesystem on /dev/Research/vRD to 1572864 (4k) blocks
The filesystem on /dev/Research/vRD is now 1572864 blocks long
[root@zenti ~]# lvreduce -L 6G /dev/Research/vRD
  WARNING: Reducing active logical volume to 6.00 GiB
  THIS MAY DESTROY YOUR DATA (filesystem etc.)
Do you really want to reduce Research/vRD? [y/n]: y
  Size of logical volume Research/vRD changed from 10.00 GiB (2560 extents) to 6.00 GiB (1536 extents)
  Logical volume Research/vRD successfully resized
```

步骤 4：重新挂载文件系统并查看系统状态。

```
[root@zenti ~]# mount -a
[root@zenti ~]# df -h
文件系统                    容量   已用   可用  已用% 挂载点
……
/dev/mapper/Research-vRD   5.8G   21M   5.5G     1% /mnt/vRD
```

使用同样的方法可以部署网络部的逻辑卷。

【知识拓展】

当生产环境中需要重新部署逻辑卷或者不再需要使用逻辑卷时，应当执行逻辑卷的删除操作。为此，需要提前备份重要的数据信息，然后依次删除逻辑卷、卷组、物理卷，这个顺序不可颠倒。操作步骤如下。

步骤 1：取消逻辑卷与目录的挂载关联，删除配置文件中永久生效的设备参数。

```
[root@zenti ~]# umount /mnt/vRD
[root@zenti ~]# vim /etc/fstab
# /etc/fstab
……
#/dev/Research/vRD   /mnt/vRD   ext4   defaults 0   0  //删除，或者在前面加上“#”
```

步骤 2：删除逻辑卷设备，需要输入 y 来确认操作。

```
[root@zenti ~]# lvremove /dev/Research/vRD
Do you really want to remove active logical volume Research/vRD? [y/n]: y
  Logical volume "vRD" successfully removed
```

步骤 3：删除卷组，此处只写卷组的名称即可，不需要写绝对路径。

```
[root@zenti ~]# vgremove Research
  Volume group "Research" successfully removed
```

步骤 4：删除物理卷。

```
[root@zenti ~]# pvremove /dev/sd[f-h]
  Labels on physical volume "/dev/sdf" successfully wiped.
  Labels on physical volume "/dev/sdg" successfully wiped.
  Labels on physical volume "/dev/sdh" successfully wiped.
```

任务 4　管理磁盘配额

【任务分析】

公司各部门的员工都拥有服务器上的登录账户，以及自己的家目录和专门的存储空间。但由于公司员工较多，服务器上的存储空间又有限，为了避免员工随意浪费服务器的存储空间，需要对员工的存储权限进行限制，合理利用资源。

（1）公司员工大致分为 3 种类型的存储权限，即高层、部门领导、普通员工，特殊情况除外。

（2）以网络部为例，员工存储权限设置如表 3-3 所示。

表 3-3　网络部员工存储权限设置

账户类型	账户数量	空间软限制	空间硬限制	文件软限制	文件硬限制
高层	1 个	4GB	5GB	90 000 个	100 000 个
部门领导	2 个	2GB	3GB	50 000 个	60 000 个
普通员工	5 个	1GB	2GB	30 000 个	20 000 个

【知识准备】

1. 磁盘配额概述

配额允许管理者控制用户或组群的磁盘使用。它能防止个体用户和组群使用文件系统中超出自身权限的内容，或者造成系统完全拥堵。XFS 文件系统也支持项目配额，限制了一个项目所能使用的空间大小。

配额必须由 root 用户或者有 root 权限的用户启用和管理。它们往往用于多用户系统，不常用于单一用户的工作站。

1）应用场合

- 网络存储空间有限。
- 邮件服务器。
- 公司的文件共享服务器。

2）限制对象

- 限制普通用户。
- 限制组群。

注意：root用户是无法被限制的。

3）限制内容

- inode——限制用户创建文件的个数。
- block——限制用户能够使用的磁盘空间的大小。

4）限制方式

- 软限制：当用户或组群所分配的空间被占满以后，容量在一定的宽限期内可以超出限制。但是系统会给出警告，并在宽限期过后强制收回相应空间。
- 硬限制：当用户或组群所分配的空间被占满以后，就不能再存储数据。

5）注意事项

- 磁盘配额要求Linux内核支持磁盘配额技术。RHEL 7和CentOS 7操作系统默认支持。
- 磁盘配额只对一般用户有效，对管理员（root用户）来说没有任何限制。

2. 准备工作（任务实现的前提条件）

1）任务要求

- 用户：以研发部普通用户为例进行权限设置，用户名为develop1、develop2、develop3、develop4、develop5，5个用户的密码都是password，且这5个用户所属的初始组群都是Development。其他属性为默认值。
- 磁盘容量限制值：5个用户都能够取得2GB的磁盘使用量，文件数量限制为20 000个。此外，只要某用户的容量使用超过1500MB或15 000个文件，就予以警告。
- 组群的限额：由于“我的系统”里面还有其他用户存在，因此如果限制Development这个组群最多只能使用10GB的容量，那么当文件量达到9.5GB时会予以警告。也就是说，如果develop1、develop2和develop3都使用了2GB的容量，那么其他4人（含部门领导2人）最多只能使用4（即10−2×3）GB的磁盘容量。
- 宽限时间的限制：每个使用者在超过软限制值之后，还能够有14天的宽限时间。

2）使用脚本批量创建用户

使用脚本创建实训所需的环境。

（1）先创建组群：Development。

```
[root@zenti ~]# groupadd Development
```

（2）创建部门普通用户。

```
[root@zenti ~]# vim addusers.sh
```

批量创建用户脚本的详细代码如图3-8所示。

```
#!/bin/bash
# 使用脚本创建实训所需的环境
for userlist in develop1 develop2 develop3 develop4 develop5
do
        useradd -g Development $userlist
        echo "password"|passwd --stdin $username
done
```

图3-8 批量创建用户脚本

（3）执行脚本文件。

```
[root@zenti ~]# sh addaccount.sh
```

3. 几个常用的磁盘配额管理命令

1）quota 命令

（1）命令解析。

quota 命令用于显示磁盘已使用的空间与限制。也就是说，使用 quota 命令可以查询磁盘空间的限制，并得知已使用多少空间。

该命令的语法格式如下。

```
quota [参数]
```

该命令的常用参数如下。

- -g：列出组群的磁盘空间限制。
- -q：简明列表，只列出超过限制的部分。
- -u：列出用户的磁盘空间限制。

（2）操作实录。

【例 3-17】显示目前执行者（root 用户）的 quota 值。

```
[root@zenti ~]# quota -guvs
```

【例 3-18】显示 test 这个使用者的 quota 值。

```
[root@zenti ~]# quota -uvs test
```

2）quotacheck 命令

（1）命令解析。

quotacheck 命令可以通过扫描指定的文件系统，获取磁盘的使用情况，并创建、检查和修复磁盘配额（quota）文件。

该命令的语法格式如下。

```
quotacheck [参数]
```

该命令的常用参数如下。

- -a：扫描/etc/fstab 文件中加入 quota 设置的分区。
- -d：显示命令的详细执行过程，以便排错或了解程序执行的情况。
- -g：在扫描磁盘空间时，计算每个组群识别码所占用的目录和文件数量。
- -R：排除根目录所在的分区。
- -u：在扫描磁盘空间时，计算每个用户识别码所占用的目录和文件数量。

（2）操作实录。

【例 3-19】对所有在/etc/mtab 文件中，含有 quota 支持的分区进行扫描。

```
[root@zenti ~]# quotacheck -avug
```

【例 3-20】强制扫描已挂载的文件系统。

```
[root@zenti ~]# quotacheck -avug -m
```

3）磁盘配额管理的其他命令

- quotaon 命令：激活 Linux 内核中指定文件系统的磁盘配额功能。
- quotaoff 命令：关闭磁盘空间限制。
- edquota 命令：编辑用户或组群的磁盘配额。

- repquota 命令：显示文件系统配额的汇总信息。
- quotastats 命令：显示 Linux 操作系统当前的磁盘配额运行状态信息。

【任务实施】

子任务 1 部署磁盘配额

下面以研发部用户的家目录所在位置为例部署磁盘配额。

步骤 1：文件系统支持。

要部署磁盘配额必须有文件系统的支持。本系统默认支持配额（quota）的核心，只需直接开启即可。不过，由于 quota 仅针对整个文件系统进行规划，所以需要使用 df 命令先检查一下/home 是否为一个独立的文件系统。

```
[root@zenti ~]# df -h /home
文件系统              容量   已用   可用  已用% 挂载点
/dev/sda3            7.8G   37M   7.3G    1% /home          //目录/home 是独立的
[root@zenti ~]# mount | grep home
/dev/sda3 on /home type ext4 (rw,relatime,seclabel,data=ordered)
```

需要注意的是，如果目录不是家目录，还需要对该目录进行权限修改，让用户有权限写入数据。具体的权限修改方法参见项目 4。

步骤 2：如果只想在本次开机中（临时）使用 quota，那么可以手动加入 quota 的支持。

```
[root@zenti ~]# mount -o remount,usrquota,grpquota /home
[root@zenti ~]# mount | grep home
/dev/sda3 on /home type ext4 (rw,relatime,seclabel,quota,usrquota,grpquota, data=ordered)
```

注意：重点在于 usrquota,grpquota 的写法。

步骤 3：如果希望系统每次重启后都能保持开启 quota，那么需要配置自动挂载。

手动挂载的数据在下次重新挂载时就会消失，因此最好将其写入配置文件。操作方法为：使用 vim 命令编辑/etc/fstab 文件，并将下面的语句添加到/etc/fstab 文件的末行。

```
/dev/sda3 /home ext4 defaults,usrquota,grpquota 1 2
```

注意：在/etc/fstab 文件中添加这行语句时，要注释掉原来挂载/home 目录的相关语句行。

```
[root@zenti ~]# umount /home
[root@zenti ~]# mount -a
[root@zenti ~]# mount | grep home
/dev/sda3 on /home type ext4 (rw,relatime,seclabel,quota,usrquota,grpquota, data=ordered)
```

步骤 4：创建 quota 记录文件。

创建 quota 记录文件非常重要。使用 quotacheck 命令扫描文件系统并创建 quota 记录文件。在执行 quotacheck 命令时，系统担心破坏原有的记录文件，会产生一些警告信息。

```
[root@zenti ~]# quotacheck -avug
quotacheck: Scanning /dev/sda3 [/home] done            //本信息已经过精简处理
quotacheck: Checked 42 directories and 29 files
```

注意：如果因为特殊需求需要强制扫描已挂载的文件系统，可以在上述命令后加上-mf 选项，强制重新扫描。

步骤 5：quota 的启动、关闭与限制值设置。

在创建好 quota 记录文件之后，接下来就要启动 quota 了。启动方式很简单，使用 quotaon 命令即可，关闭方式则是使用 quotaoff 命令。

（1）quotaon 命令：启动 quota 的服务。

quotaon 命令的语法格式如下。

```
quotaon   [-avug]
```

或

```
quotaon   [-vug]   [/mount_point]
```

该命令的选项如下。

- -u：针对使用者启动 quota（aquota.user）。
- -g：针对组群启动 quota（aquota.group）。
- -v：显示启动过程的相关信息。
- -a：根据/etc/mtab 文件中的文件系统设定与启动有关的 quota，若不加-a 选项，则后面需要加上特定的文件系统。

在本例中，要启动用户和组群的 quota，使用下面的代码即可。

```
[root@zenti ~]# quotaon -auvg
/dev/sda3 [/home]: group quotas turned on
/dev/sda3 [/home]: user quotas turned on
```

（2）quotaoff 命令：关闭 quota 的服务。

在完成本任务前不要关闭该服务。

步骤 6：编辑用户账号的磁盘配额。

（1）我们首先来看进入 develop1 的磁盘配额设置时会出现什么画面。

```
[root@zenti ~]# edquota    -u    develop1
```

执行该命令后，显示的磁盘配额文件的字段含义如图 3-9 所示。

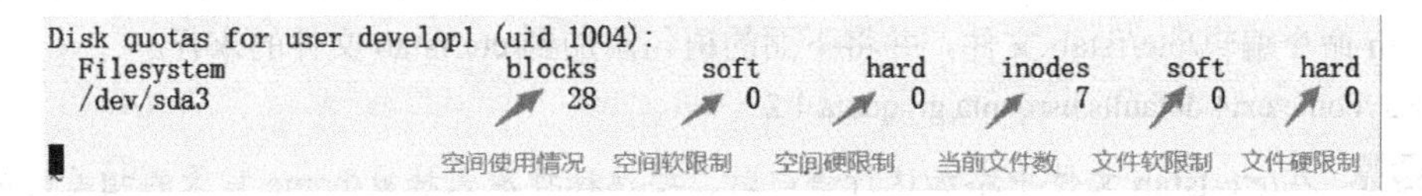

图 3-9 磁盘配额文件的字段含义

（2）需要修改的是 soft 和 hard 的值，单位是 KB，soft 为警告值，hard 为最大值。当磁盘使用量在 soft 和 hard 之间时，系统就会发出警告（默认倒计时为 7 天）。若超过警告时间，磁盘使用量依然在 soft 和 hard 之间，则会禁止使用磁盘空间。根据任务要求，修改后的配置项如图 3-10 所示。

```
Disk quotas for user develop1 (uid 1004):
  Filesystem                blocks      soft       hard     inodes     soft     hard
  /dev/sda3                     28   1500000    2000000          7    15000    20000
```

图 3-10 按 develop1 配额要求修改后的配置项

（3）其他 4 个用户的配额设置可以使用 edquota 命令从 develop1 中复制。

```
[root@zenti ~]# edquota -p develop1 -u develop2
```

使用同样的方法将 develop1 的配额设置复制到 develop3～develop5 中。

步骤 7：修改 Development 组群的配置项。

```
[root@zenti ~]# edquota -g Development
```

修改后的 Development 组群的配置项如图 3-11 所示。

```
Disk quotas for group Development (gid 1004):
  Filesystem                   blocks       soft       hard     inodes     soft     hard
  /dev/sda3                       140    9500000   10000000         35        0        0
```

图 3-11 修改后的 Development 组群的配置项

步骤 8：将 block 宽限时间修改为 14 天，inode 宽限时间修改为 10 天。

```
[root@zenti ~]# edquota -t
```

执行该命令后，可修改宽限时间，按要求将其修改为 14 天和 10 天，如图 3-12 所示。

```
Grace period before enforcing soft limits for users:
Time units may be: days, hours, minutes, or seconds
  Filesystem             Block grace period     Inode grace period
  /dev/sda3                    14days                  10days
```

图 3-12 修改宽限时间

步骤 9：使用 repquota 命令，制作文件系统配额报表。

```
[root@zenti ~]# repquota /dev/sda3
*** Report for user quotas on device /dev/sda3
Block grace time: 14days; Inode grace time: 10days
                        Block limits                File limits
User            used    soft     hard   grace    used  soft  hard  grace
----------------------------------------------------------------------
root      --      20       0        0              2     0     0
……
develop1  --      28 1500000 2000000               7 15000 20000
……
develop5  --      28 1500000 2000000               7 15000 20000
```

子任务 2 测试与管理

Linux 是一个多用户的操作系统，为了防止某个用户或组群占用过多的磁盘空间，可以通过磁盘配额功能限制用户和组群对磁盘空间的使用，达到节约资源，合理利用磁盘空间的目的。在 Linux 操作系统中，可以通过索引节点数和磁盘块区数来限制用户和组群对磁盘空间的使用。测试过程如下（以 myquota1 用户为例）。

步骤 1：切换测试用户。

使用研发部用户账号登录，本例选择 develop1 用户，其家目录为/home/develop1。

```
[root@zenti ~]# su - develop1
```

步骤 2：容量限额测试。

本测试分两次写入数据，第 1 次写入 1.6GB，未超出容量限额；第 2 次写入 500MB，超出了容量限额。

（1）在当前目录下，使用 dd 命令写入一个 1.6GB 的 test1 文件。关于 dd 命令的用法，请参考项目 2 的相关知识。由于本次写入量小于限额，因此可以正常写入。

```
[develop1@zenti ~]$ dd if=/dev/zero of=test1 count=2 bs=800M        //800MB×2
sda3: warning, user block quota exceeded.
```

```
记录了 2+0 的读入
记录了 2+0 的写出
1677721600 字节(1.7 GB)已复制，3.19682 秒，525 MB/秒
```

（2）此时文件的写入量为 1.6GB，低于 2GB 的容量限额，可以正常写入，接下来我们尝试写入一个大小为 500MB 的 test2 文件。由于第 2 次写入的内容超出了容量限额，因此显示错误提示。

```
[develop1@zenti ~]$ dd if=/dev/zero of=test2 count=2 bs=250M
sda3: write failed, user block limit reached.
dd: 写入"test2" 出错: 超出磁盘限额                    //超出限额警告
记录了 2+0 的读入
记录了 1+0 的写出
370225152 字节(370 MB)已复制，0.701144 秒，528 MB/秒   //超过 2GB，无法写入
```

步骤 3：文件数量限制。

```
[develop1@zenti ~]$ touch {1..20001}.txt
touch: 无法创建"20001.txt": 超出磁盘限额
```

注意：本次实训结束，请将自动挂载文件/etc/fstab 恢复到最初状态，以免在后续实训任务中对/dev/sdb 等设备的操作影响到挂载，从而使得系统无法启动。相关命令为 vim /etc/fstab。在学习和工作中，要时刻遵守操作规范，保持良好的职业素养。

【知识拓展】

在 XFS 文件系统下的磁盘配额设置

在前面任务中实现的磁盘配额设置，默认是基于 Ext4 文件系统的。相对于 Ext4 文件系统，XFS 文件系统中的磁盘配额设置还是有区别的，如表 3-4 所示。

表 3-4 Ext4 和 XFS 文件系统中的磁盘配额设置的区别

项　目	Ext4 文件系统	XFS 文件系统
单一目录	不可以	可以
采用工具	quota 工具	xfs-quota 工具
默认开启 quota	是	否
对“/”开启配额	能	不能

从表 3-4 中可以看出，XFS 文件系统中使用的工具为 xfs-quota，具体使用格式如下。

```
xfs_quota 命令
```

- -x：启动专家模式，在当前模式下允许对配额系统进行修改的所有管理命令可用。
- -c：直接调用管理命令，如 limit、report 等。

limit 命令后的相关参数如下。

- -u：对用户限制。
- -g：对组群限制。
- bsoft：磁盘容量软限制。
- bhard：磁盘容量硬限制。
- isoft：文件数量软限制。
- ihard：文件数量硬限制。

【例 3-21】本例以网络部目录（/network）为例进行操作演示。先对其开启磁盘配额，为了便于测试，设置 network 用户的磁盘容量软限制为 80MB、硬限制为 100MB，文件数量软限制为 8 个、硬限制为 10 个。其他用户或组群的配置方法可参照本步骤操作。

步骤 1：准备工作——创建目录，并挂载。

```
[root@zenti ~]# mkdir /network
[root@zenti ~]# mount -o usrquota,grpquota /dev/Research/vRD /network
[root@zenti ~]# mount | grep network
/dev/mapper/Research-vRD on /network type xfs (rw,relatime,seclabel,attr2, inode64,usrquota,grpquota)
[root@zenti ~]# chmod 777 /network              //赋予其他用户读/写权限
```

本次挂载仅是临时性的，在系统重启后就会失效，若要长期使用，需要将如下语句加入 /etc/fstab 文件的最后一行。

```
/dev/Research/vRD   /network   xfs   defaults,usrquota,grpquota   0   0
```

步骤 2：新建测试用户。

由于本例是网络部磁盘配额设置，因此使用网络部员工的用户账号 network1。详细创建方法和步骤参见项目 4。

```
[root@zenti ~]# useradd network1
[root@zenti ~]# echo "123456" | passwd --stdin network1
更改 network1 用户的密码。
passwd：所有的身份验证令牌已经成功更新。
```

步骤 3：开启磁盘配额，设置配置项。

对 network1 用户设置磁盘配额，设置磁盘容量软限制为 80MB、硬限制为 100MB，文件数量软限制为 8 个、硬限制为 10 个。

```
[root@zenti ~]# xfs_quota -x -c 'limit -u bsoft=80M bhard=100M isoft=8 ihard=10 network1' /network
```

如果是针对组群进行配额设置的，则该命令中的 limit 应为“limit -g bsoft=80M bhard=100M isoft=8 ihard=10 Networks’ /network”，其中，Networks 为网络部组群名。

本例对磁盘容量和文件数量的软、硬限制都进行了设置，在工作环境下可以根据需要设定。

步骤 4：查看配额设置结果。

查看磁盘容量和文件数量是否受到限制。

（1）查看磁盘容量对用户的限制。

```
[root@zenti ~]# xfs_quota -c 'quota -uv network1' /network
Disk quotas for User network1 (1009)
Filesystem              Blocks    Quota    Limit   Warn/Time      Mounted on
/dev/mapper/Research-vRD     0    81920   102400    00 [--------] /network
```

（2）查看文件数量对用户的限制。

```
[root@zenti ~]# xfs_quota -c 'quota -i -uv network1'
Disk quotas for User network1 (1009)
Filesystem               Files    Quota    Limit   Warn/Time        Mounted on
/dev/mapper/Research-vRD     0        8       10    00 [--------]   /network
```

步骤 5：验证磁盘配额（写入测试）。

（1）磁盘容量配额测试。

以 network1 用户身份登录，并切换到/network 目录，在磁盘中分两次写入数据，并查看写入结果。第 1 次写入 80MB（即 40MB×2）数据。

```
[root@zenti ~]# su - network1
[network1@zenti ~]$ cd /network
[network1@zenti network]$ dd if=/dev/zero of=test1.txt count=2 bs=45M
记录了 2+0 的读入
记录了 2+0 的写出
94371840 字节(94 MB)已复制，0.126447 秒，746 MB/秒
[network1@zenti network]$
```

第 2 次写入 20MB 数据，查看警告信息。

```
[network1@zenti network]$ dd if=/dev/zero of=test2.txt count=2 bs=10M
dd: 写入"test2.txt" 出错: 超出磁盘配额
记录了 2+0 的读入
记录了 1+0 的写出
10485760 字节(10 MB)已复制，0.026544 秒，395 MB/秒
```

（2）文件数量配额测试。

清空/network 目录，向其中写入 11 个文件（限制为 10 个），查看结果。

```
[network1@zenti network]$ touch {1..11}.txt
touch: 无法创建"11.txt": 超出磁盘配额
[network1@zenti network]$ ls
10.txt  1.txt  2.txt  3.txt  4.txt  5.txt  6.txt  7.txt  8.txt  9.txt
```

至此，磁盘配额设置成功完成。

项目小结

本项目主要介绍了 Linux 操作系统下磁盘管理的相关工作，包括如何使用 fdisk 进行分区和管理、如何创建磁盘冗余阵列来保证数据的安全性、如何在不损坏磁盘数据的前提下对磁盘空间进行扩展和缩小等。最后，还对磁盘的使用空间及文件数据的写入限制技术进行了详细的解析。通过本项目的学习，读者应当对磁盘的管理和使用技术有了较为清晰的认识。

实践训练（工作任务单）

（1）进入 RHEL 7.4 或 CentOS 7.4 操作系统，打开一个终端窗口，使用 su - root 命令切换为 root 用户。

（2）使用 lsblk -p 命令查看当前系统的所有磁盘及分区。当前系统有一块虚拟磁盘，名称为/dev/sda。在其上有 5 个分区，编号为/dev/sda1～/dev/sda5。其中，/dev/sda4 为扩展分区，不能直接使用；/dev/sda5 分区是在/dev/sda4 分区的基础上划分出来的逻辑分区。因此，新添加的

分区应从 6 开始编号。

（3）使用 fdisk /dev/sda 命令进入 fdisk 交互模式。fdisk 命令可以用于对磁盘进行分区管理。

（4）输入 m，获取 fdisk 的子命令提示。在 fdisk 交互模式下，有很多子命令，每个子命令用一个字母表示，如 n 表示添加分区，d 表示删除分区。

（5）输入 p，查看磁盘分区表信息。这里显示的磁盘分区表信息包括分区名称、启动分区标识、起始扇区号、终止扇区号、扇区数、文件系统标识及文件系统名称等。

（6）输入 n，添加新分区。fdisk 根据已有分区自动确定新分区号是 6，并提示输入新分区的起始扇区号。这里直接按 Enter 键，即采用默认值即可。

（7）fdisk 提示输入新分区的大小。考虑到学生的实际接受能力，可以采用最简单的一种方式，输入“+8G”，即指定分区大小为 8GB。

（8）输入 p，再次查看磁盘分区表信息。虽然现在可以看到新添加的/dev/sda6 分区，但是需要注意的是，这些操作目前只是被保存在内存中，只有重启系统后才会被真正写入磁盘分区表。

（9）输入 w，保存操作并退出 fdisk 交互模式。

（10）使用 shutdown -r now 命令重启系统。打开终端窗口并切换为 root 用户。再次使用 lsblk -p 命令查看当前系统的所有磁盘及分区信息，此时应该能够看到/dev/sda6 分区已经出现在磁盘分区表中了。

（11）使用 mkfs -t xfs /dev/sda6 命令为/dev/sda6 分区创建 XFS 文件系统。

（12）使用 mkdir -p /mnt/testdir 命令创建新目录，使用 mount /dev/sda6 /mnt/testdir 命令将/dev/sda6 分区与/mnt/testdir 目录绑定。

（13）为了验证挂载的结果，使用 lsblk -p /dev/sda6 命令查看/dev/sda6 分区的挂载点。

课后习题

1．填空题

（1）在一块磁盘中，最多可以创建_________个主分区。

（2）RAID 用于将多个廉价的小型磁盘驱动器合并为一个磁盘阵列，以提高存储性能和_________功能。

（3）将光盘挂载到/mnt/iso 目录下的命令是_________。

2．单项选择题

（1）光盘所使用的文件系统类型为（　　）。

A．ISO9660　　B．Ext3　　C．Ext4　　D．XFS

（2）下列命令中用于显示各分区使用情况的是（　　）。

A．ls　　B．ll　　C．du　　D．df

（3）下列命令中用于统计目录下所有文件所占空间的是（　　）。

A．ls　　B．ll　　C．du　　D．df

（4）第 3 块 SCSI 磁盘上的第 4 个分区设备名为（　　）。

A．sdc4　　B．SCSI3(4)　　C．SCSI3-4　　D．sd3-4

（5）若想在一个新分区上创建文件系统，应该使用（　　）命令。

A．fdisk　B．mkfs　C．makefs　D．format

（6）下列命令中可以用来分区的命令是（　　）。

A．fdisk　B．mkfs　C．makefs　D．format

（7）一般来说，使用 fdisk 命令的最后一步是使用（　　）命令将改动写入硬盘的当前分区表。

A．p　B．r　C．x　D．w

（8）关于/etc/fstab 的描述中正确的是（　　）。

A．启动系统后，由系统自动产生　B．用于管理文件系统信息

C．用于设置命名规则　D．保存硬盘信息

（9）将分区/dev/sdb1 挂载到/mnt 目录下的命令是（　　）。

A．mount /mnt /dev/sdb1　B．mount /dev/sdb1 /mnt

C．umount /mnt /dev/sdb1　D．umount /dev/sdb1 /mnt

（10）磁盘管理中将逻辑分区建立在（　　）上。

A．主分区　B．系统中除第 1 个分区外的其他分区

C．扩展分区　D．主分区和扩展分区均可

（11）下列命令中，可以建立物理卷的是（　　）。

A．pvremove　B．pvdisplay　C．pvcreate　D．pvscan

3．简答题

（1）简述 Linux 操作系统中磁盘设备与磁盘分区的命名方法。

（2）什么是 RAID？简述 RAID0、RAID1、RAID3、RAID5 的特点。

（3）简述 LVM 对逻辑卷的扩展和缩小操作的异同点。

项目4 管理用户和组群

学习目标

【知识目标】

- 熟悉用户标识：UID与GID。
- 了解用户和组群配置文件。

【技能目标】

- 熟练掌握Linux操作系统下用户的创建与维护管理的方法。
- 熟练掌握Linux操作系统下组群的创建与维护管理的方法。
- 熟悉用户账户管理器的使用方法。

项目背景

这天公司负责人找到张主管，询问服务器的安装进度情况，并要求网络部尽快部署Linux操作系统，尽早让大家熟悉其使用方法。经过部门讨论，如果要让大家都能够使用Linux操作系统，前提条件是大家都拥有自己的系统账户，这是使用Linux操作系统的第一步。本项目将按照这个思路，通过Linux用户和组群的创建与管理讲解Linux操作系统的相关知识。

项目分解与实施

公司总部职员约150人，分属5个不同的部门；两个分支机构各有职员约100人。根据工作需求，需要为每个员工创建账户，同时按部门创建组群，并将每个员工账户根据员工归属添加到相应的部门组群中。详细设计如下。

1. 按部门创建组群，组群名与部门的对应关系如表4-1所示。

表4-1 组群名与部门的对应关系

组 群 名	对应部门	管 理 者	备 注
Ads	行政部	admin1	
Finances	财务部	finance1	
R&D	研发部	rd1	
Markets	市场部	mark1	
Networks	网络部	network1	
Managers	主管组		

2. 创建用户账户（以网络部员工账户为例，为了方便，用户名采用形如 networkx 的格式），用户名与员工的对应关系如表 4-2 所示。

表 4-2　网络部员工账户分配表

用 户 名	密　码	员　工	所 在 部 门
network1		张主管	网络部
network2		小李	网络部
network3		王工	网络部
network4		刘工	网络部
network5		阿福	网络部

任务 1　管理用户

【任务分析】

与 Windows 操作系统一样，Linux 操作系统也需要用户输入用户名和密码后，才能正常使用。用户名和密码，即账户，就是我们登录系统的凭证。可以说，账户是我们使用 Linux 操作系统的通行证。在将公司的办公系统转换到 Linux 平台后，我们要想尽快地开展工作，第一步就是为每位员工创建属于自己的账户。

（1）创建公司管理组群，包括公司领导和各部门负责人。

（2）按部门创建部门工作组群，包括各部门负责人和普通员工。

（3）为每个员工创建登录账户。

【知识准备】

1. 理解用户账户

1）账户的相关概念

Linux 操作系统是多用户、多任务的操作系统，允许多个用户同时登录系统，使用系统资源。账户是用户的身份标识。用户通过账户来登录系统，并访问已经被授权的资源。系统根据账户来区分属于每个用户的文件、进程、任务，并给每个用户提供特定的工作环境（如用户的工作目录、Shell 版本及图形化的环境配置等），使每个用户都能不受干扰地独立工作，让每个用户都能各司其职，各安其位，各尽其责，各得其所。

对于一个账户来说，主要的是登录时的用户名，用户名对应的密码，以及登录后用户的工作环境等，所以在实践之前要先了解账户的相关概念。具体情况如表 4-3 所示。

表 4-3　账户的相关概念

概　念	描　述
用户名	用来标识用户的名称，可以是字母、数字组成的字符串，区分大小写
密码	用于验证用户身份的特殊验证码
用户标识（UID）	用来表示用户的数字标识符
用户家目录	用户的私人目录，也是用户登录系统后默认所在的目录
登录 Shell	用户登录后默认使用的 Shell 程序，默认为/bin/bash

2）用户标识——UID

Linux 操作系统并不能识别用户的账户信息，所以每个用户都有一个唯一的系统可识别的编号——UID，它类似于居民身份证。如 root 用户的 UID 为 0，系统用户的 UID 从 1 到 999，普通用户的 UID 默认从 1000 开始顺序编号，也可以在创建用户账户时由管理员来指定。

创建用户账户的同时会创建一个与用户账户同名的组群，该组群是用户的主组群。普通组群的 GID 默认也是从 1000 开始编号的。使用 id 命令可以查看用户和组群的编号。

```
[root@zenti ~]# id      //该命令用于查看当前用户的UID，如果要查看具体用户信息，需要在后面加用户名
uid=0(root) gid=0(root)  组=0(root)
```

2. 用户账户分类

Linux 操作系统下的用户账户分为 3 类。

- 超级用户（root）：也称管理员账户，它的任务是对普通用户和整个操作系统进行管理。超级用户对系统具有绝对的控制权，能够对系统进行一切操作，因此在使用超级用户进行操作时，必须慎重避免滥用权力，要做到让权力为系统服务，而不是成为系统的隐患。
- 系统用户：也称虚拟用户、伪用户或假用户，这类用户不具有登录 Linux 操作系统的功能，比如 bin、daemon、adm、ftp、mail 等，系统用户的 UID 为 1～999。
- 普通用户：在系统中只能进行普通工作，只能访问他们拥有的或者有权限执行的文件，在默认情况下，普通用户的 UID 为 1000～60 000。

3. 用户账户文件

用户账户信息包含用户名信息和密码信息等，分别被存放在/etc/passwd 和/etc/shadow 文件中。

1）账户信息文件——/etc/passwd

在 Linux 操作系统中，创建的用户账户的相关信息（密码除外）均被存放在配置文件/etc/passwd 中。使用 vim 编辑器（或者使用 cat /etc/passwd 命令）打开/etc/passwd 文件，内容如下。

```
[root@zenti ~]# cat /etc/passwd
root:x:0:0:root:/root:/bin/bash
……
rhel74:x:1000:1000:RHEL74:/home/rhel74:/bin/bash
user1:x:1001:1001::/home/user1:/bin/bash
user2:x:1002:1002::/home/user2:/bin/bash
```

文件中的每一行代表一个用户账户的信息（密码除外），可以看到第一个用户是 root。然后是一些标准账户，此类账户的 Shell 为/sbin/nologin，代表无本地登录权限。最后 3 行是由系统管理员创建的普通用户账户，分别为 rhel74、user1、user2。

/etc/passwd 文件的每一行用“:”分隔为 7 个域（字段）。各字段说明如表 4-4 所示，其中，少数字段的内容是可以为空的，但仍需使用“:”进行占位来表示该字段。

表 4-4 /etc/passwd 文件的各字段说明

序 号	字段内容	内容描述
1	用户名	用户账户名称，用户登录时所使用的用户名
2	加密密码	用户密码，考虑系统的安全性，现在已经不使用该字段来保存密码，而使用字母“x”来填充该字段，真正的密码被保存在 shadow 文件中
3	UID	用户号，唯一表示某用户的数字标识
4	GID	用户所属的私有组群号，该数字对应 group 文件中的 GID

续表

序　号	字段内容	内容描述
5	用户描述信息	可选的关于用户全名、用户电话等描述性信息
6	主目录	用户的宿主目录，用户成功登录后的默认目录
7	命令解释器	用户所使用的 Shell，默认为/bin/bash

2）密码信息文件——/etc/shadow

由于所有用户对/etc/passwd 文件均有读取权限，为了增强系统的安全性，将用户经过加密之后的密码都存放在/etc/shadow 文件中。/etc/shadow 文件只对 root 用户可读，因此大大提高了系统的安全性。/etc/shadow 文件的内容如下。

```
[root@zenti test]# cat /etc/shadow
root:$6$tneSN12Yo3tNCjrY$XTLkNIjqN6.L3NgDMpF.n6bYKDDn2v8Z2ucOPK4l1VHNGx584amXyAO9ko/
ewwZ7jZ3BvPXsux2uvG6xIwpHN1::0:99999:7:::
……
rhel74:$6$QtnzXwo/u3r7JxdZ$6HsIZTRsmCdTnV5ryxtNVMS6LJY8boVn8h2bENwUu9J28ZLvapLXIw.y.4z
wti93sb8D9WyguxKqUiV54VzMh/::0:99999:7:::
user1:!!:18723:0:99999:7:::
user2:!!:18723:0:99999:7:::
```

/etc/shadow 文件保存加密之后的密码及其相关的一系列信息，其中每个用户的信息占用一行，并使用“:”分隔为 9 个域（字段）。各字段说明如表 4-5 所示。

表 4-5　/etc/shadow 文件的各字段说明

序　号	字　段	说　明
1	用户名	用户登录名
2	加密密码	加密后的用户密码，*表示非登录用户，!!表示没有设置密码
3	最近密码修改天数	从 1970 年 1 月 1 日起，到用户最近一次密码被修改的天数
4	最短密码有效期	从 1970 年 1 月 1 日起，到用户可以更改密码的天数，即密码最短的存活期
5	最长密码有效期	从 1970 年 1 月 1 日起，到用户必须更改密码的天数，即密码最长的存活期
6	密码过期警告天数	密码过期前几天提醒用户更改密码
7	宽限天数	密码过期后几天账户被禁用
8	密码禁用日期	密码被禁用的具体日期（相对日期，从 1970 年 1 月 1 日至禁用时的天数）
9	保留域	保留域，用于功能扩展

3）账户默认设置文件——/etc/login.defs

在创建用户账户时，通常会根据/etc/login.defs 文件的配置设置用户账户的某些选项。该配置文件的有效配置内容及中文注释如下。

```
MAIL_DIR        /var/spool/mail       //用户邮箱目录
MAIL_FILE       .mail
PASS_MAX_DAYS   99999                 //密码最长有效天数
PASS_MIN_DAYS   0                     //密码最短有效天数
PASS_MIN_LEN    5                     //密码的最小长度
PASS_WARN_AGE   7                     //密码过期前提前警告的天数
UID_MIN                   1000        //使用 useradd 命令创建用户账户时自动产生的最小 UID 值
UID_MAX                   60000       //使用 useradd 命令创建用户账户时自动产生的最大 UID 值
GID_MIN                   1000        //使用 groupadd 命令创建组群时自动产生的最小 GID 值
```

```
GID_MAX                    60000        //使用 groupadd 命令创建组群时自动产生的最大 GID 值
//如果定义的话，将在删除用户时执行，以删除相应用户的计划作业和打印作业等
USERDEL_CMD      /usr/sbin/userdel_local
CREATE_HOME        yes                   //在创建用户账户时是否为用户创建家目录
```

【任务实施】

子任务 1　新建用户——useradd 命令

1）命令解析

在系统中新建用户可以使用 useradd 或 adduser 命令。useradd 命令的格式如下。

```
useradd   [选项]   <username>
```

useradd 命令的常用选项如下。

- -c comment：用户的注释性信息。
- -d home_dir：指定用户的家目录。
- -e expire_date：禁用账号的日期，格式为 YYYY-MM-DD。
- -f inactive_days：设置账户过期多少天后被禁用。如果为 0，则账户过期后将立即被禁用；如果为-1，则账户过期后，将不被禁用。
- -g initial_group：用户所属的主组群的组群名称或 GID。
- -G group-list：用户所属的附属组群列表，多个组群之间用逗号分隔。
- -m：若用户家目录不存在，则创建它。
- -M：不要创建用户家目录。
- -n：不要为用户创建用户私人组群。
- -p passwd：加密的密码。
- -r：创建 UID 小于 1000 的不带家目录的系统账户。
- -s shell：指定用户的登录 Shell，默认为/bin/bash。
- -u UID：指定用户的 UID，它必须是唯一的，且大于 1000。

2）操作实录

【例 4-1】新建网络部主管账户 network1，UID 为 1010，指定归属组群为 Networks，其 Shell 类型为/bin/sh，用户的家目录为/home/Networks/network1。

```
[root@zenti ~]# mkdir /home/Networks
[root@zenti ~]# useradd -u 1010 -G root -d /home/Networks/network1 -s /bin/sh network1
[root@zenti ~]# tail -1 /etc/passwd
network1:x:1010:1010::/home/Networks/network1:/bin/sh
```

在创建用户时，需要先创建子目录/home/Networks，同时创建组群 Networks，方法见任务 2 对应的内容。如果新建用户已经存在，那么在执行 useradd 命令时，系统会提示该用户已经存在。

```
[root@zenti ~]# useradd network1
useradd：用户“network1”已存在
```

【例 4-2】创建网络部的普通用户 network2～network4。

```
[root@zenti ~]# useradd network2
[root@zenti ~]# useradd network3
```

```
[root@zenti ~]# useradd network4
```

【例 4-3】为阿福创建试用账户 network5，过期时间为 2021/12/01，过期后两天停止授权。

```
[root@zenti ~]# useradd -e "2021/12/01" -f 2 network5
```

子任务 2　设置用户账户密码

1．passwd 命令

1）命令解析

passwd 命令用于指定和修改用户账户的密码。超级用户可以为自己和其他用户设置密码，而普通用户只能为自己设置密码。passwd 命令的格式如下。

```
passwd   [选项]   [username]
```

passwd 命令的常用选项如下。

- -l：锁定（停用）用户账户。
- -u：密码解锁。
- -d：将用户密码设置为空，这与未设置密码的账户不同。未设置密码的账户无法登录系统，而密码为空的账户可以登录系统。
- -f：强制用户下次登录时必须修改密码。
- -n：指定密码的最短存活期。
- -x：指定密码的最长存活期。
- -w：密码要到期时提前警告的天数。
- -i：密码过期后多少天停用账户。
- -S：显示账户密码的简短状态信息。

2）操作实录

【例 4-4】当前用户为 root，使用 passwd 命令分别为 root 用户和 network2 用户指定密码。

```
[root@zenti ~]# passwd                    //为当前用户（root）指定密码
[root@zenti ~]# passwd network2           //为 network2 用户指定密码
```

如果单独输入 passwd，则会修改当前用户的登录密码。只有 root 用户才能修改其他用户的密码。在修改其他用户的密码时，需要在 passwd 命令后加上用户名。需要注意的是，在普通用户修改密码时，passwd 命令会先询问原来的密码，只有通过验证后才可以修改。而 root 用户为用户指定密码时，不需要知道原来的密码。

为了系统安全，用户应该选择包含字母、数字和特殊符号组合的复杂密码，且密码长度应至少为 8 个字符。如果密码复杂度不够，系统会提示“无效的密码：密码未通过字典检查——它基于字典单词”。这时有以下两种处理方法。

- 再次输入刚才输入的简单密码，系统也会接受。
- 更改为符合要求的密码。例如，P@ssw02d 是包含大小写字母、数字、特殊符号等 8 位或以上的字符组合。

【例 4-5】锁定用户账户 network5 的登录密码。

```
[root@zenti ~]# passwd -l network5
锁定用户  network5  的密码
passwd: 操作成功
```

2. chage 命令

1）命令解析

要修改用户账户密码，也可以使用 chage 命令来实现。该命令的语法格式如下。

```
chage [选项] username
```

该命令的常用选项如下。

- -l：列出账户密码属性的各个数值。
- -m：指定密码的最短存活期。
- -M：指定密码的最长存活期。
- -W：密码要到期时提前警告的天数。
- -I：密码过期后多少天停用账户。
- -E：用户账户到期作废的日期。
- -d：设置密码上一次修改的日期。

2）操作实录

【例 4-6】设置 network2 用户密码的最短存活期为 6 天，最长存活期为 60 天，密码到期前 5 天提醒用户修改密码。在设置完成后，查看各属性值。

```
[root@zenti ~]# chage -m 6 -M 60 -W 5 network2
[root@zenti ~]# chage -l network2
……
两次改变密码之间相距的最小天数		: 6
两次改变密码之间相距的最大天数		: 60
密码要到期时提前警告的天数			: 5
```

子任务 3　维护用户账户

在创建用户账户后，其参数、信息并不是一成不变的，而是可以在使用过程中进行修改和维护的。用户账户信息（密码除外）被保存在/etc/passwd 文件中。可以直接用 vim 编辑器修改该文件中的参数设置，也可以用 usermod 命令修改用户信息，如用户的 UID、基本/扩展组群、默认终端等。

1. 修改用户账户——usermod 命令

1）命令解析

usermod 命令用于修改用户的属性，该命令与 useradd 命令的用法基本相同，语法格式如下。

```
usermod  [选项]  用户名
```

usermod 命令的常用选项如下。

- -c：填写用户账户的备注信息。
- -d -m：将-m 与-d 选项连用，可重新指定用户的家目录并自动把旧的数据转移过去。
- -e：账户的到期时间，格式为 YYYY-MM-DD。
- -g：变更所属组群。
- -G：变更扩展组群。
- -L：锁定用户，禁止其登录系统。
- -U：解锁用户，允许其登录系统。
- -s：变更默认终端。

- -u：修改用户的 UID。

2）操作实录

查看用户账户的默认信息，本任务以 network3 为例。

```
[root@zenti ~]# id network3
uid=1012(network3) gid=1012(network3) 组=1012(network3)
```

【例 4-7】将 network3 用户加入 Networks 组群（需先创建 Networks 组群），这样扩展组列表中会出现 Networks 组群的字样，而基本组不会受到影响。

```
[root@zenti ~]# usermod -G Networks network3
[root@zenti ~]# id network3
uid=1012(network3) gid=1012(network3) 组=1012(network3),1015(Networks)
```

使用-g 参数修改用户的基本组 ID，使用-G 参数修改用户的扩展组 ID。

【例 4-8】修改 network3 用户的家目录为/home/Networks/03。

```
[root@zenti ~]# grep network3 /etc/passwd
network2:x:1011:1011::/home/network3:/bin/bash
[root@zenti ~]# usermod -d /home/Networks/03 network3
[root@zenti ~]# grep network3 /etc/passwd
network3:x:1012:1012::/home/Networks/03:/bin/bash
```

2. 禁用和恢复用户账户

在实际工作中，为安全起见，有时需要临时禁用一个账户。禁用用户账户可以使用 passwd 或 usermod 命令来实现，也可以直接修改/etc/passwd 或/etc/shadow 文件。

【例 4-9】使用不同的方法，暂时禁用和恢复用户账户 network3。

方法 1：使用 passwd 命令。

如前文所述，passwd 命令的-l 和-u 选项分别可以锁定和解锁用户密码。

```
[root@zenti ~]# passwd -l network3
锁定 network3 用户的密码
passwd: 操作成功
[root@zenti ~]# passwd -u network3
解锁 network3 用户的密码
passwd: 操作成功
```

方法 2：使用 usermod 命令。

usermod 命令的-L 和-U 选项可以实现用户密码的锁定和解锁，操作如下。

```
[root@zenti ~]# usermod -L network3
[root@zenti ~]# usermod -U network3
```

方法 3：直接修改用户账户的配置文件。

将/etc/passwd 文件或/etc/shadow 文件中关于 network3 用户的 passwd 域的第 1 个字符前面加上符号“!!”，可以达到禁用账户的目的，在需要恢复的时候只需删除符号“!!”即可。

子任务 4 删除用户账户

根据 Linux 操作系统中“一切操作皆文件”的说法，要删除一个用户账户，可以直接删除/etc/passwd、/etc/shadow 和/etc/group 文件中要删除的用户账户所对应的行，以及该用户的家目录。

但是这种操作太过烦琐，所以在这种情况下，Linux 操作系统提供了 userdel 命令来删除用户账户。

userdel 命令用于删除指定的用户账户及与该用户账户相关的文件，英文全称为 user delete。userdel 命令实际上修改了系统的用户账户文件/etc/passwd、/etc/shadow 及/etc/group，删除了对应用户的那一行信息。userdel 命令的语法格式如下。

```
userdel  [选项]  用户名
```

userdel 命令的常用选项如下。

- -f：强制删除用户账户。
- -r：删除用户家目录及其中的任何文件。

如果不加-r 选项，则 userdel 命令会将系统中的用户账户配置文件（如/etc/passwd、/etc/shadow、/etc/group）中与用户相关的信息全部删除。

如果加上-r 选项，则在删除用户账户的同时，还会将用户家目录及家目录中的所有文件和目录全部删除。如果用户使用 E-mail，也会将/var/spool/mail 目录中的用户文件删除。

为了配合本次操作，在系统中临时创建 3 个用户，即 user3、user4、user5。

【例 4-10】 删除 user3 用户，但不删除其家目录及文件。

```
[root@zenti ~]# userdel user3
```

【例 4-11】 删除 user4 用户，并将其家目录及文件一并删除。

```
[root@zenti ~]# userdel -r user4
```

【例 4-12】 强制删除 user5 用户。

```
[root@zenti ~]# userdel -f user5
```

【知识拓展】

账户文件管理命令

账户文件管理命令可以在非图形化操作中对账户进行有效管理。

1．vipw 命令

vipw 命令用于直接对用户账户文件/etc/passwd 进行编辑，使用的默认编辑器是 vi。在对/etc/passwd 文件进行编辑时将自动锁定该文件，待编辑结束后对该文件进行解锁，从而保证了文件的一致性。vipw 命令在功能上等同于 vi /etc/passwd 命令，但是比直接使用 vi 命令安全。该命令的语法格式如下。

```
[root@zenti ~]# vipw
```

2．pwck 命令

pwck 是 passwd check 的缩写。pwck 命令用于验证用户账户文件认证信息的完整性，检测/etc/passwd 文件和/etc/shadow 文件中每行的字段格式与值是否正确。该命令的语法格式如下。

```
[root@zenti ~]#pwck
```

3．finger、chfn、chsh 命令

1）命令解析

finger 命令用于查看用户的相关信息，包括用户的家目录、启动 Shell、用户名、地址、电

话等存放在/etc/passwd 文件中的记录信息。finger 命令的语法格式如下。

```
finger  [选项] 用户名
```

finger 命令的常用选项如下。

- -l：以长格式显示用户信息，是默认选项。
- -m：关闭以用户姓名查询账户的功能。
- -s：以短格式查看用户的信息。
- -p：不显示 plan 信息（plan 信息是用户家目录中的.plan 等文件）。

2）操作实录

finger 命令在 RHEL 7 操作系统中默认不被安装，使用前需要安装软件包。

```
[root@zenti ~]# mount /dev/sr0 /mnt/dvd                    //挂载安装光盘
[root@zenti Packages]# rpm -ivh finger-0.17-52.el7.x86_64.rpm   //安装软件包
```

【例 4-13】 直接使用 finger 命令可以查看当前用户的信息。

```
[root@zenti ~]# finger
Login      Name      Tty      Idle  Login Time    Office      Office Phone
root       root      pts/0          Sep  1 14:39 （192.168.18.1）
```

用户可以使用 chfn 和 chsh 命令修改 finger 命令显示的内容，但需要进行密码验证。

- chfn 是 change finger 的缩写。chfn 命令用来修改用户的办公地址、办公电话和住宅电话等信息。
- chsh 是 change shell 的缩写。chsh 命令用来修改用户的启动 Shell。

【例 4-14】 修改 network1 用户的办公地址等信息。

```
[root@zenti ~]# chfn network1
Changing finger information for network1.
名称 []: Networks
……
Finger information changed.
```

用户可以直接输入 chsh 命令或使用-s 选项来指定要修改的启动 Shell。

【例 4-15】 将 network3 用户的启动 Shell 由 bash 修改为 tcsh（两种方法）。

方法 1：以 root 用户身份修改 network3 用户的启动 Shell。

```
[root@zenti ~]# chsh network3
Changing shell for network3.
New shell [/bin/bash]: /bin/tcsh          //输入要修改的 Shell
Shell changed.
```

方法 2：切换为 network3 用户后修改启动 Shell。

```
[root@zenti ~]# su - network3
[network3@zenti ~]$ chsh -s /bin/tcsh
Changing shell for network3.
密码：
Shell changed.
```

4．whoami 命令

whoami 命令用于显示当前用户的名称。whoami 命令与 id -un 命令的作用相同。

```
[network1@zenti ~]$ whoami
network1
```

任务2 管理组群

【任务分析】

为Linux操作系统创建用户，由于不同用户的工作不同，对网络资源的访问需求也不同，因此，需要根据用户的需求进行配置和管理。在通常情况下，管理者会将性质、需求接近的用户归类在一起，并以组为单位进行管理，这就是组群。公司根据管理架构，将用户工作组群分为领导组群、中层管理组群和部门组群等，主要任务如下。

（1）创建公司领导组群Leaders。

（2）创建中层管理（部门经理）组群。

（3）创建部门组群，具体组群名称见本项目的“任务分解与实施”部分。

【知识准备】

1. 理解组群

组群是具有相同特性的用户的逻辑集合，使用组群有利于系统管理员按照用户的特性来组织和管理用户，提高工作效率。在进行资源授权时，可以把权限赋予某个组群，组群中的成员即可自动获得这种权限。与用户账户一样，组群在系统中也有自己的身份编号——GID（Group Identification），即用户所属组群的ID。

一个用户账户可以同时是多个组群的成员，其中某个组群是该用户的主组群（私有组群），其他组群为该用户的附属组群（标准组群）。

2. 组群文件

组群账户的信息被存放在/etc/group文件中，而关于组群管理的信息（组群密码、组群管理员等）则被存放在/etc/gshadow文件中。

1）/etc/group文件

group文件位于/etc目录中，用于存放用户的组群账户信息。对于该文件的内容，任何用户都可以读取。使用cat /etc/group命令可以查看/etc/group文件，其内容形式如下。

```
[root@zenti ~]# cat /etc/group
root:x:0:
……
rhel74:x:1000:user1,user2
user1:x:1001:
user2:x:1002:
```

每个组群账户在/etc/group文件中占用一行，并且用“:”分隔为4个域，其内容形式如下。

```
组群名称:组群密码（一般为空，用x占位）:GID:组群成员列表
```

可以看出，root 用户的 GID 为 0，没有其他组群成员。/etc/group 文件的组群成员列表中如果有多个用户账户属于同一个组群，则各成员之间用“,”分隔。在/etc/group 文件中，用户的主组群并不把该用户作为成员列出，只有用户的附属组群才会把该用户作为成员列出。例如，rhel74 用户的主组群是 rhel74，但/etc/group 文件中主组群 rhel74 的成员列表中并没有 rhel74 用户，只有 user1 和 user2 用户。

2）/etc/gshadow 文件

/etc/gshadow 文件用于存放组群的加密密码、组群管理员等信息，该文件只有 root 用户才可以读取。使用 cat /etc/gshadow 命令可以查看/etc/gshadow 文件，其内容形式如下。

```
root:::
bin:::
daemon:::
bobby:!::user1,user2
user1:!::
```

每个组群账户在/etc/gshadow 文件中占用一行，并且用“:”分隔为 4 个域，其内容形式如下。

```
组群名称:加密后的组群密码（没有就用!）:组群的管理员:组群成员列表
```

【任务实施】

组群管理包括组群的维护、为组群添加/删除用户等内容。

子任务 1　组群的维护

与用户账户的维护相似，组群的维护主要包括创建组群、修改组群和删除组群。

1. 创建组群

创建组群与创建用户账户的命令相似。创建组群可以使用 groupadd 或 addgroup 命令。groupadd 命令的语法格式如下。

```
groupadd [选项] [组群名]
```

groupadd 命令的常用选项如下。

- -g：指定新建工作组群的 GID。
- -r：创建系统工作组群，系统工作组群的 GID 小于 500。
- -K：覆盖配置文件/ect/login.defs。
- -o：允许添加 GID 不唯一的工作组群。

【例 4-16】创建公司领导组群、管理组群、各部门组群等，其中领导组群的 GID 为 1111，具体组群名称参见本项目的“项目分解与实施”部分。

```
[root@zenti ~]# groupadd -g 1111 Leader          //创建公司领导组群
[root@zenti ~]# groupadd Managers                //创建管理组群
[root@zenti ~]# groupadd Networks                //创建网络部组群
```

其余各部门的组群根据此命令来创建。

2. 修改组群

修改组群的命令是 groupmod，其语法格式如下。

groupmod [选项] 组群名

groupmod 命令的常用选项如下。

- -g gid：把组群的 GID 改成 gid。
- -n group-name：把组群的名称改为 group-name。
- -o：强制接受更改的组群的 GID 为重复的号码。

【例 4-17】更改 Managers 组群的 GID 为 1112；更改 Leader 组群的名称为 Leaders。

```
[root@zenti ~]# groupmod -g 1112 Managers
[root@zenti ~]# groupmod -n Leaders Leader
```

3. 删除组群

要删除一个组群，可以使用 groupdel 命令。该命令的语法格式如下。

groupdel [组群名]

【例 4-18】删除创建的 Leaders 组群。

```
[root@zenti ~]# groupdel Leaders
```

子任务 2 为组群添加/删除用户

在使用不带任何参数的 useradd 命令创建用户时，会同时创建一个和用户账户同名的组群，称为主组群。当一个组群中包含多个用户时，则需要使用附属组群。

1）命令解析

在附属组群中增加/删除用户可以使用 gpasswd 命令。gpasswd 命令的语法格式如下。

gpasswd [选项] [用户] [组]

只有 root 用户和组群管理员才能使用这个命令。该命令的常用选项如下。

- -a：把用户加入组群。
- -d：把用户从组群中删除。
- -r：取消组群的密码。
- -A：给组群指派管理员。

2）操作实录

【例 4-19】把 network1~network5 用户加入 Networks 组群，指派 network1 用户为管理员，并将 network5 用户从 root 组群中删除。

```
[root@zenti ~]# gpasswd -a network1 Networks
正在将 network1 用户加入 Networks 组群          //依本方法加入 network2~network5 用户
[root@zenti ~]# gpasswd -A network1 Networks
[root@zenti ~]# gpasswd -d network5 root
正在将 network5 用户从 root 组群中删除
gpasswd：network5 用户不是 root 组群的成员
```

【例 4-20】把 network1 用户加入 Managers 组群。

```
[root@zenti ~]# gpasswd -a network1 Managers
正在将 network1 用户加入 Managers 组群
[root@zenti ~]# id network1
uid=1010(network1) gid=1010(network1)  组=1010(network1),1112(Managers), 1113(Networks)
```

【知识拓展】

1．vigr 命令

1）命令解析

vigr 命令用于直接对组群文件/etc/group 进行编辑，功能上等同于 vi /etc/group 命令。

在使用 vigr 命令对/etc/group 文件进行编辑时，将自动锁定该文件，待编辑结束后对该文件进行解锁，从而保证了文件的一致性。由此可见，该命令比直接使用 vi 命令更安全。

vigr 命令的语法格式如下。

```
vigr [选项]
```

该命令的常用选项如下。

- -g：修改组群信息。
- -p：修改密码信息。
- -R：在 CHROOT_DIR 目录中应用更改并使用 CHROOT_DIR 目录中的配置文件。
- -s：编辑 shadow 或 gshadow 信息。

2）操作实录

【例 4-21】修改组群信息。

```
[root@zenti ~]# vigr -g
```

在输入本命令后，进入 vi 编辑器中 group 文件的界面，找到需要修改的组群记录，按要求修改相应信息。具体操作方法见项目 2 中 vim 编辑器对应的内容。

【例 4-22】修改密码信息。

```
[root@zenti ~]# vigr -p
```

2．grpck 命令

grpck 是 group check 的缩写。grpck 命令用于验证组群文件认证信息的完整性。该命令还可以检测/etc/group 文件和/etc/gshadow 文件中每行字段的格式和值是否正确。

grpck 命令的语法格式如下。

```
grpck [选项]
```

该命令的常用选项如下。

- -r：只读模式。
- -s：排序组群的 GID。

【例 4-23】使用只读模式检查组群文件信息的完整性。

```
[root@zenti ~]# grpck -r /etc/group
```

3．newgrp 命令

newgrp 是 new group 的缩写。newgrp 命令用于用户从当前组群转换到指定的主组群。对于没有设置组群密码的组群账户，只有组群的成员才可以使用 newgrp 命令转换其主组群。如果组群设置了密码，则在转换时需要用到该密码。

newgrp 命令的语法格式如下。

```
newgrp [组群名]
```

【例 4-24】使用 newgrp 命令转换 huawl 用户的主组群，查看转换前后的差别。

```
[root@zenti ~]# id                        //显示当前用户的 GID
uid=0(root) gid=0(root) 组=0(root),1001(huawl) 环境=unconfined_u:unconfined_r:unconfined_t:s0-s0:c0.c1023
[root@zenti ~]# newgrp huawl              //改变用户的主组群
[root@zenti ~]# id
uid=0(root) gid=1001(huawl) 组=1001(huawl),0(root) 环境=unconfined_u:unconfined_r:unconfined_t:s0-s0:c0.
c1023
[root@zenti ~]# newgrp                    //newgrp 命令在不指定组群时转换为用户的私有组群
[root@zenti ~]# id
uid=0(root) gid=0(root) 组=0(root),1001(huawl) 环境=unconfined_u:unconfined_r:unconfined_t:s0-s0:c0.c1023
```

任务3　使用用户管理器管理用户和组群

【任务分析】

除了使用命令方式，为了方便初学者操作，RHEL 操作系统中也提供了图形界面的用户管理器，只是在默认情况下没有安装，需要安装 system-config-users 工具后才能使用。

本任务的主要任务如下。

（1）安装和启动用户管理器。

（2）使用用户管理器管理用户和组群。

【知识准备】

1．安装用户管理器

要安装图形界面的用户管理器，需要安装 system-config-users 工具。安装的过程如下。

（1）使用 rpm 命令检查是否安装了 system-config-users 工具。

```
[root@zenti ~]# rpm  -qa|grep  system-config-users
```

（2）如果没有安装，则可以使用 yum 命令安装所需软件包。

步骤 1：挂载 ISO 安装镜像到/mnt/iso 目录下，相关代码如下。

```
[root@zenti ~]# mkdir  /mnt/iso
[root@zenti ~]# mount  /dev/cdrom  /mnt/iso
mount: /dev/sr0 写保护，将以只读方式挂载
```

步骤 2：制作用于安装的 yum 源文件，相关代码如下。

```
[root@zenti ~]# vim  /etc/yum.repos.d/dvd.repo
```

dvd.repo 文件的内容如下。

```
[dvd]
name=dvd
baseurl=file:///mnt/iso        //特别注意本地源文件的表示，需要使用 3 个“/”
gpgcheck=0
enabled=1
```

步骤 3：使用 yum 命令查看 system-config-users 软件包的信息，结果如图 4-1 所示。

```
[root@rhel7-1 ~]# yum  info system-config-users
已加载插件：langpacks, product-id, search-disabled-repos, subscription-manager
This system is not registered with an entitlement server. You can use subscripti
on-manager to register.
可安装的软件包
名称      : system-config-users
架构      : noarch
版本      : 1.3.5
发布      : 2.el7
大小      : 339 k
源      : dvd
简介      :  A graphical interface for administering users and groups
网址      : http://fedorahosted.org/system-config-users
协议      :  GPLv2+
描述      :  system-config-users is a graphical utility for administrating
          : users and groups.  It depends on the libuser library.
```

图 4-1　使用 yum 命令查看 system-config-users 软件包的信息

步骤 4：使用 yum 命令安装 system-config-users 工具。

```
[root@zenti ~]# yum clean all          //安装前先清除缓存
[root@zenti ~]# yum   install   system-config-users   -y
正常安装完成后，最后的提示信息是：
……
已安装:
  system-config-users.noarch 0:1.3.5-2.el7
作为依赖被安装:
  system-config-users-docs.noarch 0:1.0.9-6.el7
完毕!
```

步骤 5：在所有软件包安装完成后，可以使用 rpm 命令再次进行查询。

```
[root@zenti etc]# rpm -qa | grep system-config-users
system-config-users-docs-1.0.9-6.el7.noarch
system-config-users-1.3.5-2.el7.noarch
```

2. 启动用户管理器

依次选择“应用程序”→“杂项”→“用户和组群”命令，启动用户管理器，界面如图 4-2 所示。或者在图形界面中打开终端窗口，使用 system-config-users 命令也可以启动用户管理器。

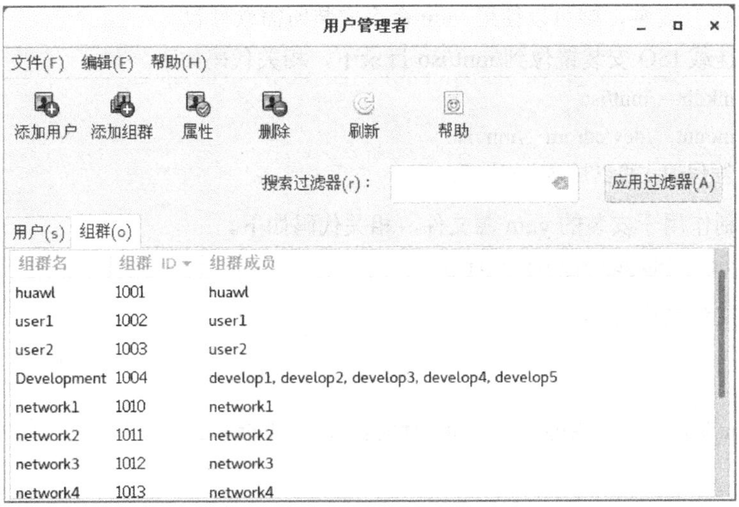

用户管理者

文件(F)　编辑(E)　帮助(H)

添加用户　添加组群　属性　删除　刷新　帮助

搜索过滤器(r)：　应用过滤器(A)

用户(s)　组群(o)

组群名	组群 ID	组群成员
huawl	1001	huawl
user1	1002	user1
user2	1003	user2
Development	1004	develop1, develop2, develop3, develop4, develop5
network1	1010	network1
network2	1011	network2
network3	1012	network3
network4	1013	network4

图 4-2　用户管理器界面

【任务实施】

子任务 1　使用用户管理器管理用户

使用用户管理器可以方便地执行用户管理操作，包括添加用户、编辑用户属性、删除用户、加入或退出组群等操作。

1．添加用户账户

步骤 1：在图 4-2 所示的界面中，单击“添加用户”按钮，打开“添加新用户”对话框，如图 4-3 所示。

步骤 2：在图 4-3 所示的对话框中依次设置“用户名”为 admin1、“全称”为“行政部账户 1”（可自定义），输入密码信息，并在“登录 Shell”的下拉列表中选择 Shell 环境，本例保持默认的“/bin/bash”，如图 4-4 所示。需要注意的是，在“密码”和“确认密码”文本框中输入的内容要一致。

步骤 3：勾选“创建主目录”复选框，并在“主目录”文本框中输入用户主目录的位置。本例中 admin1 用户的主目录为 /home/Managers/admin1， admin2 用户的主目录为 /home/Managers/admin2，admin3 用户的主目录为/home/Managers/admin3，以此类推。

步骤 4：除非有需求，否则“为该用户创建私人组群”“手动指定用户 ID”“手动指定组群 ID”等选项均保持默认设置，如图 4-5 所示。

图 4-3　“添加新用户”对话框

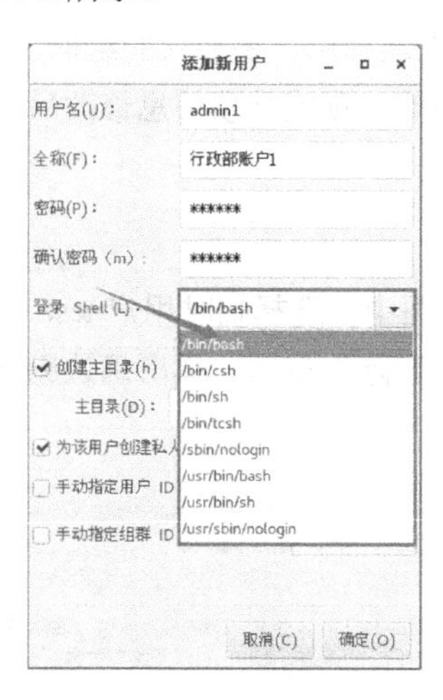

图 4-4　选择 Shell 环境

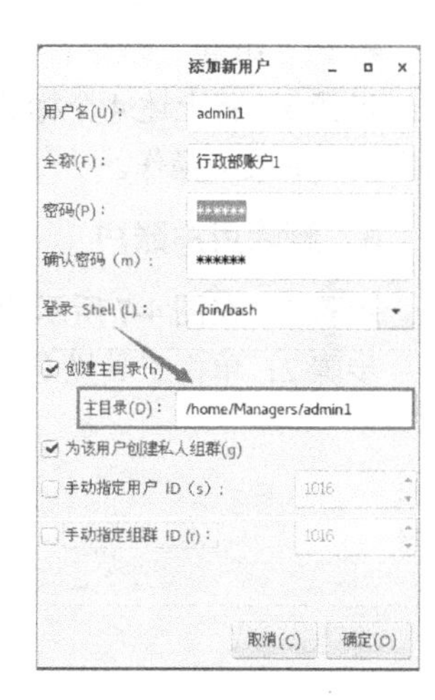

图 4-5　默认设置

步骤 5：单击“确定”按钮，完成新用户账户的创建。如果设置的密码过于简单，则会出现密码强度提示，如图 4-6 所示。

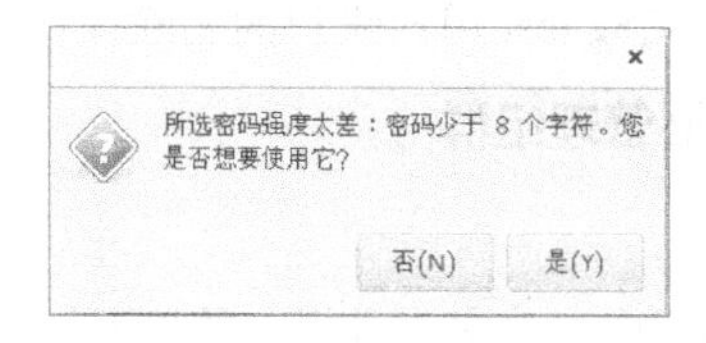

图 4-6　密码强度提示

2．用户账户维护

步骤 1：在图 4-2 所示的界面中，单击“用户”标签，打开如图 4-7 所示的界面。选中其中的 develop1 用户，然后单击工具栏的“属性”（或直接双击 develop1 用户）按钮，打开“用户属性”对话框，如图 4-8 所示。

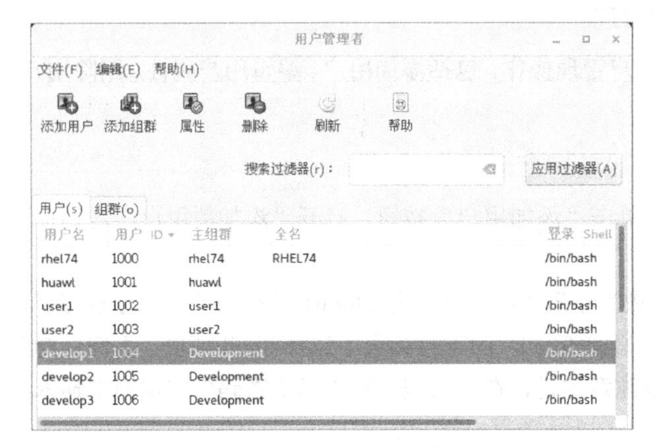

图 4-7 用户管理器界面（“用户”标签）

图 4-8 “用户属性”对话框

步骤 2：在“用户属性”对话框中，可以对用户的如下信息进行修改和维护。

- 在“用户数据”标签下，可以修改用户名、全称、主目录、登录 Shell 等。
- 在“账号信息”标签下，可以设置启用账号过期及过期日期、本地密码被锁等。
- 在“密码信息”标签下，可以设置密码有效期等相关信息。
- 在“组群”标签下，可以选择用户要加入的组群。

步骤 3：将上述 4 个标签中的一项或几项信息修改后，单击“确定”按钮，完成 develop1 用户账户的维护操作。

3．删除用户账户

步骤 1：在图 4-7 所示的界面中，选择临时用户 test。

步骤 2：单击工具栏上的“删除”按钮，弹出确认删除对话框，如图 4-9 所示。

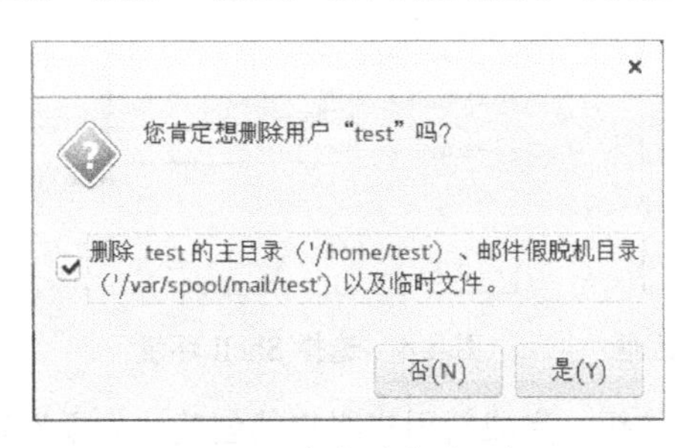

图 4-9 确认删除对话框

步骤 3：单击“是”按钮，完成 test 用户账户的删除操作。

子任务 2 使用用户管理器管理组群

1．新建组群

步骤 1：在图 4-2 所示的界面中，单击工具栏上的“添加组群”按钮，弹出“添加新组群”对话框，如图 4-10 所示。

步骤 2：在“组群名”文本框中输入“Admins”，可以同时勾选“手动指定组群 ID”复选框，设置组群 ID，本例暂不设置。

步骤 3：单击“确定”按钮，完成新组群的创建。

2. 维护组群

步骤 1：在图 4-2 所示的界面中，选择 Admins 组群，单击工具栏上的“属性”按钮（或直接双击 Admins 组群），打开“组群属性”对话框，如图 4-11 所示。

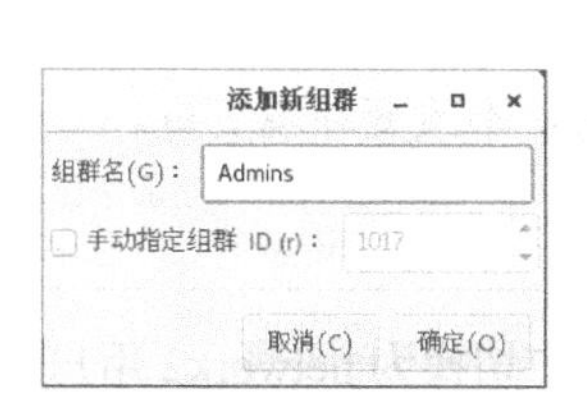

图 4-10　“添加新组群”对话框

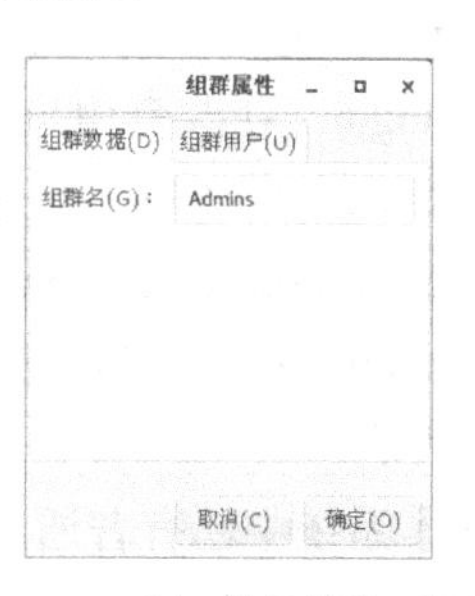

图 4-11　“组群属性”对话框

步骤 2：在“组群属性”对话框中，可以对组群的如下信息进行修改和维护。

- 在“组群数据”标签下，可以修改组群名称。
- 在“组群用户”标签下，可以选择用户并将其加入该组群。

本例选择将 admin1～admin5 用户加入 Admins 组群，勾选 admin1～admin5 复选框，如图 4-12 所示。

步骤 3：单击“确定”按钮，完成组群的维护操作。

同样地，如果要将用户从组群中移除，只需要在进行本步骤的操作时取消勾选相应用户的复选框即可。

3. 删除组群

步骤 1：在图 4-2 所示的界面中，选择 newgp 组群。

步骤 2：单击工具栏上的“删除”按钮，弹出确认删除对话框，如图 4-13 所示。

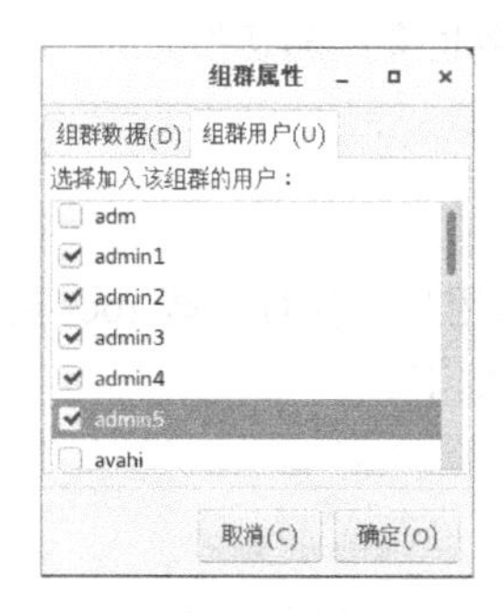

图 4-12　勾选 admin1～admin5 复选框

图 4-13　确认删除对话框

步骤 3：单击“是”按钮，完成 newgp 组群的删除操作。

【知识拓展】

1. su 命令

1）命令解析

su 命令用于切换当前用户为指定用户或者以指定用户身份来执行命令或程序，使得当前用户在不退出登录的情况下，顺畅地切换为其他用户。su 命令的语法格式如下。

```
su [选项] [用户名]
```

su 命令的常用选项如下。

- -c 或--command：执行完指定的命令后，即可恢复原来的用户身份。
- -f 或--fast：适用于 csh 与 tcsh，使 Shell 不用读取启动文件。
- -l 或--login：在改变用户身份的同时改变工作目录，以及环境变量 HOME、SHELL、USER、LOGNAME，此外，也会改变 PATH 变量。
- -m,-p 或--preserve-environment：在改变用户身份时，不改变环境变量。
- -s 或--shell：指定要执行的 Shell。

2）操作实录

【例 4-25】系统中已有普通用户 network2，从 root 用户切换为 network2 用户。

```
[root@zenti ~]# su - network2
[network2@zenti ~]$
```

【例 4-26】先以 network2 用户身份登录，再切换为 root 用户，然后切换回 network2 用户。

```
[root@zenti ~]# su - network2
[network2@zenti ~]$
[network2@zenti ~]$ su root
密码：
[root@zenti network2]# su network2
[network2@zenti ~]$
```

从前面的用户身份切换操作可以看出：

- 当从 root 用户切换为普通用户时，是不需要进行密码验证的，而从普通用户切换为 root 用户时就需要进行密码验证。
- 当使用 su 切换用户时，只切换用户身份，其环境参数（如家目录）不会变化；而当使用 su -命令切换用户时，类似于-l 选项，其环境参数也会跟随切换。

2．sudo 命令

1）命令解析

sudo 是一种权限管理机制，管理员可以授权一些普通用户去执行一些 root 用户执行的操作，而不需要知道 root 用户的密码。sudo 命令的语法格式如下。

```
sudo [选项]
```

sudo 命令的常用选项如下。

- -v：sudo 命令在第一次执行时或在 *N* 分钟内没有执行（*N* 预设为 5）时，会提示输入密码。这个选项用于重新进行一次确认，如果超过 *N* 分钟，也会提示输入密码。
- -k：强制使用者在下一次执行 sudo 命令时输入密码（不论有没有超过 *N* 分钟）。
- -b：将要执行的指令放在背景执行。
- -p：可以更改输入密码的提示语。其中，%u 会代换为使用者的账号名称，%h 会显示主机名。
- -s：执行环境变量 SHELL 所指定的 Shell，或者/etc/passwd 文件中所指定的 Shell。

sudo 命令允许一个已授权用户以超级用户或者其他用户的角色运行一个命令。当然，能运行什么命令不能运行什么命令都是通过安全策略来指定的。默认的安全策略被记录在/etc/sudoers文件中。而安全策略可能需要用户通过密码来进行验证，也就是说，在用户执行 sudo 命令时，要求用户输入自己账号的密码。如果验证失败，则 sudo 命令将会退出。

2）操作实录

【例 4-27】切换为 root 用户。

```
[root@zenti ~]# sudo su
```

【例 4-28】指定 network1 用户执行 ls -l 命令。

```
[root@zenti ~]# sudo -u network1 ls -l
```

3. /etc/sudoers 文件

sudo 命令的配置默认存放在/etc/sudoers 文件中，sudo 提供了一个编辑该文件的命令 visudo 来对该文件进行修改。该命令相当于 vi /etc/sudoers。但 visudo 命令有校验文件配置是否正确的功能，如果有错误，在保存退出时就会提示出错位置。

首先写出 sudoers 文件的默认配置（去除注释行后）。

```
root ALL=(ALL) ALL
```

（1）让普通用户 support 具有 root 用户的所有权限。

在原配置行“root ALL=(ALL) ALL”下面再添加一条配置“support ALL=(ALL) ALL”，这样，普通用户 support 就能执行 root 用户权限下的所有命令了。

步骤 1：以 support 用户身份登录。

步骤 2：执行 sudo su -命令。

步骤 3：输入 support 用户自己的密码，就切换为 root 用户了。

（2）让普通用户 support 只能在某几台服务器上，执行 root 用户才能执行的某些命令。

首先需要配置一些 Alias，这样在下面配置权限时，会方便、简洁一些。Alias 主要分为 4 种：Host_Alias、Cmnd_Alias、User_Alias、Runas_Alias。

- Host_Alias：配置主机的列表，如 Host_Alias HOST_FLAG=hostname1, hostname2, hostname3。
- Cmnd_Alias：配置允许执行的命令的列表，如 Cmnd_Alias COMMAND_FLAG=command1, command2, command3。
- User_Alias：配置具有 sudo 权限的用户的列表 User_Alias USER_FLAG=user1, user2, user3。
- Runas_Alias：配置用户以什么身份执行（如 root 或 oracle 用户）的列表，如 Runas_Alias RUNAS_FLAG=operator1, operator2, operator3。

配置权限的语法格式如下。

```
USER_FLAG HOST_FLAG=(RUNAS_FLAG) COMMAND_FLAG
```

如果不需要进行密码验证，则按照如下的格式来配置。

```
USER_FLAG HOST_FLAG=(RUNAS_FLAG) NOPASSWD: COMMAND_FLAG
```

配置示例如下。

```
Host_Alias EPG=192.168.18.1, 192.168.18.2
Cmnd_Alias SQUID=/opt/vtbin/squid_refresh, /sbin/service, /bin/rm
root ALL=(ALL) ALL
```

support EPG=(ALL) NOPASSWD: SQUID

我们不可以使用 su 命令让这些用户直接转换为 root 用户，因为这样这些用户就必须知道 root 用户的密码，这种方法违背了权限的可约束性，不但不安全，而且不符合我们的分工需求。一般的做法是利用权限的设置，依工作性质进行分类，让特殊身份的用户成为同一个工作组群，并设置工作组群的权限。

例如，要求 wwwadm 用户负责管理网站数据，而一般 Apache Web Server 的进程 httpd 的所有者是 www，那么我们可以设置 wwwadm 与 www 用户为同一工作组群，并设置 Apache 的默认存放网页目录 /usr/local/httpd/htdocs 的工作组群权限为可读、可写、可执行。这样，属于此工作组群的每位用户就可以进行网页的管理了。

但这并不是最好的解决办法，例如管理员想授予一个普通用户关机的权限，这时使用上述方法就不是很理想。或者，让这个用户以 root 用户身份来执行 shutdown 命令即可，可惜在通常的 Linux 操作系统中无法实现这一功能。不过已经有工具可以实现这样的功能——sudo。（sudo 的具体用法见本任务相关内容。）

项目小结

本项目主要介绍了 Linux 操作系统中一个基础且非常重要的内容：用户和组群管理。之所以说它基础，是因为 Linux 操作系统中几乎所有的内容都是基于用户和组群的，如系统中文件、资源等的权限配置与管理。因此，掌握用户和组群的管理，可以更好地掌控 Linux 操作系统。

实践训练（工作任务单）

（1）登录文件服务器，打开一个终端窗口，使用 su - root 命令切换为 root 用户。

（2）使用 cat /etc/passwd 命令查看当前系统用户的信息。在这一步，要求学生判断哪些用户是系统用户，哪些用户是之前手动添加的普通用户。

（3）使用 grep ysq /etc/passwd 命令确认系统中是否已经有 ysq 用户。查询结果显示不存在这个用户，因此使用 useradd ysq 命令创建这个新用户，并使用 passwd ysq 命令为其设置初始密码 123456。

（4）反应敏捷的小张认为，现在/etc/passwd 文件中肯定多了一条关于 ysq 用户的信息，/etc/shadow 和/etc/group 两个文件也是如此，而且 ysq 用户的默认家目录/home/ysq 也已经被默认创建。这是因为 useradd 命令会使用默认的参数创建新用户。要求在终端窗口中验证 ysq 用户的信息。

（5）首先使用 groupmems -a ysq -g sie 命令将 ysq 用户加入到网络与通信技术系组群中，这样做的目的是统一管理组群内成员的权限。然后使用 id ysq 命令查看 ysq 用户的信息，并让学生对这次的输出内容和之前小张所查询出的用户信息进行比较。

（6）为了进一步演示组群的管理，假定 ysq 用户要加入新成立的智能机器人系。要求为智能机器人系创建一个组群，并将 ysq 用户加入到该组群中。

课后习题

1. 填空题

（1）Linux 操作系统是________的操作系统，允许多个用户同时登录系统，使用系统资源。

（2）Linux 操作系统下的用户可以分为 3 类：________、________和________。root 用户的 UID 为________，________用户的 UID 为 1～999，________用户的 UID 从 1000 开始。

（3）Linux 操作系统有专门的数据库用来存放用户及组群的信息，其中用户的账号信息保存在________文件中，用户的加密密码保存在________文件中，组群的账号信息保存在________文件中，组群的加密密码、组群管理员等信息保存在________文件中。

（4）在 Linux 操作系统中，创建用户账户的同时会创建一个与用户同名的组群，该组群是用户的________组群。

（5）Linux 操作系统中添加新用户的命令是________，添加组群的命令是________。

（6）________命令可以查看用户 user1 的 UID、GID 等信息。

2. 单项选择题

（1）使用 useradd user1 命令增加用户后，Linux 操作系统不会执行下列哪项操作？（　　）

A. 自动设置其默认密码　　B. 自动为用户创建家目录/home/user1

C. 设置其登录 Shell 为/bin/bash　　D. 自动创建名称为 user1 的组群

（2）在 Linux 操作系统中，新建 test1 用户并将该用户的家目录指定为/data/ftproot/test1，下列命令正确的是（　　）。

A. useradd -d /data/ftproot/test1 test1　　B. useradd -c /data/ftproot/test1 test1

C. useradd -m /data/ftproot/test1 test1　　D. useradd -u /data/ftproot/test1 test1

（3）小李正在为 Linux 操作系统的 FTP 服务器创建本地用户 ftp_test1，但是他并不想让该用户登录系统，下列（　　）命令可以实现这一功能。

A. useradd -s /bin/bash　ftp_test1　　B. useradd -s /sbin/nologin　ftp_test1

C. useradd -g /bin/bash　ftp_test1　　D. useradd -m /sbin/nologin　ftp_test1

（4）在新建用户时，使用（　　）参数可以指定组群的 GID。

A. -c　　B. -d　　C. -g　　D. -s

（5）使用 useradd user1 命令创建一个新用户，该用户默认的家目录是（　　）。

A. /etc/user1　　B. /var/user1　　C. /bin/user1　　D. /home/user1

（6）使用命令将账号锁定，实际上进行了下面哪项操作？（　　）

A. 修改了/etc/passwd 文件，将该账号注释掉了

B. 修改了/etc/passwd 文件，将密码占位符注释掉了

C. 修改了/etc/shadow 文件，在加密密码前增加了符号“!!”

D. 修改了/etc/shadow 文件，在加密密码前增加了符号“#”

（7）为了保证系统的安全，Linux 操作系统一般将密码文件/etc/passwd 加密后，保存在（　　）文件中。

A. /etc/group　　B. /etc/libasafe.notify

C. /etc/shadow　　D. /etc/password

（8）小李在 Linux 操作系统中使用 useradd 命令创建用户后，使用该账号仍不能登录 Linux 操作系统，可能的原因是（　　）。

A．没有为账号建立家目录　　B. 没有使用 passwd 命令为账号设置密码

C．没有为账号指定 Shell　　D．没有指定用户所属的组群

（9）如果要在删除用户的同时将该用户的所有文件及信息全部删除，则需要使用参数（　　）。

A．-a　　B．-f　　C．-r　　D．-all

（10）下列关于/etc/group 文件的描述，正确的是（　　）。

A．记录了系统中每个用户　　B．存储了用户的密码

C．详细说明了每个用户的文件访问权限　　D．存储了用户的组群账户信息

（11）在 Linux 操作系统中，一个用户可以加入（　　）个组群。

A．1　　B．2　　C．3　　D．多

（12）下面哪个命令可以将 user1 用户加入到 group1 组群中？（　　）

A．groupadd -a user1 group1　　B．gshadow -a user1 group1

C．gpasswd -a user1 group1　　D．useradd -a user1 group

（13）下面哪个命令可以将 user1 用户加入到扩展组群 root 中？（　　）

A．useradd -a user1 root　　B．useradd -a root user1

C．usermod -G user1 root　　D．usermod -G root user1

（14）下面哪个命令可以将 user1 用户指派为 group1 组群的管理员？（　　）

A．groupadd -a user1 group1　　B．groupadd -A user1 group1

C．gpasswd -a user1 group1　　D．gpasswd -A user1 group1

（15）在/etc/group 中有一行 group1:x:1000:cvc,user01,user02,user03，这里表示有（　　）个用户在 group1 组群里。

A．1　　B．2　　C．3　　D．4

（16）下面哪个命令可以用于切换用户？（　　）

A．useradd　　B．usermod　　C．su　　D．id

3．简答题

（1）简述用户的分类及其特点。

（2）root 用户的账户信息在 passwd 文件中的内容为 root:x:0:0:root:/root:/bin /bash，请简要叙述各部分的含义。

（3）简述 su 与 sudo 命令的区别。

项目5

管理文件权限

学习目标

【知识目标】

- 理解文件的权限。
- 理解文件系统的结构。

【技能目标】

- 会进行文件权限的配置。
- 会设置文件的特殊权限、默认权限和隐藏权限。
- 掌握文件的访问控制列表的配置方法。

项目背景

通过前面的学习，小李已经大致了解了 Linux 命令的使用方法，也掌握了一些常用的 Linux 命令。但是，在使用某些命令（特别是一些关于目录和文件操作的命令）的过程中，操作系统经常会给出诸如“路径错误”或“权限不够”之类的错误提示。另外，在 Windows 操作系统中使用很方便的光盘和 U 盘，在 Linux 操作系统中无法使用。

经过查阅资料和向张主管请教，小李终于知道这是文件系统的使用权限的设置造成的。鉴于此，张主管安排小李跟王工一起，根据系统安全和管理的需要，结合各部门对各自文件的访问需求，规划并设置系统的文件权限。

项目分解与实施

经过向张主管请教，小李了解了文件系统和权限设置经常使用的几个命令，同时，根据从各部门收集得到的文件和目录的权限需求，小李和王工准备从以下几个方面来设置文件系统及相应的权限。

1. 文件和目录的权限设置。
2. 设置文件与目录的默认权限、隐藏权限和特殊权限。
3. 设置文件的访问控制列表。

任务 1　设置文件权限与目录权限

【任务分析】

在本系统中，公司的文件系统分为公共文件、部门文件和私人文件三大类。不同功能的文件权限不同，需要设置不同权限保障相应的文件安全。对于公共文件来说，公司所有员工都可以读取，但只有行政部人员可以写入；其他各部门的文件只允许本部门员工访问；员工的私人文件只允许自己访问。

（1）设置行政部的目录权限：属主——读取、写入、执行；属组——读取、写入；其他——读取。该目录下的文件权限：属主——读取、写入、执行；属组——读取；其他——读取。

（2）设置其他部门的目录权限：属主——读取、写入、执行；属组——读取、写入；其他——无。该目录下的文件权限：属主——读取、写入、执行；属组——读取；其他——无。

（3）设置员工私人的目录权限：属主——读取、写入、执行；属组——无；其他——无。该目录下的文件权限：属主——读取、写入、执行；属组——无；其他——无。

【知识准备】

文件系统（File System）是磁盘上有特定格式的一片区域，操作系统利用文件系统保存和管理文件。

1. 认识文件系统

用户在硬件存储设备中执行的文件建立、写入、读取、修改、转存与控制等操作都是依靠文件系统来完成的。文件系统的作用是合理规划磁盘，以保证用户正常的使用需求。

Linux 操作系统支持数十种文件系统，而常见的文件系统包括以下几种。

（1）Ext3：是一款日志文件系统，能够在操作系统异常宕机时避免文件系统资料丢失，并且能自动修复数据的不一致与错误。然而，当磁盘容量较大时，所需的修复时间也会很长，而且不能百分之百地保证资料不会丢失。它先把整个磁盘的每个写入动作的细节都预先记录下来，以便在发生异常宕机后能回溯追踪到被中断的部分，然后尝试修复。

（2）Ext4：Ext3 的改进版本。作为 RHEL 6 操作系统中的默认文件系统，Ext4 支持的存储容量高达 1EB（1EB=1 073 741 824GB），并且能够有无限多的子目录。另外，Ext4 能够批量分配 block，从而极大地提高了读/写效率。

（3）XFS：是一种高性能的日志文件系统，并且是 RHEL 7 操作系统中默认的文件系统。它的优势在发生意外宕机后显得尤其明显，即可以快速恢复可能被破坏的文件，并且强大的日志功能只需要花费极低的计算和存储性能。它最大可支持的存储容量为 18EB，这几乎可以满足所有需求。

RHEL 7 操作系统中一个比较大的变化就是将 XFS 作为文件系统，XFS 文件系统可以支持高达 18EB 的存储容量。

在磁盘中保存的数据非常多，根据功能或用途不同可以分成 3 种类型，分别为 inode、block 和 superblock。

（1）superblock（超级块）相当于一个“磁盘地图”，记录文件系统的整体信息，包括 inode 与 block 的总量、使用情况和剩余量等。

（2）Linux 只是把每个文件的权限与属性记录在 inode 中，并且每个文件占用一个独立的 inode 表格。该表格的大小默认为 128 字节，里面记录了如下信息。

- 该文件的访问权限（read、write、execute）。
- 该文件的所有者与所属组群（owner、group）。
- 该文件的大小（size）。
- 该文件的创建时间或内容的修改时间（ctime）。
- 该文件的最后一次访问时间（atime）。
- 该文件的修改时间（mtime）。
- 该文件的特殊权限（SUID、SGID、SBIT）。
- 该文件的真实数据地址（point）。

（3）文件的实际内容保存在 block 中，一个 block 只能存放一个档案。如果档案的容量比 block 大，则占用多个 block；如果档案的容量比 block 小，则剩下的空间会浪费。block 的大小为 1KB、2KB 和 4KB，在文件系统格式化时这个大小就已经确定，并且每个 block 有各自的编号，以方便 inode 记录和寻找。

对于存储文件内容的 block，有以下两种常见的情况（以 4KB 的 block 为例进行说明）。

- 情况 1：文件很小（2KB），但依然占用 1 个 block，因此会浪费 2KB。
- 情况 2：文件很大（5KB），需要占用两个 block（5KB-4KB 后剩下的 1KB 也要占用 1 个 block）。

计算机操作系统在发展过程中产生了众多的文件系统，为了使用户在读取或写入文件时不用关心底层的磁盘结构，Linux 内核中的软件层为用户程序提供了一个虚拟文件系统（Virtual File System，VFS）接口，这样用户实际在操作文件时就是统一对这个虚拟文件系统进行操作。图 5-1 所示为虚拟文件系统的架构示意图。

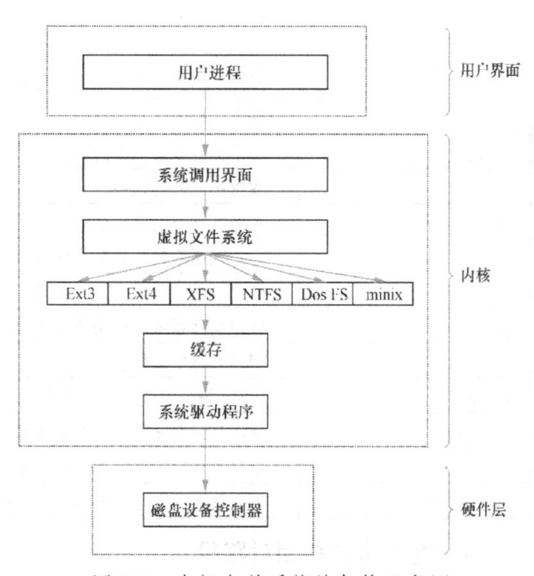

图 5-1　虚拟文件系统的架构示意图

2. 文件系统的目录结构

在 Linux 操作系统中，目录、字符设备、块设备、套接字、打印机等都被抽象成文件：Linux 操作系统中的一切都是文件。想要找到一个文件，就要依次进入该文件所在的磁盘分区（假设这里是 D 盘），并进入该分区下的具体目录，最终找到这个文件。

在 Linux 操作系统中，不存在 C、D、E 和 F 等盘符。Linux 操作系统中的一切文件都是从“根”（/）目录开始的，并按照文件系统层次化标准（Filesystem Hierarchy Standard，FHS）采用树形结构来存放文件，同时定义常见目录的用途。

Linux 操作系统中文件和目录的名称是严格区分大小写的。例如，root、rOOt、Root、rooT 均代表不同的目录，并且文件名称中不得包含斜杠（/）。Linux 操作系统中的文件存储结构如图 5-2 所示。

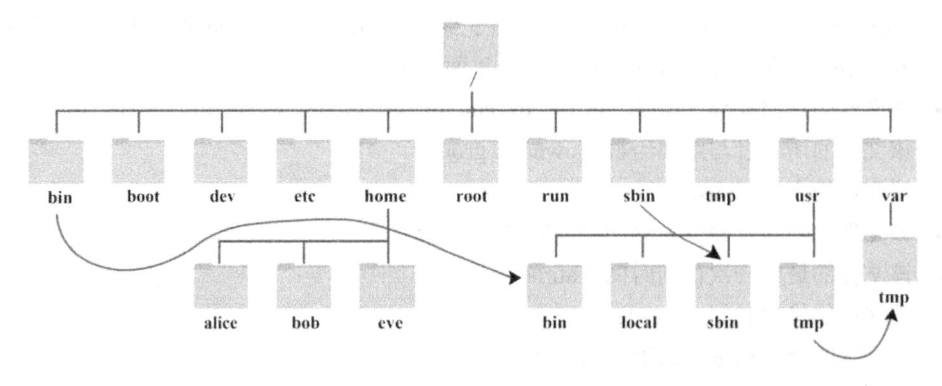

图 5-2　Linux 操作系统中的文件存储结构

Linux 操作系统中常见的目录名称如表 5-1 所示。

表 5-1　Linux 操作系统中常见的目录名称

目 录 名 称	应放置文件的内容
/	Linux 文件的根目录
/boot	开机所需文件，包括内核、开机菜单及所需配置文件等
/dev	以文件形式存放任何设备与接口
/etc	配置文件
/home	用户家目录
/bin	Binary 的缩写，存放用户的可运行程序，如 ls 命令、cp 命令等，也包含其他 Shell，如 bash 命令和 cs 命令等
/lib	开机时用到的函数库，以及/bin 与/sbin 下面的命令要调用的函数
/sbin	开机过程中需要的命令
/media	用于挂载设备文件的目录
/opt	放置第三方的软件
/root	系统管理员的家目录
/srv	一些网络服务的数据文件目录
/tmp	任何人都可以使用的“共享”临时目录
/proc	虚拟文件系统，如系统内核、进程、外部设备及网络状态等
/usr/local	用户自行安装的软件
/usr/sbin	Linux 操作系统开机时不会使用到的软件、命令、脚本
/usr/share	帮助与说明文件，也可以放置共享文件
/var	主要存放经常变化的文件，如日志
/lost+found	当文件系统发生错误时，将一些丢失的文件片段存放在这里

3．绝对路径和相对路径

绝对路径：由根目录（/）开始写的文件名或目录名，如/home/dmtsai/basher。

相对路径：相对于目前路径的文件名写法，如./home/dmtsai 或../../home/dmtsai/等。

相对路径是以当前所在路径的相对位置来表示的。举例来说，假设目前在/home 目录下，如果想要进入/var/log 目录，那么可以怎样写呢？有以下两种方法。

- cd /var/log：绝对路径。
- cd ../var/log：相对路径。

因为目前在/home 目录下，所以要回到上一层（../）之后，才能进入/var/log 目录。需要特别注意以下两个特殊的目录。

- .：代表当前的目录，也可以用./来表示。
- ..：代表上一层目录，也可以用../来表示。

常常看到的 cd ..或./command 之类的指令表达方式，代表的是上一层与目前所在目录的工作状态。

【任务实施】

子任务 1　理解文件和文件的属性

1）文件和文件的权限

文件是操作系统用来存储信息的基本结构，是一组相关信息的集合。文件通过名称来唯一地标识。Linux 操作系统中的文件的名称最长可允许 255 个字符，这些字符可以使用 A～Z、0～9、.、_和-等。

与其他操作系统相比，Linux 操作系统没有“扩展名”的概念，也就是说，文件的名称和该文件的种类并没有直接的关联。另外，Linux 操作系统中的文件名是区分大小写的。

在 Linux 操作系统中，每个文件或目录都包含访问权限，这些访问权限决定了谁能访问，以及如何访问这些文件或目录。可以使用以下 3 种访问方式限制访问权限。

- 只允许用户自己访问。
- 允许一个预先指定的组群中的用户访问。
- 允许系统中的任何用户访问。

根据赋予的权限的不同，3 种不同的用户（所有者、组群或其他用户）能够访问不同的目录或文件。所有者是创建文件的用户，文件的所有者能够授予所在组群的其他成员及系统中除所属组群之外的其他用户的访问权限。每个用户针对系统中的所有文件都有它自身的读取、写入和执行权限。

- 第 1 套权限控制访问自己的文件的权限，即所有者权限。
- 第 2 套权限控制组群访问其中一个用户的文件的权限。
- 第 3 套权限控制其他所有用户访问一个用户的文件的权限。

这 3 套权限赋予用户不同类型（即所有者、组群和其他用户）的读取、写入和执行权限，由此构成一个有 9 种类型的权限组。

使用 ls -l 命令或 ll 命令可以显示文件的详细信息，其中包括权限，如下所示。

```
[root@zenti ~]# ll
总用量 40
-rw-------. 1 root root 2221 7 月    4 2019 anaconda-ks.cfg
……
drwxr-xr-x. 2 root root 4096 7 月    4 2019  桌面
```

2）文件的各种属性

根据上面使用 ll 命令列举的内容可知，文件包含的详细信息如图 5-3 所示。

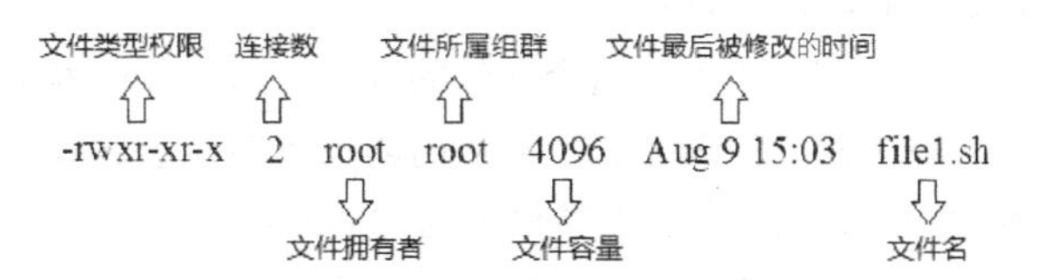

图 5-3　文件包含的详细信息

（1）第 1 组表示文件类型权限：共有 10 个字符。第 1 个字符一般用来区分文件的类型，取值一般为 d、-、l、b、c、 s、p，具体含义如下。

- d：表示是一个目录，在 Ext 文件系统中目录也是一种特殊的文件。
- -：表示该文件是一个普通的文件。
- l：表示该文件是一个符号链接文件，实际上它指向另一个文件。
- b、c：分别表示该文件为区块设备或其他的外围设备，是特殊类型的文件。
- s、p：这些文件关系到操作系统的数据结构和管道，通常很少见到。

第 2～10 个字符表示文件的访问权限。这 9 个字符每 3 个为一组，从左到右分别表示所有者权限、与所有者同一组的用户的权限和其他用户的权限，具体含义如下。

- 第 2～4 个字符表示该文件的所有者的权限，有时也简称为 u（User）的权限。
- 第 5～7 个字符表示该文件的所有者所属组群的成员的权限，简称为 g（Group）的权限。

例如，该文件拥有者 admin1 属于 Admins 组群，该组群中有 6 个成员，表示这 6 个成员都有此处指定的权限。

- 第 8～10 个字符表示该文件的所有者所属组群以外的权限，简称为 o（Other）的权限。

这 9 个字符根据权限种类的不同，也分为 3 种类型，详细情况如表 5-2 所示。

表 5-2 文件/目录的类型和权限分配

权 限 类 型	对文件的权限	对目录的权限
r（read，读取）	读取文件内容	浏览目录
w（write，写入）	新增或修改文件内容	删除或移动目录内的文件
x（execute，执行）	执行文件	进入目录
-（none，无权限）	无权限	无权限

文件/目录的权限的示例如表 5-3 所示。

表 5-3 文件/目录的权限的示例

权 限 示 例	文 件 类 型	所有者权限	所属组群权限	其他用户权限
brwxr--r--	块设备文件	读取、写入、执行	读取	读取
-rw-rw-r-x	普通文件	读取、写入	读取、写入	读取、执行
drwx--x--x	目录文件	读取、写入、进入目录	进入目录	进入目录
lrwxrwxrwx	符号链接文件	读取、写入、执行	读取、写入、执行	读取、写入、执行

（2）第 2 组表示有多少文件名连接到此节点（i-node）：每个文件都会将其权限与属性记录到文件系统的 i-node 中，但是使用的目录树是用文件来记录的，因此，每个文件名会连接到一个 i-node。这个属性记录的就是有多少不同的文件名连接到相同的 i-node。

（3）第 3 组表示这个文件或目录的拥有者的账号。

（4）第 4 组表示这个文件的所属组群：在通常情况下，一个账号附属于一个或多个组群。例如，admin1、admin2、admin3 均属于 Admins 组群，假设某个文件所属的组群为 Admins，并且该文件的权限为-rwxrwx---，则 admin1、admin2、admin3 皆对该文件有读取、写入和执行的权限（看组群权限）。

（5）第 5 组表示这个文件的容量，默认单位为字节。

（6）第 6 组表示这个文件的创建日期或最后被修改的时间：本组内容分别为日期（月/日）及时间。如果这个文件被修改的时间距离现在太久，那么时间部分仅显示年份。如果想要显示完整的时间格式，那么可以利用 ls 命令（即 ls -l --full-time）。

（7）第 7 组表示这个文件的文件名：需要注意的是，如果文件名之前有一个“.”，则代表该文件是隐藏文件。隐藏文件在正常情况下是不显示的，但是可以使用 ls -a 命令进行查看。

子任务 2　使用 chmod 命令修改文件权限

修改文件权限可以采用数字表示法和文字表示法，下面分别介绍这两种方法。

1．使用数字表示法修改文件权限

1）命令解析

chmod 是用于设置和修改文件权限的命令，该命令的语法格式如下。

```
chmod　选项　文件
```

所谓数字表示法，是指将各种权限分别用如表 5-4 所示的对应数字进行表示，而用户对某文件的综合权限，则是将 3 个权限类型的对应数字相加的和，如表 5-5 所示。

表 5-4　权限类型与对应数字的关系

权限类型	读取（r）	写入（w）	执行（x）	无权限
对应数字	4	2	1	0

表 5-5　以数字表示法修改权限的例子

原 始 权 限	转换为数字	数字表示法
rwxrwxr-x	（421）（421）（401）	775
rwxr-xr-x	（421）（401）（401）	755
rw-rw-r--	（420）（420）（400）	664
rw-r--r--	（420）（400）（400）	644

2）操作实录

【例 5-1】 行政部公共目录/Public/Admins 是行政部人员用于共享文件的，要求该目录下的文件权限为“所有者=读取+写入+执行”、“所属组群=读取+执行”和“其他=无权限”。

```
[root@zenti ~]# mkdir -p /Public/Admins
[root@zenti ~]# chmod 760 /Public/Admins
[root@zenti ~]# ll /Public/
总用量 4
drwxrw----. 2 root root 4096 9 月　3 20:58 Admins
```

2．使用文字表示法修改文件权限

文字表示法是指分别用字母或符号表示用户对象、操作权限和操作符号。当使用文字表示法时，用 4 种字母来表示不同的用户对象。

- u：user，表示所有者。
- g：group，表示属组。
- o：others，表示其他用户。
- a：all，同时表示以上 3 种用户。

使用下面 3 种字符的组合表示法可以设置操作权限。

- r：read，读取。
- w：write，写入。
- x：execute，执行。

操作符号包括以下几种。

- +：添加某种权限。
- -：移除某种权限。
- =：赋予给定权限并取消原来的权限。

【例 5-2】当使用文字表示法修改文件权限时，例 5-1 中的权限设置命令如下。

```
[root@zenti ~]# chmod u=rw,g=r,o=- /etc/file
```

注意：修改目录权限和修改文件权限相同，都是使用 chmod 命令，但不同的是，要使用通配符“*”来表示目录下的所有文件。

【例 5-3】假如要“设定”一个文件的权限为-rwxr-xr-x，其表示的含义如下。

user（u）具有读取、写入、执行的权限，group 与 others（g/o）具有读取和执行的权限。执行结果如下。

```
[root@zenti ~]# chmod u=rwx,go=rx .bashrc
```

注意：u=rwx,go=rx 应连在一起，中间无须任何空格。

```
[root@zenti ~]# ls   -al   .bashrc
-rwxr-xr-x 1 root root 395 Jul 4 11:45.bashrc
```

【例 5-4】假如设置的权限为-rwxr-xr--，此时该如何操作呢？可以使用 chmod u=rwx,g=rx,o=r filename 来设定。此外，如果不知道原来的文件属性，又想增加.bashrc 文件的所有人均有写入权限，那么可以使用如下命令。

```
[root@zenti ~]# ls   -al   .bashrc
-rwxr-xr-x 1 root root 395 Jul 4 11:45.bashrc
[root@zenti ~]# chmod   a+w   .bashrc        //所有用户增加写入权限
[root@zenti ~]# ls   -al   .bashrc
-rwxrwxrwx 1 root root 395 Jul 4 11:45.bashrc
```

【例 5-5】如果要将权限移除而不改动其他已存在的权限，那么应该如何操作呢？例如，要移除所有人的执行权限，可以使用如下命令。

```
[root@zenti ~]# chmod a-x      .bashrc
[root@zenti ~]# ls   -al   .bashrc
-rw-rw-rw- 1 root root 395 Jul 4 11:45.bashrc
```

特别提示：在“+”与“-”的状态下，只要不是指定的项目，原来的权限是不会变动的。

子任务 3　使用命令 chown、chgrp 改变用户和组群的权限

需要说明的是，命令 chown、chgrp 本身并不具备修改文件和目录权限的功能，只是通过修改文件和目录所属组群，从而让该组群的用户具备相应的权限而已。一般来说，这个指令仅限系统管理者（root）使用，普通用户没有权限改变文件所有者及所属组群。

1. 改变文件所有者

1）命令解析

使用 chown 命令可以将指定文件的拥有者改为指定的用户或组群。用户可以是用户名或用户 ID；组群可以是组群名或组群 ID；文件是以空格分开的要改变权限的文件列表，支持通配符。

chown 命令的语法格式如下。

```
chown [参数]
```

chown 命令常用的参数如下。

- -R：对当前目录下的所有文件与子目录进行相同的拥有者变更。
- -c：若该文件的拥有者确实已经更改，则显示其更改动作。
- -f：若该文件的拥有者无法更改，则不要显示错误信息。
- -h：只对链接（link）进行变更，而非该 link 真正指向的文件。
- -v：显示拥有者变更的详细资料。

2）操作实录

【例 5-6】 将/www（目录）与/www/test1.txt 的所属用户和组群都修改为 zhangsan。

```
//将 test1.txt 所属用户和组群都修改为 zhangsan
[root@zenti www]# chown zhangsan:zhangsan test1.txt
//将 www 目录所属组群修改为 zhangsan
[root@zenti ~]# chown -R :zhangsan www
//将 test2.txt 的属主用户修改为 zhangsan
[root@localhost ~]# chown -c zhangsan test2.txt
[root@zenti www]# ll
总用量 4
drwxr-xr-x. 2 root     zhangsan 4096 11 月  5 13:08 mytest
-rw-r--r--. 1 zhangsan zhangsan    0 11 月  5 13:52 test1.txt
-rw-r--r--. 1 zhangsan root        0 11 月  5 14:18 test2.txt
-rw-r--r--. 1 root     zhangsan    0 11 月  5 14:16 test3.txt
```

2．改变文件所属组群

1）命令解析

chgrp（英语单词 change group 的缩写）命令的作用和其中文释义一样，用于变更文件或目录的所属组群。

chgrp 命令的语法格式如下。

```
chgrp [参数] [目录]
```

chgrp 命令的常用参数如下。

- -c：该参数的效果和参数-v 的效果类似，但仅显示更改的部分。
- -f：不显示错误信息。
- -h：对符号链接的文件进行修改，但不更改其他任何相关文件。
- -R：递归处理，将指定目录下的所有文件及子目录一并处理。

2）操作实录

【例 5-7】 将/www 目录下的 mytest（目录）和 test2.txt（文件）的所属组群变为 zhangsan。

```
[root@zenti www]# chgrp zhangsan test2.txt          //改变组群为 zhangsan
[root@zenti www]# chgrp -R zhangsan mytest          //改变 mytest 目录及其下所有文件的所属组群
[root@zenti www]# ll
总用量 4
drwxr-xr-x. 2 root zhangsan 4096 11 月  5 13:08 mytest
-rw-r--r--. 1 root zhangsan    0 11 月  5 13:08 test2.txt
```

【知识拓展】

1）任务背景

公司研发部两名员工的账号分别是 zhang3 与 li4。这两个账号除了支持自己的组群，还共同支持一个名为 project 的组群。假如这两个账号需要共同拥有/srv/ahome/目录的开发权，并且该目录不允许其他账号进入查阅，请问该目录的权限应如何设定？请先以传统权限说明，再以 SGID 的功能进行解析。

2）任务分析

目标：在了解为何项目开发之后，目录最好设定 SGID 的权限。

前提：多个账号支持同一组群，并且共同拥有目录的使用权。

需求：需要使用系统管理员的身份运行命令 chmod、chgrp 等，帮助用户设定好他们的开发环境。这也是系统管理员的重要任务之一。

3）任务实现

步骤 1：制作这两个账号的相关数据，如下所示。

```
[root@zenti ~]# groupadd project                //增加新的组群
[root@zenti ~]# useradd -G project zhang3       //建立 zhang3，加入组群 project
[root@zenti ~]# useradd -G project li4          //建立 li4，加入组群 project
[root@zenti ~]# id zhang3                       //查阅 zhang3 的属性
uid=1008(zhang3) gid=1012(zhang3)  组=1012(zhang3),1011(project)
[root@zenti ~]# id li4
id=1009(li4) gid=1013(li4)  组=1013(li4),1011(project)
```

步骤 2：建立需要开发的项目目录。

```
[root@zenti ~]# mkdir    /srv/ahome
[root@zenti ~]# ll   -d   /srv/ahome
drwxr-xr-x 2 root root 4096 Sep 29 22:36 /srv/ahome
```

步骤 3：由上面的输出结果可以发现，zhang3 与 li4 都不能在该目录下建立文件，因此，需要进行权限与属性的修改。因为不允许其他人进入/srv/ahome 目录，所以该目录的组群应为 project，权限应为 770 才合理。

```
[root@zenti ~]# chgrp project   /srv/ahome
[root@zenti ~]# chmod 770    /srv/ahome
[root@zenti ~]# ll -d /srv/ahome
drwxrwx---    2 root project 4096 Sep 29 22:36/srv/ahome
```

注意：从上面的权限来看，因为 zhang3 与 li4 均支持组群 project，所以似乎没有问题。

步骤 4：分别以两个使用者进行测试，先用 zhang3 建立文件，再用 li4 进行处理。

```
[root@zenti ~]# su   -   zhang3              //先将身份切换为 zhang3 来处理
[zhang3@zenti~]$ cd      /srv/ahome          //切换到组群的工作目录
[zhang3@zenti ahome]$ touch abcd             //建立一个空的文件
[zhang3@zenti ahome]$ exit                   //离开 zhang3 的身份
[root@zenti ~]# su   -   li4
[li4@zenti ~]$ cd   /srv/ahome
[li4@zenti ahome]$ 11 abcd
```

```
-rw-rw-r--    1 zhang3 zhang3 0 Sep 29 22:46 abcd
```

注意：仔细查看上面的文件，组群是 zhang3，而组群 li4 并不支持。因此，对于 abcd 这个文件来说，li4 应该只是其他人，只有读取权限。

```
[li4@zenti ahome]$ exit
```

步骤 5：加入 SGID 的权限，并且进行测试。

```
[root@zenti ~]# chmod   2770   /srv/ahome
[root@zenti ~]# ll   -d   /srv/ahome
drwxrws---   2 root project 4096 Sep 29 22:46/srv/ahome
```

步骤 6：测试，使用 zhang3 建立一个文件，并且查阅文件权限。

```
[root@zenti ~]# su   -   zhang3
[zhang3@zenti~]$ cd     /srv/ahome
[zhang3@zenti ahome]$ touch 1234
[zhang3@zenti ahome]$ ll 1234
-rw-rw-r---   1 zhang3 project 0 Sep 29 22:53 1234
```

注意：这才是我们需要的。使用 zhang3、li4 建立的新文件的所属组群都是 project。由于两个账号均属于 project 组群，加上 umask 的值都是 002，因此两个账号可以互相修改对方的文件。

任务 2　设置文件的默认权限与隐藏权限

【任务分析】

在创建文件和目录时，小李发现，文件的初始权限都是一样的，目录的初始权限也是一样的。这是怎么回事呢？经过认真钻研、独立查询资料，小李了解到文件有默认权限的原因，并且默认权限是可以修改的。小李不仅解决了问题，同时，他还了解到，除了默认权限，文件还有隐藏权限，这让他兴奋不已，决定好好研究这个新技能，并完成以下任务。

（1）修改系统的默认权限：目录为 775，文件为 664。

（2）修改公司公共目录（/public）下的员工手册文件 staff-manual 的权限，设置权限为“不允许随意更改”，并且“防止意外删除”。

【知识准备】

文件权限包括读取（r）、写入（w）和执行（x）等基本权限。决定文件类型的属性包括目录（d）、文件（-）、连接符等。修改权限的方法（命令 chgrp、chown 和 chmod）在前面已经介绍过。在 Linux 操作系统的 Ext2/Ext3/Ext4 文件系统下，除了基本的读取、写入和执行权限，还可以设定系统的隐藏属性，即被隐藏起来的权限，在默认情况下不能直接被用户发觉。用户权限充足但无法删除某个文件或仅能在日志文件中追加内容而不能修改或删除内容，这在一定程度上阻止了黑客篡改系统日志的图谋，因此，可以保障 Linux 操作系统的安全性。设置系统隐藏属性使用 chattr 命令，而使用 lsattr 命令可以查看隐藏属性。

另外，基于安全机制方面的考虑，设定文件不可修改的特性，即文件的拥有者不能修改。

1）查询默认（预设）权限

目录与文件的默认权限是不一样的。执行权限对于目录来说是非常重要的。但是一般文件的建立不应该有执行权限，因为一般文件通常用于数据的记录，不需要执行权限。因此，默认的情况如下。

- 新建的文件默认没有执行权限，即只有读取和写入权限，也就是最大为 666，默认权限为-rw-rw-rw-。
- 新建的目录的执行权限与是否可以进入此目录有关，因此默认所有权限均开放，即最大为 777，默认权限为 drwxrwxrwx。

查阅默认权限的方式有以下两种。

- 直接输入 umask 的值，可以看到数字形态的权限设定。
- 加入-S（Symbolic）选项，会以符号类型的方式显示权限。

2）修改默认权限

umask 的值指的是该默认值需要移除的权限（r、w 和 x 对应的分别是 4、2 和 1），具体如下。

- 当移除读取权限时，umask 的值输入 4。
- 当移除写入权限时，umask 的值输入 2。
- 当移除执行权限时，umask 的值输入 1。

以上面的例子来看，移除某个权限值是可以累加的。如果移除写入和执行权限，那么 umask 的值需要输入 3（2+1）。在 Linux 操作系统中，默认的 umask 的值为 022，所以 user 并没有被移除任何权限，不过 group 与 others 的权限被去掉了 2（也就是移除了写入权限），那么使用者的权限如下。

- 在建立文件时：(-rw-rw-rw-) –（-----w--w-）=-rw-r--r--。
- 在建立目录时：(drwxrwxrwx) –（d----w--w-）=drwxr-xr-x。

3）验证默认权限

【例 5-8】根据上述方法设置 umask 的值，并新建目录和文件验证权限。

```
[root@zenti ~]# umask
0022
[root@zenti ~]# touch test1
[root@zenti ~]# mkdir test2
[root@zenti ~]# ll
-rw-r—-r—- 1 root root      0 Sep 27 00:25 test1                //文件权限 644
drwxr-xr-x 2 root root 4096 Sep 27 00:25 test2                  //目录权限 755
```

【任务实施】

子任务 1　设置默认权限

假如你与同学进行的是同一个专题，你们的账号属于相同的组群，并且/home/class/是专题目录。想象一下，有没有可能你制作的文件你的同学无法编辑？如果是这样，那么应该怎么办呢？

这个问题可能经常发生。以例 5-8 为例，test1 的权限是 644。也就是说，如果 umask 的值为 022，那么新建的数据只有用户自己具有写入权限，同组群的其他用户只有读取权限，肯定无法修改。这样如何共同制作专题呢？

根据前面的情况进行分析可知，当需要新建文件给同组群的用户共同编辑时，umask 的组群就不能移除写入权限。这时 umask 的值应该是 002，这样才能使新建的文件的权限是-rw-rw-r--。那么如何设定 umask 的值呢？直接在 umask 的后面输入 002 就可以。命令运行情况如下。

```
[root@zenti ~]# umask 002
[root@zenti ~]# touch test3                                   //建立测试文件 test3
[root@zenti ~]# mkdir test4                                   //建立测试目录 test4
[root@zenti ~]# ll
-rw-rw-r-- 1 root root      0 Sep 27 00:36 test3              //新文件的权限为 664
drwxrwxr-x 2 root root   4096 Sep 27 00:36 test4              //新目录的权限为 775
```

思考：假设 umask 的值为 003，在此情况下建立的文件与目录的权限又是怎样的呢？

umask 的值为 003，所以移除的权限为--------wx，相关权限如下。

- 文件：（-rw-rw-rw-）－（--------wx）=-rw-rw-r--。
- 目录：（drwxrwxrwx）－（d-------wx）=drwxrwxr--。

子任务2　设置隐藏权限

1. 修改文件属性

1）命令解析

使用 chattr 命令可以改变文件的属性。chattr 命令的语法格式如下。

```
chattr [-RV][-v<版本编号>][+/-/=<属性>][文件或目录...]
```

使用 chattr 命令可以改变存放在 Ext4 文件系统中的文件或目录的属性，共有以下 9 种属性。

- a：让文件或目录仅具有附加用途。
- A：当一个具有 A 属性的文件被访问时，它的 atime 记录不会被修改。
- c：将文件或目录压缩后存放。
- d：使用 dump 命令备份时忽略当前文件/目录。
- i：不得任意更改文件或目录。
- j：如果文件系统安装了选项 data=order 或 data=writeback，则具有 j 属性的文件在写入文件本身之前将其所有数据写入 Ext3 文件系统中。
- s：当删除具有 s 属性的文件时，其块将被归零并写入磁盘。
- S：当修改具有 S 属性的文件时，更改将同步写入磁盘，这相当于应用于文件子集的“同步”挂载选项。
- u：当删除具有 u 属性的文件时，它的内容将被保存。

其中，最重要的是 i 与 a 这两个属性。由于这些属性是隐藏的，因此需要使用 lsattr 命令。chattr 命令的相关参数如下。

- -R：递归处理，一并处理指定目录下的所有文件及子目录。
- -v<版本编号>：设置文件或目录的版本。
- -V：显示命令的执行过程。
- +<属性>：开启文件或目录的该项属性。
- -<属性>：关闭文件或目录的该项属性。
- =<属性>：指定文件或目录的该项属性。

2）操作实录

【例 5-9】请尝试在/tmp 目录下建立文件，增加参数 i 和 u，并尝试删除。

```
[root@zenti ~]# mkdir /public
[root@zenti ~]# touch /public/staff-manual                    //建立员工手册文件
[root@zenti ~]# cd /public
[root@zenti public]# chattr +i +u staff-manual                //增加参数 i 和 u
[root@zenti public]# rm staff-manual                          //尝试删除，查看结果
rm：是否删除普通空文件 "staff-manual"？ y
rm: 无法删除"staff-manual": 不允许的操作
```

注意：root 也没有办法将这个文件删除，需要立即解除隐藏属性的设定。

将该文件的 i 属性取消的代码如下。

```
[root@zenti public]# chattr -i staff-manual
```

2．显示文件的隐藏属性

1）命令解析

lsattr 命令的语法格式如下。

```
[root@zenti~]# lsattr [-adR]文件或目录
```

lsattr 命令的选项与参数如下。

- -a：将隐藏文件的属性显示出来。
- -d：如果是目录，则仅列出目录本身的属性而非目录下的文件名。
- -R：连同子目录的数据一并列出来。

2）操作实录

【例 5-10】设置/tmp 目录下 attrtest 文件的隐藏属性，要求只能追加内容，及时更新修改内容，防止意外删除。

```
[root@zenti tmp]# chattr +abu attrtest
[root@zenti tmp]# lsattr attrtest
--S-ia---------- attrtest
```

【知识拓展】

在复杂多变的生产环境中，单纯设置文件的读取、写入和执行权限无法满足我们对安全性与灵活性的需求，因此便有了 suid、sgid 与 sbit 的特殊权限。这是一种对文件权限进行设置的特殊功能，可以与普通权限同时使用，以弥补普通权限无法实现的功能。

1）SetUID（简称 suid）（数字权限是 4000）

功能：临时设置属主的执行权限。也就是说，如果文件有 suid 权限，那么普通用户在执行该文件时，会以该文件的所属用户的身份来执行。主要是对命令或二进制文件，以该二进制文件的属主权限来执行该文件。

suid 会在属主权限位的执行权限上写一个 s。如果该属主权限位上有执行权限，则在属主权限位的执行权限上写一个 s（小写字母）；如果该属主权限位上没有执行权限，则在属主权限位的执行权限上写一个 S（大写字母）。

suid 权限的设置如下。

方式 1 如下。

```
[root@zenti ~]# chmod u+s filename
```

方式 2 如下。

```
[root@zenti ~]# chmod 4755 filename
```

2）SetGID（简称 sgid）（数字权限是 2000）

功能：主要是针对目录进行授权，使该目录可以被多个用户（同属于一个组）共享，同一个组中的用户都可以对该目录进行处理。

如果该属组权限位上有执行权限，则在属组权限位的执行权限上写一个 s（小写字母）；如果该属组权限位上没有执行权限，则在属组权限位的执行权限上写一个 S（大写字母）。

sgid 权限的设置如下。

方式 1 如下。

```
[root@zenti ~]# chmod 2755 filename
```

方式 2 如下。

```
[root@zenti ~]# chmod g+s filename
```

3）Sticky Bit（粘滞位，简称 sbit）（数字权限是 1000）

功能：即使该目录拥有写入权限，但是除了 root 用户，其他用户只能对自己的文件进行删除、移动操作。

如果该其他用户权限位上有执行权限，则在其他用户权限位的执行权限上写一个 t（小写字母）；如果该其他用户权限位上没有执行权限，则在其他用户权限位的执行权限上写一个 T（大写字母）。

授权方式如下。

方式 1 如下。

```
[root@zenti ~]# chmod 1755 filename
```

方式 2 如下。

```
[root@zenti ~]# chmod o+t filename
```

利用 chmod 命令也可以修改文件的特殊权限。

【例 5-11】 设置/etc/file 文件的 suid 权限的方法如下。

```
[root@zenti ~]# ll /etc/file
-rw-rw-rw-. 1 root root 0 5 月   20 23:15 /etc/file
[root@zenti ~]# chmod u+s /etc/file
[root@zenti ~]# ll /etc/file
-rwSrw-rw-. 1 root root 0 5 月   20 23:15 /etc/file
```

特殊权限也可以采用数字表示法。suid 权限、sgid 权限和 sbit 权限对应的数字分别为 4、2 和 1。当使用 chmod 命令设置文件权限时，可以在普通权限的数字的前面加上一位数字来表示特殊权限。

```
[root@zenti ~]# chmod 6664 /etc/file
[root@zenti ~]# ll     /etc/file
-rwSrwSr--    1 root root 22 11-27 11:42 file
```

【例 5-12】 如果某属主权限位上没有执行权限，则在属主权限位的执行权限上写一个 S（大写字母）。

```
[root@zenti ~]# touch file02                    #创建文件 file02
[root@zenti ~]# ll file02                       #文件 file02 的属主权限位上没有执行权限
```

```
-rw-r--r--. 1 root root 0 Jul   2 15:53 file02
[root@zenti ~]# chmod u+s file02            #赋予 suid 权限
[root@zenti ~]# ll file02                   #在属主权限位的执行权限上写一个 S（大写字母）
-rwSr--r--. 1 root root 0 Jul   2 15:53 file02
```

【例 5-13】在/test 目录下创建文件 root_file，并设置 sgid 权限。

```
[root@zenti ~]# mkdir /test                 #创建/test 目录
[root@zenti ~]# ll /test/ -d                #查看/test 目录，属组权限位上有执行权限
drwxr-xr-x. 2 root root 6 Jul   2 17:32 /test/
[root@zenti ~]# touch /test/root_file
[root@zenti ~]# ll /test/root_file
-rw-r--r--. 1 root root 0 Jul   2 18:27 /test/root_file
```

在 root 下为/test 目录修改权限。

```
[root@zenti ~]# chmod 777 /test/            #为目录/test 修改权限
[root@zenti ~]# ll -d /test/
drwxrwxrwx. 2 root root 23 Jul   2 18:27 /test/
```

在 lwh01 下为/test 目录创建文件 lwh01_file，并查看文件 lwh01_file 的权限。

```
[lwh01@zenti ~]$ touch /test/lwh01_file      #在目录/test 下创建文件 lwh01_file
[lwh01@zenti ~]$ ll /test/lwh01_file         #lwh01_file 属组权限位上没有执行权限
-rw-rw-r--. 1 lwh01 lwh01 0 Jul   2 18:35 /test/lwh01_file
```

在 root 下为/test 目录赋予 sgid 权限。

```
[root@zenti ~]# chmod g+s /test/            #赋予 sgid 权限
[root@zenti ~]# ll -d /test/                #在属组权限位的执行权限上写一个 s（小写字母）
drwxrwsrwx. 2 root root 43 Jul   2 18:35 /test/
```

任务 3　文件访问控制列表

【任务分析】

小李在熟悉文件的基本权限的配置方法后，发现无论是普通权限还是特殊权限，都只是从用户的角度进行配置，而 Windows 操作系统中的权限配置可以从用户和文件两个方面进行配置。Linux 操作系统可以从文件的角度来配置吗？小李陷入了沉思……

通过查阅技术手册，小李发现 Linux 操作系统中有访问控制列表，可以用于管理文件的权限，于是他给自己定了两个小任务。

（1）为各部门主管添加/root 目录的读取权限（以 network1 为例）。

（2）为各部门普通员工设置公共目录/public 下的员工手册访问权限。

【知识准备】

1．ACL 概述

普通权限、特殊权限、隐藏权限其实有一个共性——权限是针对某一类用户设置的。如果

希望对某个指定的用户进行单独的权限控制，就需要使用文件的访问控制列表（Access Control List，ACL）。

ACL 是 Linux 操作系统中常见的概念，但并不是 Linux 操作系统特有的。很多产品（包括硬件）都有 ACL 的概念，如思科交换机和路由器也有 ACL。无论在什么地方看到 ACL，它的名称既然叫访问控制列表，那就是要实现控制功能的，确切地说，ACL 就是用来实现灵活的权限控制的。

为了更直观地看到 ACL 对文件权限控制的效果，可以先切换到普通用户，然后尝试进入 root 管理员的家目录下。在没有针对普通用户对 root 管理员的家目录设置 ACL 之前，其执行结果如下所示。

```
[root@zenti ~]# su - network1
上一次登录：三 10 月 27 10:08:02 CST 2021pts/0 上
[network1@zenti ~]$ cd /root
-bash: cd: /root: 权限不够
[network1@zenti ~]$ exit
```

2．启用 ACL 支持

在默认情况下，RHEL 7.4 操作系统和 CentOS 7.4 操作系统是自动支持 ACL 的，但如果因为某种原因文件系统不支持 ACL，则可以通过重新执行 mount 命令来启用 ACL，命令如下。

```
[root@zenti ~]# mount -o remount, acl [mount point]            //需换成具体的挂载点
```

如果用 chmod 命令改变 Linux 操作系统的 file permission，则相应的 ACL 的值也会改变；反之，改变 ACL 的值，相应的 file permission 也会改变。

【任务实施】

子任务 1　设置文件访问控制列表

1）命令解析

setfacl 命令用于管理文件的 ACL 规则，语法格式如下。

```
setfacl  [参数]  文件名称
```

setfacl 命令常用的参数有以下几个。

- -R：根据目录文件的需要使用递归参数。
- -m：设置普通文件的 ACL。
- -b：用于删除某个文件的 ACL。

文件的 ACL 提供的是在所有者、所属组群、其他人的读取/写入/执行权限之外的特殊权限控制，使用 setfacl 命令可以针对单一用户或组群、单一文件或目录进行权限的控制。

2）操作实录

【例 5-14】为主管用户 network1 添加/root 目录下的权限。

```
[root@zenti ~]# setfacl -Rm u:network1:rwx /root
[root@zenti ~]# su - network1
上一次登录：三 10 月 27 10:08:42 CST 2021pts/0 上
[network1@zenti ~]$ cd /root
[network1@zenti root]$ ls
……
```

```
[network1@zenti root]$ cat anaconda-ks.cfg > newfile
[network1@zenti root]$ exit
登出
```

怎样查看文件上有哪些 ACL 呢？使用 ls 命令看不到 ACL 的信息，但可以看到文件的权限最后一个点（.）变成加号（+），这就意味着该文件已经设置了 ACL。

```
[root@zenti ~]# ls -ld /root
dr-xrwx---+ 14 root root 4096 10 月  27 10:12 /root
```

【例 5-15】为所有员工设置员工手册的阅读权限（以网络部员工为例）。

```
[root@zenti ~]# setfacl -Rm g:Networks:rx /public/staff-manual
```

子任务 2　查看文件访问控制列表

1）命令解析

getfacl 命令用于显示文件上设置的 ACL，语法格式如下。

```
getfacl　文件名称
```

想要设置 ACL，可以使用 setfacl 命令；想要查看 ACL，可以使用 getfacl 命令。

2）操作实录

【例 5-16】下面使用 getfacl 命令显示在 root 管理员家目录下设置的所有 ACL。

```
[root@zenti ~]# getfacl /root
getfacl: Removing leading '/' from absolute path names
# file: root
# owner: root
# group: root
user::r-x
user:network1:rwx
group::r-x
mask::rwx
other::---
```

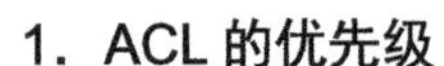

【知识拓展】

1．ACL 的优先级

ACL 的优先级顺序为所有者>ACL 自定义用户>ACL 自定义组群>其他人。

访问过程如下：当一个用户访问某个文件的时候，它会判断访问者是不是所有者。如果是文件的所有者，那么权限立即生效，后面不会再继续往后判断；如果不是文件的所有者，那么继续判断访问者是否是 ACL 指定的用户，若是 ACL 指定的用户则 ACL 中设置的用户的权限立即生效，它就不往后判断。

2．ACL 的修改

getfacl 命令用来读取文件的 ACL，setfacl 命令用来设定文件的 Access ACL。而 chacl 命令用来改变文件和目录的 Access ACL 和 Default ACL，下面介绍该命令的具体用法。

1）命令解析

chacl 命令的作用是更改文件或目录的 ACL。chacl 命令和 chmod 命令有异曲同工之妙。但是 chacl 命令比 chmod 命令的功能更强大、更精细。

chacl 命令的语法格式如下。

```
chacl [参数] [文件或目录]
```

chacl 命令的常用参数如下。

- -b：表示改变两个 ACL，一个是文件的 ACL，另一个是目录默认的 ACL。
- -d：只设置目录的 ACL。
- -R：只清除文件的 ACL。
- -D：只清除目录默认的 ACL。
- -l：列出文件的 ACL 和可能与指定的文件或目录关联的默认 ACL。
- -B：清除所有的 ACL。
- -r：递归设置所有目录和子目录的 ACL。

2）操作实录

【例 5-17】 查询文件 test1.txt 的权限配置。

```
[root@zenti www]# chacl -l test1.txt
test1.txt [u::rw-,g::r--,o::r--]
```

【例 5-18】 将文件 test2.txt 的权限设置为拥有者可读取、可写入和可运行，同组群者可读取和可运行，其他人仅可运行；授权用户 user1 可读取、可写入和可运行。

```
[root@zenti www]# chacl u::rwx,g::r-x,o::--x,u:user1:rwx,m::--x test2.txt
[root@zenti www]# getfacl test2.txt
# file: test2.txt
# owner: zhangsan
# group: root
user::rwx
user:user1:rwx                  #effective:--x
group::r-x                      #effective:--x
mask::--x
other::--x
```

【例 5-19】 清除/opt/ta 文件的 ACL 设置。

```
[root@zenti ~]# chacl -B /opt/ta
```

注意:

（1）需要特别说明的是，使用命令 setfacl -x 可以删除所有文件的 ACL 属性，加号（+）还是会出现在文件的末尾；而使用 chacl -B 命令则可以彻底删除文件或目录的 ACL 属性。

（2）用 cp 命令来复制文件的时候可以加上-p 选项，这样在复制文件的时候也将复制文件的 ACL 属性，对于不能复制的 ACL 属性将给出警告；mv 命令用于移动文件的 ACL 属性，同样，在操作不允许的情况下会给出警告。

项目小结

本项目主要讲述了文件与目录的权限的相关概念和设置方法。通过对本项目的学习与实践，读者可以熟练掌握文件与目录的权限的设置方法，从而在文件安全管理方面有一定的应对方案。

实践训练（工作任务单）

网络管理员需要完成公司用户账号与工作组群的建立和维护，并正确设置文件与目录的用户权限。

（1）以root用户登录公司的文件服务器，建立3个共享资源目录，分别为/project_a、/project_b和/project。

（2）对于资源目录/project_a，允许研发部的用户读取、增加、删除、修改及执行程序（该部门的用户有 yanfa01、yanfa02 和 yanfa03），其他部门的用户不能访问。

（3）对于资源目录/project_b，允许行政部的用户读取、增加、删除、修改及执行程序（该部门的用户有 xingzheng01、xingzheng02 和 xingzheng03），其他部门的用户不能访问。

（4）对于资源目录/project，允许研发部的用户和行政部的用户读取、增加、删除、修改及执行程序，网络部的用户 wangluo01、wangluo02 和 wangluo03 对该共享资源具有只读权限。

课后习题

1．填空题

（1）文件系统是磁盘上有特定格式的一片区域，操作系统利用文件系统________和________文件。

（2）________代表当前目录，也可以用./来表示；________代表上一层目录，也可以用../来表示。

（3）如果当前目录是/data/ftproot/public，那么 public 的父目录是________。

（4）在 Linux 操作系统中，文件的权限可分为 3 种类型，分别是________、________和执行。

（5）Linux 操作系统将用户的身份分成 3 类，分别是________、________和________。

（6）某文件的原始权限为 rw-rw-r--，则该文件权限的数字表示法为________。

2．单项选择题

（1）Linux 操作系统中用于存放配置文件的目录是（　　）。

A．/boot　　B．/etc　　C．/home　　D．/bin

（2）存放 Linux 操作系统引导、启动时使用的一些文件和目录的是（　　）。

A．/boot　　B．/etc　　C．/home　　D．/lib

（3）存放 Linux 操作系统的基本命令的目录是（　　）。

A．/boot　　B．/etc　　C．/home　　D．/bin

（4）如果要用 ls 命令查看目录下的所有文件，需要用户对该目录具有（ ）权限。

A．读取 B．写入 C．执行 D．无须权限

（5）对目录而言，执行权限意味着（ ）。

A．可以查看目录中文件的内容 B．可以对目录执行删除操作

C．可以使用 cd 命令进入目录 D．可以在目录内创建或删除文件

（6）一个文件的权限是-rwxrw-r--，这个文件所有者的权限是（ ）。

A．读取 B．读取和写入 C．读取和执行 D．读取、写入和执行

（7）如果普通文件所属用户对该文件具有读取、写入和执行权限，同组群的用户对该文件具有读取和执行权限，其他用户对该文件具有读取权限，则其权限属性为（ ）。

A．-rw-r--r-x B．-rw-r--r-- C．-rwxr-xr-- D．-rwxr--r--

（8）drwx--x--x 表示（ ）。

A．该文件是一个普通文件，文件所有者具有读取、写入和执行权限，其他用户具有执行权限

B．该文件是一个符号链接文件，文件所有者和其他用户具有执行权限，同组群的用户具有读取、写入和执行权限

C．该文件是一个目录文件，文件所有者具有读取、写入与进入目录的权限，其他用户具有进入目录的权限

D．该文件是一个目录文件，文件所有者具有执行权限，其他用户具有读取、写入和执行权限

（9）假如文件是用数字来定义权限的，代表读取、写入和执行权限的是（ ）。

A．1 B．2 C．4 D．7

（10）如果普通文件的所有者和同组群的用户对该文件具有读取、写入和执行权限，其他用户对该文件具有执行权限，则其权限属性用数字表示为（ ）。

A．664 B．770 C．771 D．774

（11）在下列命令中，可以用来修改文件访问权限的是（ ）。

A．chmod B．chgrp C．chown D．getfacl

（12）小李在配置一台 FTP 服务器，该服务器允许匿名用户上传文件、下载文件，以及删除与重命名文件（目录）等，匿名用户访问的目录为/data/ftproot/public/upload/，下列命令中能实现该功能的是（ ）。

A．chmod a+rwx /data/ftproot/public/upload

B．chmod o+rwx /data/ftproot/public/upload

C．chown a+rwx /data/ftproot/public/upload

D．chown o+rwx /data/ftproot/public/upload

（13）若 file1.txt 文件的访问权限为 rw-r--r--，现要增加所有者的执行权限和同组群的用户的写入权限，下列命令正确的是（ ）。

A．chmod a+w file1.txt B．chmod a+w,o+x file1.txt

C．chmod a+x,g+w file1.txt D．chmod 765 file1.txt

（14）若需要设置 file1.txt 文件属于用户 user1，其组群为 group1，下列命令正确的是（ ）。

A．chmod group1:user1 file1.txt B．chmod user1:group1 file1.txt

C．chown group1:user1 file1.txt D．chown user1:group1 file1.txt

（15）执行如下命令：

```
[root@rhel7 ~]# umask 022
[root@rhel7 ~]# touch aa
[root@rhel7 ~]# mkdir bb
```

则文件 aa 和目录 bb 的权限分别为（　　）。

A．-rw-r--r--，drwxrwxr-x　　B．-rwxr--r--，drwxrwxrwx

C．-rw-r--r--，drwxr-xr-x　　D．-rw-r--rx-，drwxr-xr--

（16）如果 umask 的值为 002，则新建文件的默认权限是（　　）。

A．-rw-rw-r--　　B．-rw-rw-rw-　　C．-rwxr--r--　　D．-r--r--r--

（17）如果新建目录的权限为 drwx------，则 umask 的值为（　　）。

A．007　　B．077　　C．006　　D．066

（18）将文件/etc/file2 的所属组群改为 group1，下列命令正确的是（　　）。

A．chown :group1 /etc/file2　　B．chown group1 /etc/file2

C．chmod :group1 /etc/file2　　D．chmod group1 /etc/file2

（19）将/mnt/file1 目录下的所有子目录及文件的所属用户改为 cvc，所属组群改为 group1，下列命令正确的是（　　）。

A．chmod cvc:group1 /mnt/file1　　B．chgrp -R group1: cvc /mnt/file1

C．chown -R cvc:group1 /mnt/file1　　D．chown -R group1: cvc /mnt/file1

（20）假设/data/sharefile/是一个共享目录，允许所有用户读取、写入和执行，但所有用户（root 用户除外）只能删除自己创建的文件，不能删除其他用户创建的文件，下列命令中能实现这一功能是的（　　）。

A．chmod 777 /data/sharefile/　　B．chmod 1777 /data/sharefile/

C．chmod 2777 /data/sharefile/　　D．chmod 4777 /data/sharefile/

（21）文件的访问控制列表可以通过（　　）来设置。

A．chmod　　B．chgrp　　C．chown　　D．setfacl

3．简答题

（1）简述 RHEL 7 支持的常用的文件系统。

（2）简述 Linux 操作系统中常见的目录名称及相应的内容。

（3）简述文件和目录的 3 种权限的含义。

（4）某目录的详细信息为 drwxr-xr-x. 2 root root 4096 1 月　26 17:21 testbak，请简要说明各组信息的含义。

项目6

配置网络与安全服务

学习目标

【知识目标】

- 理解防火墙的概念和功能。
- 了解 firewalld 防火墙与 iptables 防火墙之间的区别。
- 了解常用的网络参数的配置方法。

【技能目标】

- 会配置主机名。
- 会使用多种方法配置网络。
- 会配置 iptables 防火墙。
- 会配置 firewalld 防火墙。

项目背景

在张主管、王工和小李的共同努力下，公司的 Linux 操作系统初步部署完成，极大地方便了公司内部办公。但同时，随着员工对操作系统的使用越来越频繁，出现的问题也越来越多，主要体现在用户在使用过程中经常出现主机名、IP 地址冲突等。另外，随着网络的开放，各种资源在共享与交换的过程中也时常出现病毒、软件被非法修改等问题。

公司负责人在暗暗高兴免费的 Linux 操作系统可以正常使用的同时，又担心网络上存在的威胁（如黑客、病毒等）会攻击和破坏公司的网站。

项目分解与实施

小李向张主管和王工请教如何解决当下遇到的问题，分析后发现问题主要有两类：一是内网参数配置混乱引起的网络使用故障，需要注意主机名和 IP 地址参数的配置；二是公司内网的安全问题，需要将内网和外网根据具体的需求进行分隔与开启。具体的任务包括以下几点。

1. 配置 Linux 操作系统的主机名。
2. 配置网络。
3. 配置 iptables 防火墙。
4. 配置 firewalld 防火墙。

任务 1　配置网络

【任务分析】

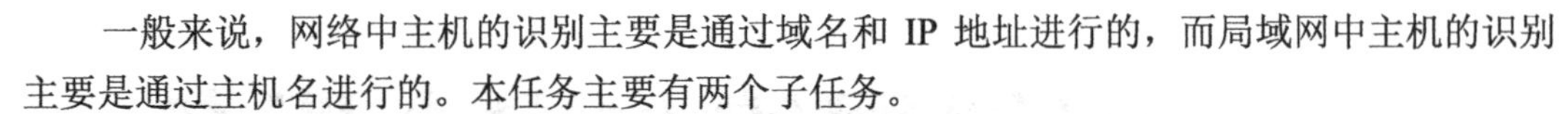

一般来说，网络中主机的识别主要是通过域名和 IP 地址进行的，而局域网中主机的识别主要是通过主机名进行的。本任务主要有两个子任务。

（1）将主机名设置为 zenti.com。

（2）配置网络，并通过多种方法修改。网络参数如下。

- IP 地址：192.168.0.128。
- 子网掩码：255.255.255.0。
- 默认网关：192.168.0.254。
- DNS 服务器：8.8.8.8。

【知识准备】

1. Linux 操作系统的主机名

RHEL 7 操作系统有以下 3 种形式的主机名。

- 静态的（Static）主机名：也称为内核主机名，是操作系统在启动时从/etc/hostname 自动初始化的。
- 瞬态的（Transient）主机名：是在操作系统运行时临时分配的，由内核管理。例如，通过 DHCP 或 DNS 服务器分配的 localhost 就是这种形式的主机名。
- 灵活的（Pretty）主机名：是 UTF8 格式的自由主机名，以展示给终端用户。

2. Linux 操作系统的主机名的修改方法

在 Linux 操作系统中，主机名的修改可以通过命令完成，也可以通过修改配置文件完成。涉及的命令主要有 nmtui、nmcli、hostnamectl 等，而其配置文件则为/etc/hostname。

【任务实施】

子任务 1　设置主机名

与之前的版本不同，RHEL 7 操作系统中的主机名的配置文件为/etc/hostname，可以在配置文件中直接修改主机名。修改主机名的具体方法如下。

方法 1：使用 nmtui 命令修改主机名

步骤 1：在命令提示符下输入命令“nmtui”，打开如图 6-1 所示的界面，按键盘上的方向键，选择其中的“设置系统主机名”命令。

```
[root@zenti ~]# nmtui
```

步骤 2：在选择“设置系统主机名”命令之后按 Enter 键，打开如图 6-2 所示的界面，在“主机名”文本框中输入新的主机名。

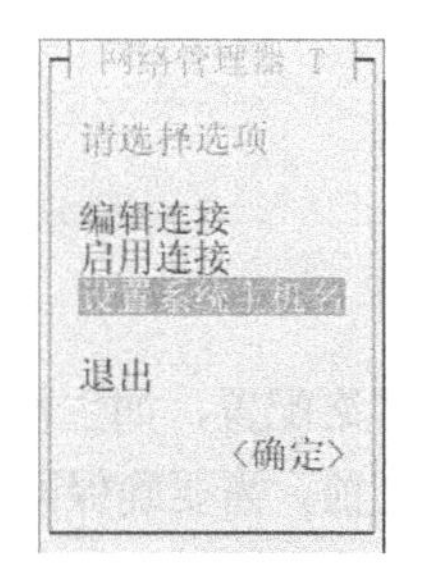

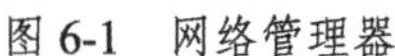
图 6-1　网络管理器

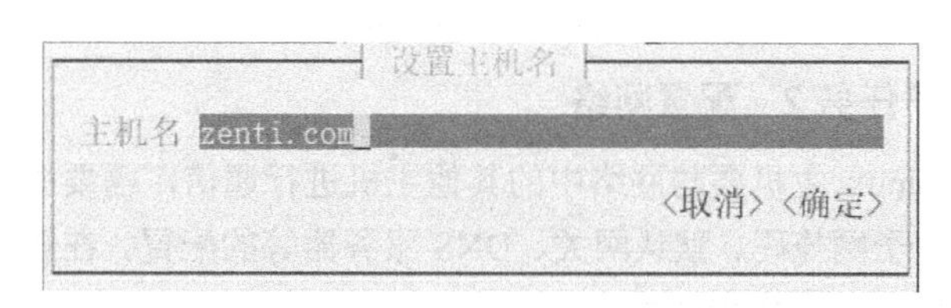

图 6-2　设置主机名

步骤 3：按 Tab 键或方向键将光标移到“确定”命令处，按 Enter 键，返回如图 6-1 所示的界面。

步骤 4：将光标移到“退出”命令处，按 Enter 键退出设置界面。

使用 NetworkManager 的命令行接口 nmtui 修改静态主机名之后，不会通知 hostnamectl。要想强制让 hostnamectl 知道静态主机名已经被修改，需要重启 hostnamed 服务，命令如下。

```
[root@zenti ~]# systemctl restart systemd-hostnamed.service
```

方法 2：使用 hostnamectl 命令修改主机名

使用 hostnamectl 命令可以查看、修改主机名。

步骤 1：先查看当前的主机名。

```
[root@zenti ~]# hostnamectl status
   Static hostname: zenti.com
   ……
```

步骤 2：设置新的主机名。

```
[root@zenti ~]# hostnamectl set-hostname my.zenti.com
```

步骤 3：再次运行 hostnamectl status 命令，查看新的主机名是否生效。

```
[root@zenti ~]# hostnamectl status
   Static hostname: my.zenti.com
   ……
```

注意：本步骤中的提示符仍然显示主机名为 zenti.com，关闭终端或注销后，重新登录就会在提示符中显示新的主机名。

方法 3：使用 NetworkManager 的命令行接口 nmcli 修改主机名

使用 nmcli 可以修改/etc/hostname 中的静态主机名。

步骤 1：查看当前的主机名。

```
[root@zenti ~]# nmcli general hostname
my.zenti.com
```

步骤 2：将机器名改回 zenti.com，设置新的主机名，并查看修改后的主机名。

```
[root@zenti ~]# nmcli general hostname zenti.com
[root@zenti ~]# nmcli general hostname
zenti.com
```

步骤 3：重启 hostnamed 服务，让 hostnamectl 知道静态主机名已经被修改。

```
[root@zenti ~]# systemctl restart systemd-hostnamed
```

方法 4：修改配置文件/etc/hostname，实现主机名的修改

```
[root@zenti ~]# vim /etc/hostname
zenti.com                          //修改此处后保存
```

子任务 2　配置网络

Linux 主机要与网络中的其他主机进行通信，需要先进行正确的网络配置，如主机名、IP 地址、子网掩码、默认网关、DNS 服务器等的配置。在正式配置网络之前，需要确保网络处于连接状态，操作步骤如下。

步骤 1：检查并设置有线处于连接状态。

Linux 操作系统安装完成后，在一般情况下网络处于连接状态，在桌面右上角有网络连接图标 。若未连接，则单击桌面右上角的按钮 ，打开如图 6-3 所示的界面。

步骤 2：单击“有线　已关闭”，展开网络连接菜单，如图 6-4 所示。

步骤 3：在弹出的菜单中选择“连接”命令即可完成网络连接，此时桌面右上角将显示有线连接的图标，如图 6-5 所示。

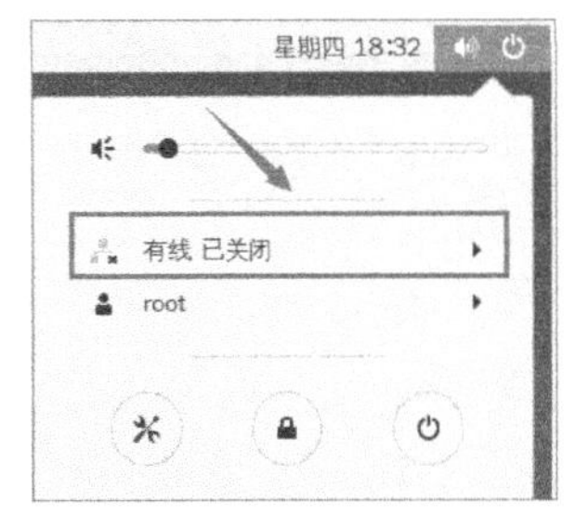

图 6-3　有线连接状态（已关闭）

图 6-4　展开网络连接菜单

图 6-5　有线处于连接状态

特别提示：*必须首先使有线处于连接状态，这是一切配置的基础。*

方法 1　使用系统菜单配置网络

在 Linux 操作系统中配置服务之前，必须先保证主机之间能够顺畅地通信。配置网络的步骤如下。

步骤 1：单击桌面右上角的网络连接图标 ，打开网络配置界面，如图 6-6 所示。

步骤 2：单击“有线　已连接”，展开网络连接菜单，选择“有线设置”命令，如图 6-7 所示，打开如图 6-8 所示的对话框。

图 6-6　有线连接状态（已连接）

图 6-7　选择“有线设置”命令

步骤 3：单击“有线连接”链接，使右面的开关按钮处于“打开”状态，单击该对话框中右下角的按钮 ，打开如图 6-9 所示的对话框。

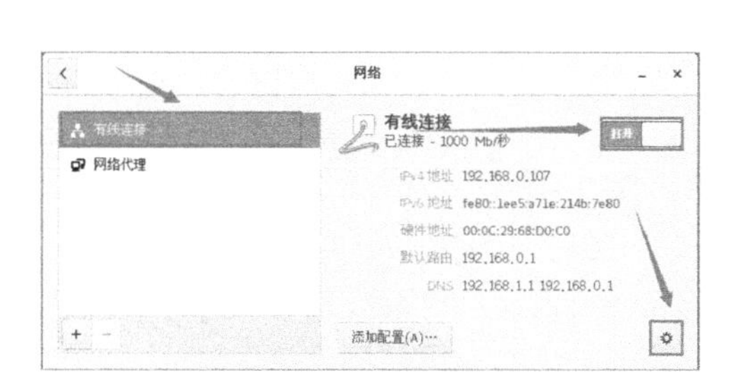

图 6-8 网络配置

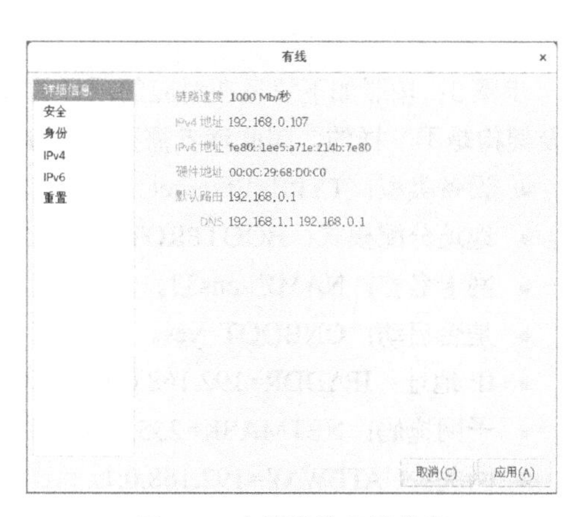

图 6-9 有线连接配置信息

步骤 4：在左窗格中选中“IPv4”节点，将右窗格中的“地址”设置为“手动”，并按照如图 6-10 所示的信息进行配置。

步骤 5：单击“应用”按钮，返回如图 6-8 所示的对话框，单击开关按钮两次（先关闭再打开），使修改的 IP 地址生效，如图 6-11 所示。

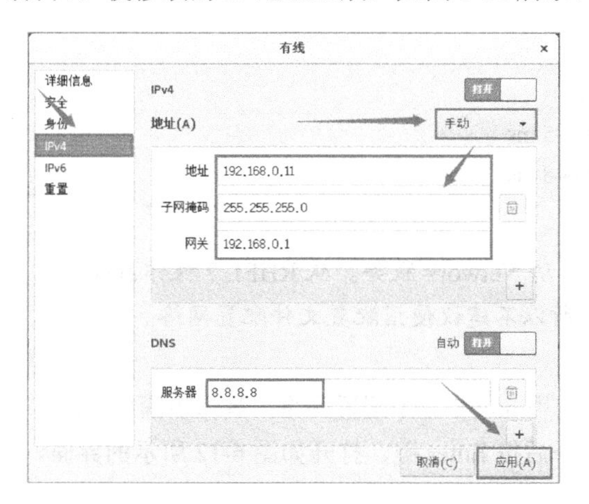

图 6-10 配置有线连接

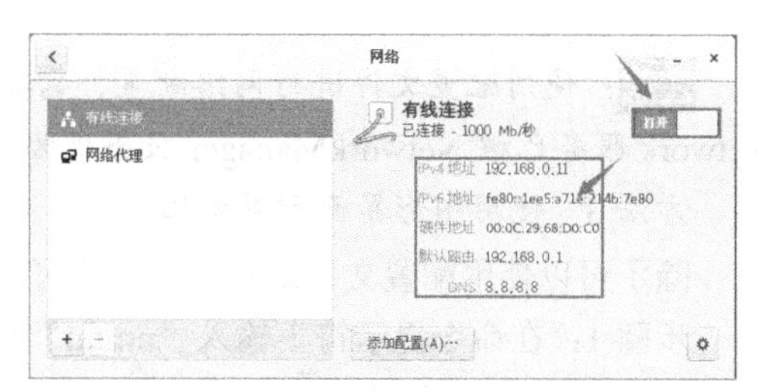

图 6-11 配置好的 IPv4 信息

步骤 6：单击对话框右上角按钮 × ，完成网络信息的配置。

建议：首选使用系统菜单配置网络。因为从 RHEL 7 操作系统开始，图形界面已经非常完善，所以在 Linux 操作系统的桌面上，选择“应用程序”→“系统工具”→“设置”→“网络”命令同样可以打开网络配置界面。

方法 2 通过网卡配置文件配置网络

在 RHEL 7 操作系统中，网卡配置文件的前缀为 ifcfg，如 ifcfg-ens33。

名称为 ifcfg-ens33 的网卡设备配置为开机自启动，并且 IP 地址、子网掩码、网关等信息由人工指定，具体步骤如下。

步骤 1：切换到/etc/sysconfig/network-scripts 目录下（存放网卡的配置文件）。

```
[root@zenti ~]# cd /etc/sysconfig/network-scripts
[root@zenti network-scripts]#
```

步骤 2：使用 vim 编辑器修改网卡配置文件 ifcfg-ens33。

```
[root@zenti network-scripts]# vim ifcfg-ens33
```

步骤 3：按照如下信息在对应的项目的后面写入配置参数并保存退出。由于每台设备的硬件及架构是不一样的，因此读者需要使用 ifconfig 命令自行确认各自网卡的默认名称。

- 设备类型：TYPE=Ethernet。
- 地址分配模式：BOOTPROTO=static。
- 网卡名称：NAME=ens33。
- 是否启动：ONBOOT=yes。
- IP 地址：IPADDR=192.168.0.11。
- 子网掩码：NETMASK=255.255.255.0。
- 网关：GATEWAY=192.168.0.1。
- DNS 地址：DNS1=8.8.8.8。

步骤 4：重启网络服务并测试网络是否联通。

先执行重启网卡设备的命令（在正常情况下不会有提示信息），然后通过 ping 命令测试网络能否联通。由于在 Linux 操作系统中 ping 命令不会自动终止，因此需要手动按 Ctrl+C 快捷键强行结束进程。

```
[root@zenti network-scripts]# systemctl restart network
[root@zenti network-scripts]# ping 192.168.0.11
PING 192.168.0.11 (192.168.0.11) 56(84) bytes of data.
64 bytes from 192.168.0.11: icmp_seq=1 ttl=64 time=0.095 ms
64 bytes from 192.168.0.11: icmp_seq=2 ttl=64 time=0.048 ms
……
```

注意：使用配置文件进行网络配置，需要启动 Network 服务。从 RHEL 7 操作系统以后，Network 服务已被 NetworkManager 服务代替，所以不建议使用配置文件配置网络。

方法 3　使用图形界面配置网络

除了可以使用配置文件配置网络，还可以使用 nmtui 命令配置网络，具体步骤如下。

步骤 1：在命令提示符下输入“nmtui”命令后按 Enter 键，打开如图 6-12 所示的界面。

```
[root@zenti network-scripts]# nmtui
```

步骤 2：移动鼠标光标选择“编辑连接”命令后，按 Enter 键，打开如图 6-13 所示的界面。

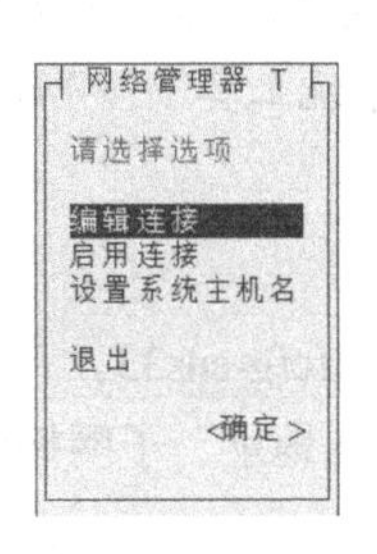

图 6-12　网络管理器

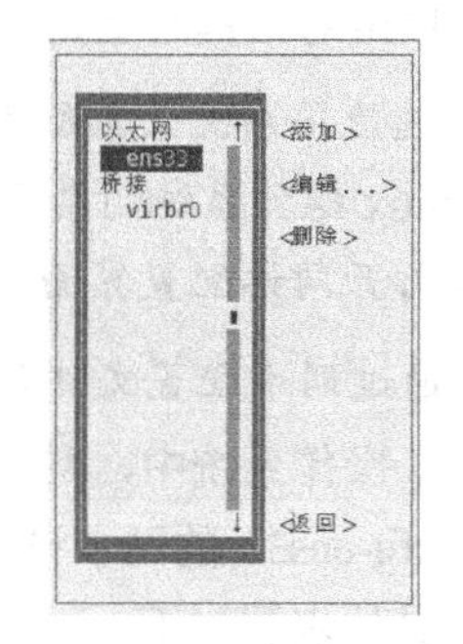

图 6-13　选择网络适配器

步骤 3：选择 ens33 命令，按 Enter 键，打开如图 6-14 所示的界面。

步骤 4：将鼠标光标定位在“IPv4 配置”命令，按 Enter 键，先选择“手动”命令，然后设置“地址”和“网关”等。如果该部分内容未显示出来，则可以通过右侧的“显示”命令和

“隐藏”命令进行切换，以显示出对应的信息。

步骤 5：设置好网络信息后，选择“确定”命令，按 Enter 键，返回如图 6-13 所示的界面。

注意：本书中所有的服务器主机的 IP 地址均为 192.168.0.11，而客户端主机的 IP 地址一般设为 192.168.0.21 及 192.168.0.40，这是为了方便对服务器进行配置。

步骤 6：选择“返回”命令，返回 nmtui 图形界面的初始状态，如图 6-12 所示。选择“启用连接”命令，激活上面的连接 ens33，激活后前面会有星号（*），如图 6-15 所示。

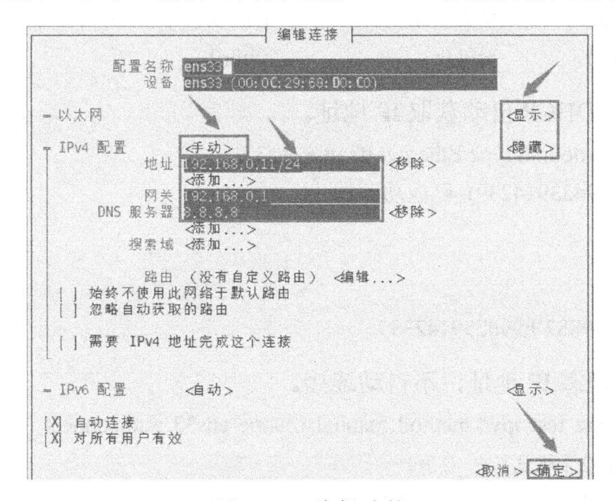

图 6-14　编辑连接

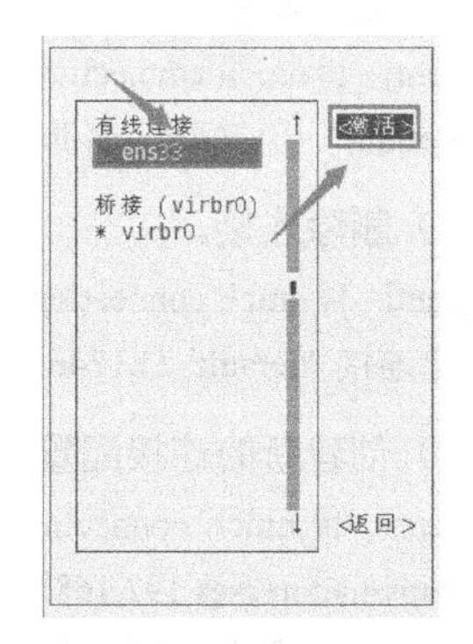

图 6-15　激活网络连接

步骤 7：选择“返回”命令，返回如图 6-12 所示的界面，并在其中选择“退出”命令，完成网络配置。

步骤 8：在命令提示符下用 ifconfig 命令查看网络信息。

```
[root@zenti ~]# ifconfig
ens33: flags=4163<UP,BROADCAST,RUNNING,MULTICAST>  mtu 1500
        inet 192.168.0.11  netmask 255.255.255.0  broadcast 192.168.0.255
        inet6 fe80::1ee5:a71e:214b:7e80  prefixlen 64  scopeid 0x20<link>
        ether 00:0c:29:68:d0:c0  txqueuelen 1000  (Ethernet)
……
```

方法 4　使用 nmcli 命令配置网络

NetworkManager 是管理和监控网络设置的守护进程，设备即网络接口，连接是对网络接口的配置。一个网络接口可以有多个连接配置，但只有一个连接配置生效。

1）常用命令

- nmcli connection show：显示所有连接。
- nmcli connection show --active：显示所有活动的连接状态。
- nmcli connection show "ens33"：显示网络连接的配置。
- nmcli device status：显示设备状态。
- nmcli device show ens33：显示网络接口的属性。
- nmcli connection add help：查看帮助。
- nmcli connection reload：重新加载配置。
- nmcli connection down test2：禁用 test2 的配置，一块网卡可以有多个配置。
- nmcli connection up test2：启用 test2 的配置。

- nmcli device disconnect ens33：禁用 ens33 网卡，即物理网卡。
- nmcli device connect ens33：启用 ens33 网卡。

2）使用 nmcli 命令管理新连接

（1）查看当前已有连接。

```
[root@zenti ~]# nmcli connection show
名称      UUID                                    类型              设备
ens33     a733f009-b7c6-4fe1-ba17-b99b60c4ad4d    802-3-ethernet    ens33
virbr0    5ec28c62-c80a-4fd8-8ae0-b70af0d3ae81    bridge            virbr0
```

（2）创建新连接配置 default，通过 DHCP 自动获取 IP 地址。

```
[root@zenti ~]# nmcli connection add con-name default type Ethernet ifname ens33
连接“default”(b1746fd0-d4db-4e46-9882-b99d23914239) 已成功添加。
```

（3）删除连接。

```
[root@zenti ~]# nmcli connection delete default
成功删除连接 'default'（b1746fd0-d4db-4e46-9882-b99d23914239）。
```

（4）创建新的连接配置 test，指定静态 IP 地址，不自动连接。

```
[root@zenti ~]# nmcli connection add con-name test ipv4.method manual ifname ens33 autoconnect no type Ethernet ipv4.addresses 192.168.0.21/24 gw4 192.168.0.1
连接“test”(12435673-285a-489c-b975-d30c807b8a3d) 已成功添加。
```

（5）参数说明。

- con-name：指定连接名字，没有特殊要求。
- ipv4.method：指定获取 IP 地址的方式。
- ifname：指定网卡设备的名称，也就是下次配置生效的网卡。
- autoconnect：指定是否自动启动。
- ipv4.addresses：指定 IPv4 地址。
- gw4：指定网关。

3）查看/etc/sysconfig/network-scripts/目录

```
[root@zenti ~]# ls /etc/sysconfig/network-scripts/ifcfg-*
/etc/sysconfig/network-scripts/ifcfg-ens33
/etc/sysconfig/network-scripts/ifcfg-test
/etc/sysconfig/network-scripts/ifcfg-lo
```

多出了/etc/sysconfig/network-scripts/ifcfg-test 文件，说明添加确实生效。

4）启用 test 连接配置

```
[root@zenti ~]# nmcli connection up test
连接已成功激活（D-Bus 活动路径：/org/freedesktop/NetworkManager/Active Connection/7）
```

再次查看网络连接情况。

```
[root@zenti ~]# nmcli    connection show
名称      UUID                                    类型              设备
test      12435673-285a-489c-b975-d30c807b8a3d    802-3-ethernet    ens33
virbr0    5ec28c62-c80a-4fd8-8ae0-b70af0d3ae81    bridge            virbr0
ens33     a733f009-b7c6-4fe1-ba17-b99b60c4ad4d    802-3-ethernet    --
```

5）查看是否生效

```
[root@zenti ~]# nmcli device show ens33
GENERAL.设备:                          ens33
GENERAL.类型:                          ethernet
……
```

基本的 IP 地址配置成功。

6）修改连接配置

步骤 1：修改 test 为自动启动。

```
[root@zenti ~]# nmcli connection modify test connection.autoconnect yes
```

步骤 2：修改 DNS 为 8.8.8.8。

```
[root@zenti ~]# nmcli connection modify test ipv4.dns 8.8.8.8
```

步骤 3：添加的 DNS 为 114.114.114.114。

```
[root@zenti ~]# nmcli connection modify test +ipv4.dns 114.114.114.114
```

步骤 4：查看是否成功。

```
[root@zenti ~]# cat /etc/sysconfig/network-scripts/ifcfg-test
TYPE=Ethernet
PROXY_METHOD=none
BROWSER_ONLY=no
BOOTPROTO=none
IPADDR=192.168.0.21
PREFIX=24
GATEWAY=192.168.0.1
DEFROUTE=yes
IPV4_FAILURE_FATAL=no
IPV6INIT=yes
IPV6_AUTOCONF=yes
IPV6_DEFROUTE=yes
IPV6_FAILURE_FATAL=no
IPV6_ADDR_GEN_MODE=stable-privacy
NAME=test
UUID=12435673-285a-489c-b975-d30c807b8a3d
DEVICE=ens33
ONBOOT=yes
DNS1=8.8.8.8
DNS2=114.114.114.114
```

步骤 5：删除 DNS。

```
[root@zenti ~]# nmcli connection modify test -ipv4.dns 8.8.8.8
[root@zenti ~]# nmcli connection modify test -ipv4.dns 114.114.114.114
```

步骤 6：修改 IP 地址和默认网关。

```
[root@zenti ~]# nmcli connection modify test ipv4.addresses 192.168.0.200/24 gw4 192.168.0.1
```

步骤 7：还可以添加多个 IP 地址。

```
[root@zenti ~]# nmcli connection modify test +ipv4.addresses 192.168.0.201/24
[root@zenti ~]# nmcli connection show "test"
connection.id:                          test
......
ipv4.addresses:                         192.168.0.200/24, 192.168.0.201/24
ipv4.gateway:                           192.168.0.1
......
```

nmcli 命令的选项和/etc/sysconfig/network-scripts/ifcfg-*文件的项目是相互对应的，如表 6-1 所示。

表 6-1　nmcli 命令的选项和/etc/sysconfig/network-scripts/ifcfg-*文件的项目的对应关系

nmcli 命令的选项	/etc/sysconfig/network-scripts/ifcfg-*文件的项目
ipv4.method manual	BOOTPROTO=none
ipv4.method auto	BOOTPROTO=dhcp
ipv4.addresses 192.168.2.1/24	IPADDR=192.168.2.1 PREFIX=24
gw4 192.168.2.254	GATEWAY=192.168.2.254
ipv4.dns 8.8.8.8	DNS0=8.8.8.8
ipv4.dns-search example.com	DOMAIN=example.com
ipv4.ignore-auto-dns true	PEERDNS=no
connection.autoconnect yes	ONBOOT=yes
connection.id eth0	NAME=eth0
connection.interface-name eth0	DEVICE=eth0
806-3-ethernet.mac-address . . .	HWADDR= . . .

【知识拓展】

RHEL 操作系统和 CentOS 操作系统默认使用 NetworkManager 提供网络服务，这是一种动态管理网络配置的守护进程，能够让网络设备保持连接状态。

nmcli 是一款基于命令行的网络配置工具，功能丰富，参数众多。使用 nmcli 命令可以轻松查看网络信息或网络状态。

```
[root@zenti ~]# nmcli connection show
名称      UUID                                    类型             设备
ens33     a733f009-b7c6-4fe1-ba17-b99b60c4ad4d    802-3-ethernet   ens33
virbr0    bcf4a94d-2776-4e51-850c-dcf623c2a848    bridge           virbr0
test      12435673-285a-489c-b975-d30c807b8a3d    802-3-ethernet   --
```

RHEL 7 操作系统支持网络会话功能，允许用户在多个配置文件之间快速切换（类似于 firewalld 防火墙服务中的区域技术）。

可以使用 nmcli 命令按照 connection add con-name type ifname 的格式来创建网络会话。假设将公司网络中的网络会话称为 company，将家庭网络中的网络会话称为 home，依次创建各自的网络会话。操作步骤如下。

步骤 1：先使用 con-name 参数指定公司使用的网络会话名称 company，然后用 ifname 参数指定本地主机的网卡名称。使用 autoconnect no 参数设置该网络会话默认不被自动激活，使用参数 ip4 及 gw4 手动指定网络的 IP 地址。

```
[root@zenti ~]# nmcli connection add con-name company ifname ens33 autoconnect no type ethernet ip4 192.168.0.11/24 gw4 192.168.0.1
连接“company”(3254ffb2-d70f-4f93-9aed-a8495e3cae0d) 已成功添加。
```

步骤 2：使用 con-name 参数指定家庭使用的网络会话名称 home。如果想从外部 DHCP 服务器自动获得 IP 地址，那么这里就不需要手动指定。

```
[root@zenti ~]# nmcli connection add con-name home type ethernet ifname ens33
连接“home”(5110b68c-fd6f-4da4-a238-578c99a42b83) 已成功添加。
```

步骤 3：在成功创建网络会话后，可以使用 nmcli 命令查看创建的所有网络会话。

```
[root@zenti ~]# nmcli connection show
名称      UUID                                  类型            设备
ens33     a733f009-b7c6-4fe1-ba17-b99b60c4ad4d  802-3-ethernet  ens33
virbr0    bcf4a94d-2776-4e51-850c-dcf623c2a848  bridge          virbr0
company   3254ffb2-d70f-4f93-9aed-a8495e3cae0d  802-3-ethernet  --
home      5110b68c-fd6f-4da4-a238-578c99a42b83  802-3-ethernet  --
test      12435673-285a-489c-b975-d30c807b8a3d  802-3-ethernet  --
```

步骤 4：使用 nmcli 命令配置的网络会话是永久生效的，这样当我们下班回家后，顺便启用 home 网络会话，网卡就能自动通过 DHCP 服务器获取到 IP 地址。

```
[root@zenti ~]# nmcli connection up home
连接已成功激活（D-Bus 活动路径：/org/freedesktop/NetworkManager/Active Connection/5）
```

完成后使用 ifconfig 命令查看 IP 地址的获取情况。

```
[root@zenti ~]# ifconfig
ens33: flags=4163<UP,BROADCAST,RUNNING,MULTICAST>  mtu 1500
        inet 192.168.0.101  netmask 255.255.255.0  broadcast 192.168.0.255
        inet6 fe80::990c:e73e:ebbf:64da  prefixlen 64  scopeid 0x20<link>
        ether 00:0c:29:68:d0:c0  txqueuelen 1000  (Ethernet)
        RX packets 7122  bytes 4062254 (3.8 MiB)
        RX errors 0  dropped 0  overruns 0  frame 0
        TX packets 1854  bytes 168726 (164.7 KiB)
        TX errors 0  dropped 0 overruns 0  carrier 0  collisions 0
        ……
```

步骤 5：如果使用的是虚拟机，就需要把虚拟机网卡（网络适配器）切换成桥接模式，如图 6-16 所示，重启虚拟机即可。

步骤 6：如果回到公司，就可以停止 home 网络会话，并启动 company 网络会话（连接）。

```
[root@zenti ~]# nmcli connection down home
成功取消激活连接 'home'（D-Bus 活动路径：/org/freedesktop/NetworkManager/ ActiveConnection/5）
[root@zenti ~]# nmcli connection up company
连接已成功激活（D-Bus 活动路径：/org/freedesktop/NetworkManager/ActiveCon nection/7）
```

切换后使用 ifconfig 命令查看 company 网络会话下的 IP 地址信息。

```
[root@zenti ~]# ifconfig
ens33: flags=4163<UP,BROADCAST,RUNNING,MULTICAST>  mtu 1500
```

```
        inet 192.168.0.11   netmask 255.255.255.0   broadcast 192.168.0.255
        inet6 fe80::23fe:6cb4:1884:b288   prefixlen 64   scopeid 0x20<link>
        ether 00:0c:29:68:d0:c0   txqueuelen 1000   (Ethernet)
        RX packets 10610   bytes 6668460 (6.3 MiB)
        RX errors 0   dropped 0   overruns 0   frame 0
        TX packets 2222   bytes 196518 (191.9 KiB)
        TX errors 0   dropped 0 overruns 0   carrier 0   collisions 0
……
```

步骤 7：如果要删除网络会话连接，则先执行 nmtui 命令，然后选择“编辑连接”命令，并选中要删除的网络会话，选择“删除”命令即可，如图 6-17 所示。

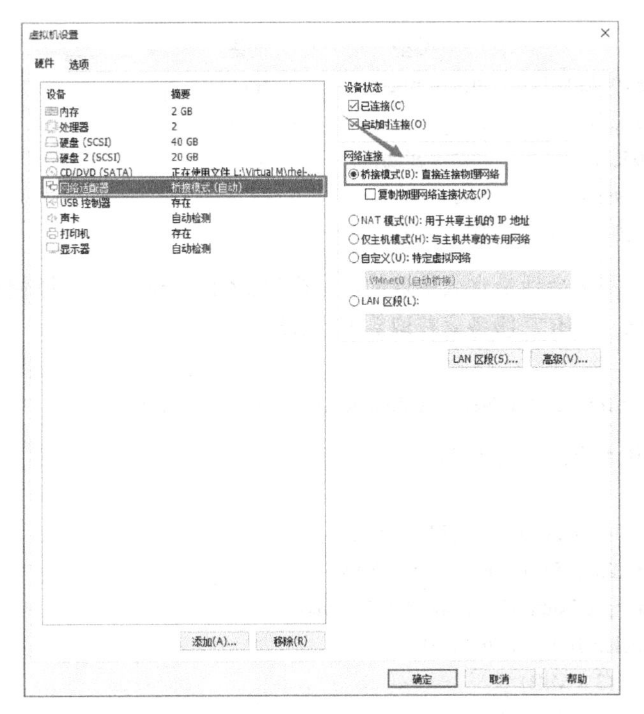

图 6-16 设置虚拟机网卡的模式

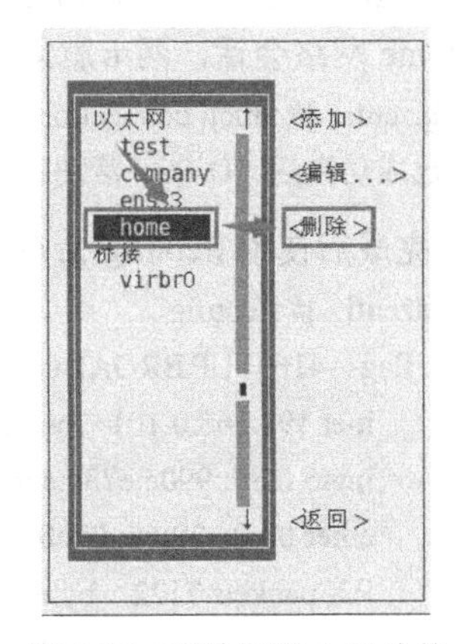

图 6-17 删除网络会话连接

任务 2 配置防火墙

【任务分析】

自从全新的 Linux 操作系统开始投入正式办公应用，逐渐出现了一些问题，如非授权访问、网络攻击等。张主管召集部门员工讨论应对方案并安排任务，会议决定，在操作系统中部署防火墙，该任务由小李来完成。具体任务如下。

（1）开启防火墙。

（2）为公司的官方网站开启服务端口 88。

（3）为公司的文件服务器开启 FTP 服务。

【知识准备】

1. 防火墙概述

没有网络安全，就没有国家安全。相较于企业内网，外部公网的环境更加恶劣，为了保护企业内网的安全，需要在外部公网与企业内网之间架设防火墙，如图 6-18 所示。防火墙有软件或硬件之分，但主要原理都是依据策略对穿越防火墙自身的流量进行过滤，这些策略可以基于流量的源地址、目的地址、端口号、协议、应用等信息来定制，防火墙根据设定的策略规则监控出入的流量，若流量与策略规则相匹配，则执行相应的处理，反之则丢弃。这样就可以保证仅有合法的流量在企业内网和外部公网之间流动。

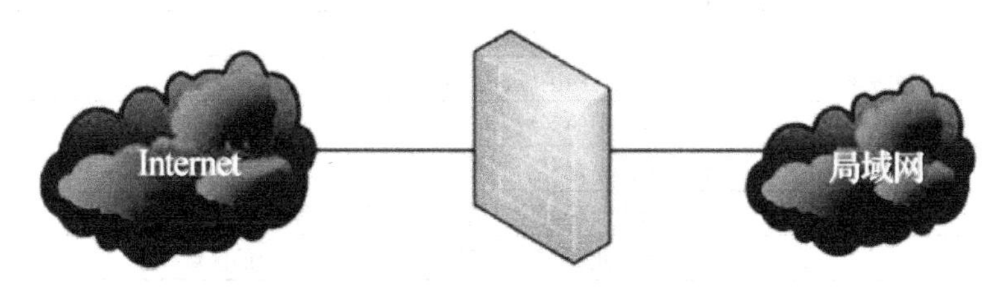

图 6-18 防火墙作为外部公网与企业内网之间的保护屏障

在 Linux 操作系统中，防火墙主要通过其管理工具来配置，常用的防火墙管理工具主要有两款，分别为 firewalld 和 iptables。它们从本质上来说是一种服务，事实上，Linux 操作系统中还有很多防火墙管理工具，运维人员要管理 Linux 操作系统中的防火墙策略，只要在这些管理工具中任选一款并将其学透，就足以满足日常的工作需求。

2. firewalld

RHEL 7 操作系统中集成了多款防火墙管理工具。其中，firewalld（Dynamic Firewall Manager of Linux Systems）是默认的防火墙配置管理工具，拥有基于 CLI（命令行界面）和基于 GUI（图形用户界面）的两种管理方式。

相较于传统的防火墙配置管理工具，firewalld 支持动态更新技术并加入了区域（Zone）的概念。简单来说，区域就是 firewalld 预先准备了几套防火墙策略集合（策略模板），用户可以根据具体点的生产场景选择合适的策略集合，从而实现防火墙策略之间的快速切换。firewalld 中常用的区域名称（默认为 public）及相应的策略规则如表 6-2 所示。

表 6-2 firewalld 中常用的区域名称及相应的策略规则

区　域	策略规则
trusted	允许所有的数据包
home	拒绝流入的流量，除非与流出的流量相关。如果流量与服务 ssh、mdns、ipp-client、amba-client 及 dhcpv6-client 相关，则允许流量进入
internal	等同于 home 区域
work	拒绝流入的流量，除非与流出的流量相关。如果流量与服务 ssh、ipp-client 及 dhcpv6-client 相关，则允许流量进入
public	拒绝流入的流量，除非与流出的流量相关。如果流量与服务 ssh、dhcpv6-client 相关，则允许流量进入
external	拒绝流入的流量，除非与流出的流量相关。如果流量与服务 ssh 相关，则允许流量进入
dmz	拒绝流入的流量，除非与流出的流量相关。如果流量与服务 ssh 相关，则允许流量进入
block	拒绝流入的流量，除非与流出的流量相关
drop	拒绝流入的流量，除非与流出的流量相关

【任务实施】

子任务 1　终端管理工具

1）命令解析

在讲解 Linux 命令时曾提到，命令行终端是一种极富效率的工作方式，firewall-cmd 是 firewalld 防火墙配置管理工具的 CLI 版本。它的参数一般都是以“长格式”来提供的，虽然难以记忆，但是在使用过程中可以使用 Tab 键来补齐如表 6-3 所示的长格式参数。

表 6-3　firewalld 中使用的长格式参数

参　数	作　用
--get-default-zone	查询默认的区域名称
--set-default-zone=<区域名称>	设置默认的区域，使其永久生效
--get-zones	显示可用的区域
--get-services	显示预先定义的服务
--get-active-zones	显示当前正在使用的区域与网卡名称
--add-source=	将源自此 IP 地址或子网的流量导向指定的区域
--remove-source=	不再将源自此 IP 地址或子网的流量导向某个指定的区域
--add-interface=<网卡名称>	将源自该网卡的所有流量都导向某个指定的区域
--change-interface=<网卡名称>	将某块网卡与区域进行关联
--list-all	显示当前区域的网卡配置参数、资源、端口和服务等信息
--list-all-zones	显示所有区域的网卡配置参数、资源、端口和服务等信息
--add-service=<服务名>	设置默认区域允许该服务的流量
--add-port=<端口号/协议>	设置默认区域允许该端口的流量
--remove-service=<服务名>	设置默认区域不再允许该服务的流量
--remove-port=<端口号/协议>	设置默认区域不再允许该端口的流量
--reload	让“永久生效”的配置规则立即生效，并覆盖当前的配置规则
--panic-on	开启应急状况模式
--panic-off	关闭应急状况模式

与 Linux 操作系统中其他的防火墙策略配置工具一样，配置 firewalld 也有两种模式。

- 运行时（Runtime）模式：又称为当前生效模式，这是配置防火墙策略的默认模式，主要特点是操作系统重启后会失效。
- 永久（Permanent）模式：该模式可以让配置策略永久生效，方法是在正常 firewall-cmd 的配置命令中加上--permanent 参数。永久模式的不足之处是该设置只有在操作系统重启之后才能生效，或者手动执行 firewall-cmd --reload 命令后立即生效。

2）操作实录

【例 6-1】 查看 firewalld 服务当前所使用的区域。

```
[root@zenti ~]# firewall-cmd --get-default-zone
public
```

【例 6-2】 把 firewalld 服务中 cfg-ens33 网卡的默认区域修改为 external，并在操作系统重启后生效。分别查看当前与永久模式下的区域名称。

```
[root@zenti ~]# firewall-cmd --permanent --zone=external --change-interface=cfg-ens33
success
[root@zenti ~]# firewall-cmd --get-zone-of-interface=cfg-ens33
```

```
public
[root@zenti ~]# firewall-cmd --permanent --get-zone-of-interface=cfg-ens33 external
```

【例 6-3】 启动/关闭 firewalld 服务的应急状况模式，阻断一切网络连接（当远程控制服务器时请慎用）。

```
[root@zenti ~]# firewall-cmd --panic-on
success
[root@zenti ~]# firewall-cmd --panic-off
success
```

【例 6-4】 查询 public 区域是否允许请求 SSH 协议和 HTTPS 协议的流量。

```
[root@zenti ~]# firewall-cmd --zone=public --query-service=ssh
yes
[root@zenti ~]# firewall-cmd --zone=public --query-service=https
no
```

【例 6-5】 把 firewalld 服务中请求 HTTPS 协议的流量设置为永久允许，并立即生效。

```
[root@zenti ~]# firewall-cmd --zone=public --add-service=https
success
[root@zenti ~]# firewall-cmd --permanent --zone=public --add-service=https
success
[root@zenti ~]# firewall-cmd --reload
success
```

【例 6-6】 把在 firewalld 服务中访问 8080 端口和 8081 端口的流量策略设置为允许，但仅限当前生效。

```
[root@zenti ~]# firewall-cmd --zone=public --add-port=8080-8081/tcp
success
[root@zenti ~]# firewall-cmd --zone=public --list-ports
8080-8081/tcp
```

【例 6-7】 把原本访问本地主机 888 端口的流量转发到 22 端口，并且要求当前和长期均有效。

注意：流量转发命令的格式为 firewall-cmd --permanent --zone=<区域> --add-forward-port=port=<源端口号>:proto=<协议>:toport=<目标端口号>:toaddr=<目标 IP 地址>。

```
[root@zenti ~]# firewall-cmd --permanent --zone=public --add-forward-port=port=888:proto=tcp:toport=
22:toaddr=192.168.10.10
success
[root@zenti ~]# firewall-cmd --reload
success
```

子任务 2　图形管理工具

在 Linux 操作系统中，firewall-config 是为数不多的图形管理工具之一，主要为 firewalld 提供图形操作界面，并且几乎可以实现所有以命令行来执行的操作。firewall-config 的界面如图 6-19 所示，其功能具体如下。

- 选择运行时模式或永久模式的配置。

- 显示可选的策略集合区域列表。
- 显示常用的系统服务列表。
- 当前正在使用的区域。
- 管理当前被选中区域中的服务。
- 管理当前被选中区域中的端口。
- 开启或关闭 SNAT（源地址转换协议）技术。
- 设置端口转发策略。
- 控制请求 icmp 服务的流量。
- 管理防火墙的富规则。
- 管理网卡设备。
- 管理被选中区域的服务，若勾选了相应服务前面的复选框，则表示允许与之相关的流量。
- 显示 firewall-config 工具的运行状态。

图 6-19　firewall-config 的界面

在使用 firewall-config 配置完防火墙策略之后，无须进行二次确认。因为只要有修改内容，firewall-config 就会自动进行保存。

1）使用 firewall-config 完成防火墙的基本设置

【例 6-8】 将当前区域中请求 HTTP 服务的流量设置为允许，但仅限当前生效。

步骤 1：在 Linux 操作系统的图形界面中，依次选择“应用程序”→“杂项”→“防火墙”命令。

步骤 2：打开如图 6-20 所示的“防火墙配置”窗口，在左侧的“活动的绑定”窗格中选择连接 ens33。

步骤 3：在右侧的“配置”下拉列表中选择“运行时”选项，切换至“区域”选项卡，在“服务”窗格中勾选“http”复选框。

命令行模式如下。

步骤 1：查看当前防火墙 HTTP 服务的状态。

```
[root@localhost ~]# firewall-cmd --query-service http
no
```

CentOS 7 操作系统通过 systemctl start http 开启 Apache 服务，因为没有开启防火墙，所以在外网无法访问到 Apache 测试页面。

图 6-20　放行请求 HTTP 服务的流量

步骤 2：临时开放/永久开放 HTTP 服务。

```
[root@localhost ~]# firewall-cmd --add-service=http --permanent
success
[root@localhost ~]# firewall-cmd --query-service http
yes
```

步骤 3：重启防火墙。

```
[root@localhost ~]# firewall-cmd --reload
success
[root@localhost ~]# firewall-cmd --query-service http
yes
```

可以看到，目前已经开启 HTTP 服务，外网可以访问到 Apache 测试页面。

【例 6-9】添加一条防火墙策略规则，使其放行访问 8080～8088 端口（TCP 协议）的流量，并将其设置为永久生效，以达到操作系统重启后防火墙策略依然生效的目的。

步骤 1：采用例 6-7 的方式打开“防火墙配置”窗口，选中“ens33”连接。

步骤 2：将“配置”设置为“永久”，并切换至“区域”选项卡，选择“端口”窗格。

步骤 3：在“端口”窗格中单击“添加”按钮，弹出“端口和协议”对话框。

步骤 4：在“端口/端口范围”文本框中输入“8080-8088”，单击“确定”按钮，如图 6-21 所示。

步骤 5：选择“选项”→“重载防火墙”命令，如图 6-22 所示。

注意：选择“重载防火墙”命令后，设置的策略立即生效，该操作类似于在命令行中执行参数--reload。

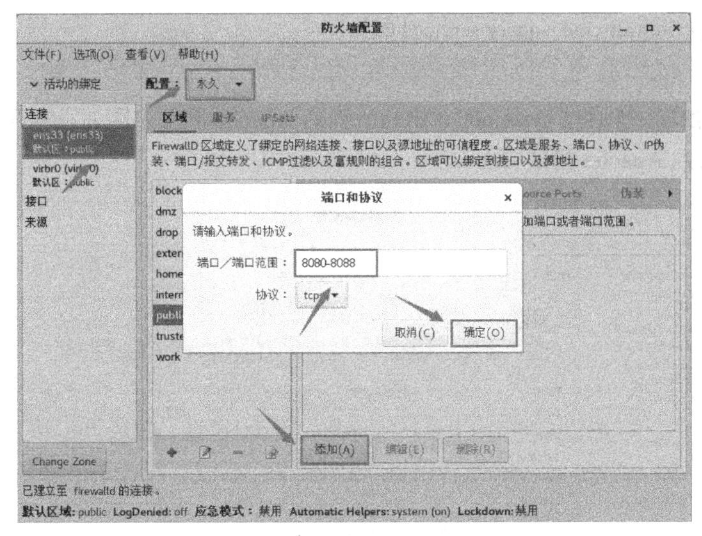

图 6-21 放行访问 8080～8088 端口的流量

图 6-22 让配置的防火墙策略规则立即生效

命令行模式如下。

步骤 1：查看 8080～8088 端口数据流量的放行情况，并进行测试。

```
[root@localhost ~]# firewall-cmd --query-port=8080-8088/tcp
no
```

将 HTTP 服务配置到 8085 端口进行测试。

```
vim /etc/httpd/conf/httpd.conf
将"Listen 80" 改为"Listen 8085"
```

关闭防火墙，重启 HTTP 服务。

```
setenforce 0
systemctl stop firewalld.service
systemctl restart http
```

在 8085 端口进行测试，能访问到测试页面，证明修改端口成功。

开启防火墙，因为防火墙没有放行 8085 端口的数据，因此，打开防火墙之后，无法访问 Apache 测试页面。

```
systemctl start firewalld.service
```

步骤 2：永久放行 8080~8088 端口。

```
[root@localhost conf]# firewall-cmd --add-port=8080-8088/tcp --permanent
Success
[root@localhost conf]# firewall-cmd --reload
success
```

查询端口开放状态。

```
[root@localhost conf]# firewall-cmd --query-port=8080-8088/tcp
yes
```

步骤 3：在外部测试，访问服务器的 8085 端口，可以看到 Apache 测试页面。

2）使用 firewall-config 完成防火墙的其他设置

前面在讲解 firewall-config 的功能时提到了 SNAT（Source Network Address Translation，源网络地址转换）技术。SNAT 是一种为了解决 IP 地址匮乏而设计的技术，可以使内网中的多个用户通过同一个外网 IP 地址接入网络。

读者可以测试在网络中不使用 SNAT 技术（见图 6-23）和使用 SNAT 技术（见图 6-24）时的情况。如图 6-23 所示，局域网中有多台计算机，如果网关服务器没有使用 SNAT 技术，则互联网中的网站服务器在收到计算机的请求数据包，并回送响应数据包时，将无法在网络中找到这个私有网络的 IP 地址，所以计算机也就收不到响应数据包。如图 6-24 所示，在局域网中网关服务器使用了 SNAT 技术，所以互联网中的网站服务器先将响应数据包发给网关服务器，再由后者转发给局域网中的计算机。

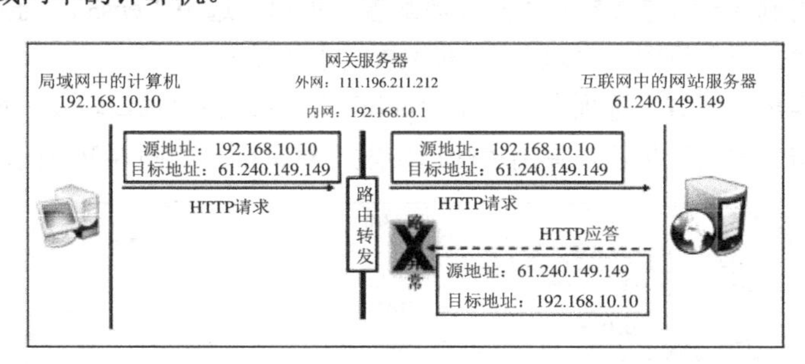

图 6-23　不使用 SNAT 技术的网络

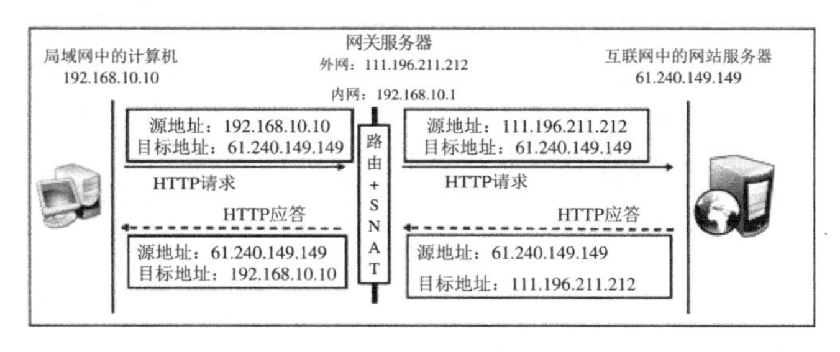

图 6-24　使用 SNAT 技术的网络

使用 iptables 命令实现 SNAT 技术是一件很麻烦的事情，但是在 firewall-config 中实现 SNAT 技术很容易。下面以例 6-10 为例展开介绍。

【例 6-10】使用 firewall-config 开启 Linux 操作系统中工作区域的源地址转换功能。

步骤 1：采用例 6-8 介绍的方式打开“防火墙配置”窗口，选中“ens33”连接。

步骤 2：将“配置”设置为“永久”，即设置为永久模式。

步骤 3：切换至“区域”选项卡，选中“work”，并选择“伪装”窗格。

步骤 4：在“伪装”窗格中勾选“伪装区域”复选框，如图 6-25 所示。

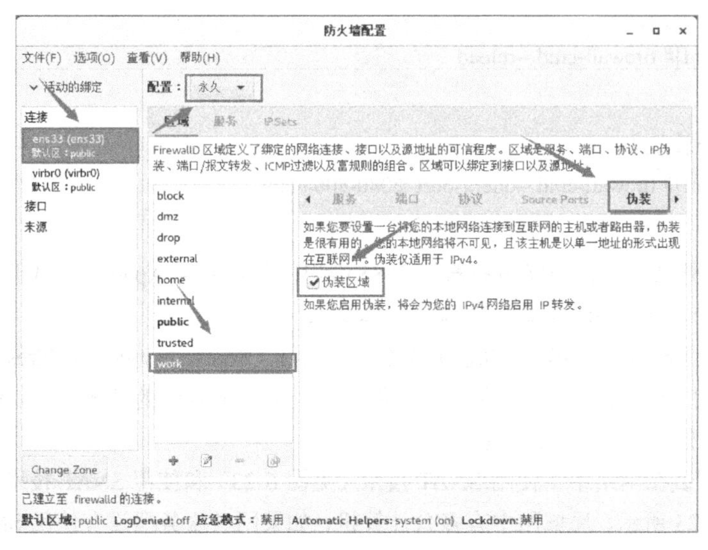

图 6-25　勾选“伪装区域”复选框

【例 6-11】使用 firewall-config 配置防火墙策略规则，将本地主机公共区域 888 端口的流量转发到 22 端口，并且要求当前和长期均有效。

步骤 1：采用例 6-8 的方式打开“防火墙配置”窗口，选中“ens33”连接。

步骤 2：将“配置”设置为“永久”，即设置为永久模式。

步骤 3：切换至“区域”选项卡，选中“public”，并选择“端口转发”窗格。

步骤 4：单击“添加”按钮，弹出“端口转发”对话框，如图 6-26 所示。

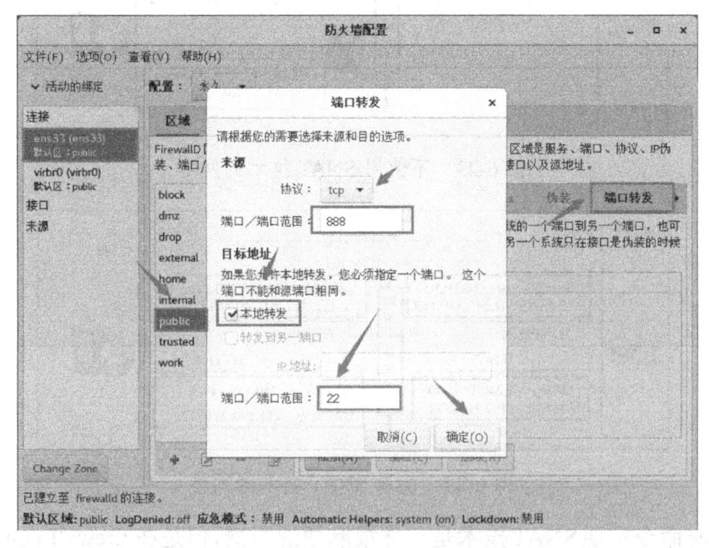

图 6-26　“端口转发”对话框

注意：如果未显示“端口转发”窗格，则单击该窗格区域右侧的三角形标志。

步骤 5：在“来源”区域的“端口/端口范围”文本框中输入源端口号 888；在“目标地址”区域中勾选“本地转发”复选框，并且在“端口/端口范围”文本框中输入目标端口号 22。

步骤 6：单击“确定”按钮返回“防火墙配置”窗口。

步骤 7：选择“选项”→“重载防火墙”命令，如图 6-27 所示。

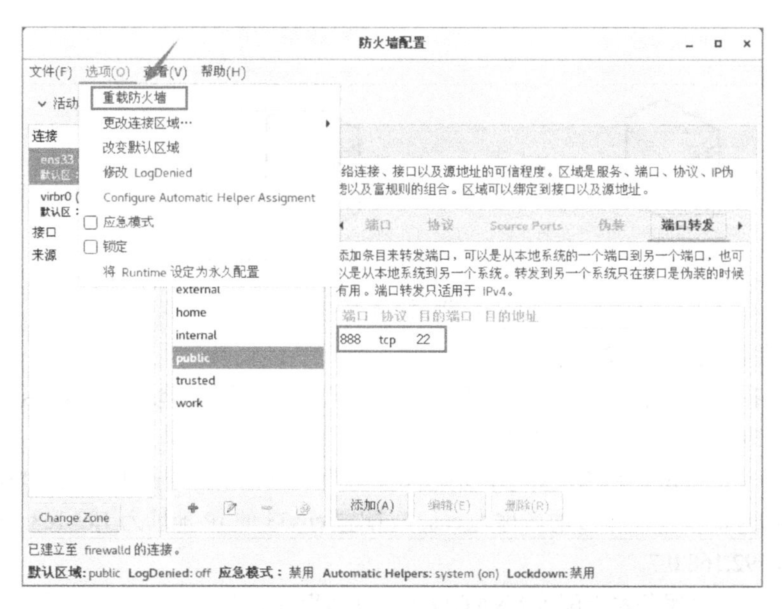

图 6-27　使防火墙策略规则立即生效

如果生产环境中的服务器有多块网卡同时提供服务（这种情况很常见），则对内网和外网提供服务的网卡要选择的防火墙策略区域也是不一样的。也就是说，可以把网卡与防火墙策略区域进行绑定（见图 6-28），这样就可以使用不同的防火墙策略区域对源自不同网卡的流量进行有针对性的监控，效果会更好。

图 6-28　把网卡与防火墙策略区域进行绑定

命令行模式如下。

实验拓扑如图 6-29 所示。其中，内网服务器的 IP 地址为 192.168.131.129，代理服务器有两块网卡，其中，网卡 1 与内网服务器的网卡相连（IP 地址为 192.168.131.128），网卡 2 通过路由器与外网相连（IP 地址为 192.168.0.7）。实验通过在代理服务器上配置 SNAT 技术，将内网数据流量进行伪装，达到上网的目的。

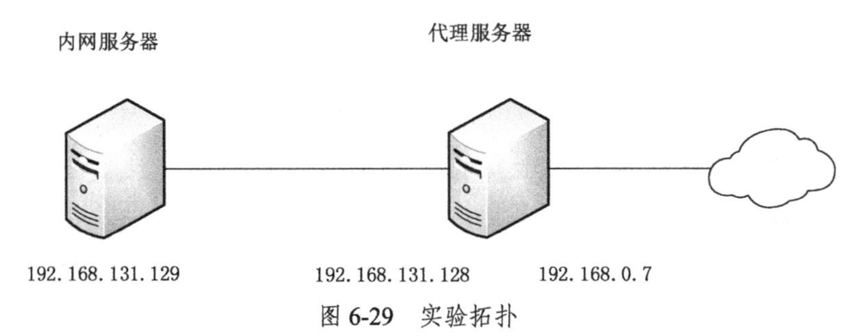

图 6-29　实验拓扑

本实验使用虚拟机完成。

步骤 1：在虚拟机中，内网服务器配置为仅主机模式，配置一块网卡为 ens33，IP 地址为 192.168.131.129，内网无法 ping 通外网。

代理服务器配置两块网卡，其中，网卡 1 配置为仅主机模式，网卡 2 配置为仅桥接模式，网卡 1 的名称为 ens33，网卡 2 的名称为 ens36。配置 ens33 的 IP 地址为 192.168.131.128，ens36 的 IP 地址为 192.168.0.7。

步骤 2：在代理服务器上配置 SNAT 技术，具体步骤如下。

（1）开启允许转发功能。

```
[root@localhost ~]# vim /etc/sysctl.conf
```

添加语句：net.ipv4.ip_forward = 1。

```
[root@localhost ~]# sysctl -p
```

（2）设置内网、外网使用的网卡。

设置外网使用的网卡。

```
[root@localhost ~]# firewall-cmd --permanent --zone=external --change-interface=ens33
```

设置内网使用的网卡。

```
firewall-cmd --permanent --zone=internal --change-interface=ens36
```

允许外网网卡进行伪装。

```
[root@localhost ~]# firewall-cmd --zone=external --add-masquerade --permanent
Warning: ALREADY_ENABLED: masquerade
success
```

（3）将来自 192.168.131.0 的转发流量进行 SNAT 处理，转换后的 IP 地址为 192.168.0.108。

```
[root@localhost ~]# firewall-cmd --permanent --zone=external --direct --passthrough ipv4 -t nat -A POSTROUTING -s 192.168.131.0/24 -j SNAT --to-source 192.168.0.108
Success
```

（4）对内网服务器写静态路由，将所有数据都发往 ens33。

```
[root@localhost ~]# route add -net 0.0.0.0 gw 192.168.131.128 dev ens33
```

步骤 3：测试。

在内网服务器上，ping 192.168.0.107 发现能够 ping 通。

ping 220.181.38.150（百度服务器的 IP 地址）也可以 ping 通，测试完成。

【知识拓展】

1）iptables 概述

在早期的 Linux 操作系统中，默认使用 iptables 来配置防火墙。尽管新型的 firewalld 已经投入使用多年，但是出于各种原因大量企业在生产环境中继续使用 iptables。

2）策略与规则链

一般而言，防火墙策略规则的设置有两种：一种是“通”（即放行），一种是“堵”（即阻止）。防火墙会按照从上至下的顺序来读取配置的策略规则，在找到匹配项后就立即结束匹配工作并执行匹配项中定义的行为（即放行或阻止）。如果在读取完所有的策略规则之后没有匹配项，就执行默认的策略。

iptables 把用于处理或过滤流量的策略条目称为规则，多条规则可以组成一个规则链，而规则链则依据数据包处理位置的不同进行分类，具体如下。

- 在进行路由选择前处理数据包（PREROUTING）。
- 处理流入的数据包（INPUT）。
- 处理流出的数据包（OUTPUT）。
- 处理转发的数据包（FORWARD）。
- 在进行路由选择后处理数据包（POSTROUTING）。

一般来说，由内网向外网发送的流量一般都是可控且良性的，因此，使用最多的就是 INPUT 规则链，该规则链可以增加黑客从外网入侵内网的难度。

3）iptables 中基本的命令参数

iptables 是一款基于命令行的防火墙策略管理工具，根据流量的源地址、目的地址、传输协议、服务类型等信息进行匹配，一旦匹配成功，就根据策略规则预设的动作来处理这些流量。iptables 的命令参数很多，具体如下。

- -P：设置默认策略。
- -F：清空规则链。
- -L：查看规则链。
- -A：在规则链的末尾加入新规则。
- -I num：在规则链的头部加入新规则。
- -D num：删除某条规则。
- -s：匹配来源地址 IP/MASK，加叹号“!”表示除这个 IP 地址外。
- -d：匹配目标地址。
- -i：网卡名称，匹配从这块网卡流入的数据。
- -o：网卡名称，匹配从这块网卡流出的数据。
- -p：匹配协议，如 TCP 协议、UDP 协议、ICMP 协议。
- --dport num：匹配目标端口号。
- --sport num：匹配来源端口号。

【例 6-12】 在 iptables 命令后添加-L 参数可以查看已有的防火墙规则链。

```
[root@zenti ~]# iptables -L
Chain INPUT (policy ACCEPT)
target     prot opt source          destination
ACCEPT     udp  --  anywhere        anywhere          udp dpt:domain
ACCEPT     tcp  --  anywhere        anywhere          tcp dpt:domain
............
INPUT_direct  all  --  anywhere        anywhere
INPUT_ZONES_SOURCE  all  --  anywhere        anywhere
............
```

【例 6-13】 在 iptables 命令后添加-F 参数可以清空已有的防火墙规则链。

```
[root@zenti ~]# iptables -F
[root@zenti ~]# iptables -L
Chain INPUT (policy ACCEPT)
target     prot opt source          destination
Chain FORWARD (policy ACCEPT)
target     prot opt source          destination
Chain OUTPUT (policy ACCEPT)
target     prot opt source          destination
............
```

【例 6-14】 把 INPUT 规则链的默认策略设置为拒绝。

```
[root@zenti ~]# iptables -P INPUT DROP
[root@zenti ~]# iptables -L
Chain INPUT (policy DROP)
target prot opt source destination
............
```

前面提到，防火墙策略规则的设置有两种。当把 INPUT 规则链设置为默认拒绝后，就要在防火墙策略中写入允许策略，否则所有到来的流量都会被拒绝。需要注意的是，规则链的默认拒绝动作只能是 DROP，不能是 REJECT。

【例 6-15】 向 INPUT 规则链中添加允许 ICMP 流量进入的策略规则。

在日常的运维工作中，经常使用 ping 命令检查对方主机是否在线，而向防火墙的 INPUT 规则链中添加一条允许 ICMP 流量进入的策略规则就允许这种 ping 命令检测行为。

```
[root@zenti ~]# iptables -I INPUT -p icmp -j ACCEPT
[root@zenti ~]# ping -c 4 192.168.18.128
PING 192.168.18.128 (192.168.18.128) 56(84) bytes of data.
64 bytes from 192.168.18.128: icmp_seq=1 ttl=64 time=0.043 ms
64 bytes from 192.168.18.128: icmp_seq=2 ttl=64 time=0.041 ms
............
```

项目小结

本项目主要讲述了 Linux 环境下网络环境参数配置的方法，包括主机名、IP 地址等，同时介绍了网络安全部署。通过学习本项目，读者可以掌握基本的网络配置和防火墙安全设置的方法，为学习后面的服务器配置奠定基础。

实践训练（工作任务单）

1. 网络参数配置

（1）登录文件服务器，打开一个终端窗口，使用 su - root 命令切换到 root 用户。

（2）使用 cd 命令切换到网卡配置文件的目录/etc/sysconfig/network-scripts/。

（3）使用 ifconfig -a 命令查看当前系统的默认网卡配置文件，这里系统的网卡配置文件名为 ifcfg-ens33。

（4）使用 vim 编辑器打开 ifcfg-ens33 文件，修改网卡配置文件，并添加相应的内容。

（5）使用 systemctl restart network 命令重启网络服务。

（6）使用 ping 192.168.62.234 命令测试新的文件服务器与原来的文件服务器的连通性。原来的文件服务器的 IP 地址是 192.168.62.234。由 ping 命令的执行结果可以看出，两台服务器已经实现了连通。

2. 防火墙配置

步骤 1：登录文件服务器，打开一个终端窗口，使用 su - root 命令切换到 root 用户。

步骤 2：把 firewalld 的默认区域修改为工作区域。

步骤 3：关联文件服务器的网络接口和工作区域，并把工作区域的默认处理规则设为拒绝。

步骤 4：在防火墙中放行 FTP 服务。

步骤 5：允许源于 192.168.62.0/24 子网的流量通过，即添加流量源。

步骤 6：将运行时配置添加到永久配置中。

课后习题

1. 填空题

（1）配置网卡配置文件，可以使用__________命令重启网卡设置使配置生效。

（2）__________命令用于查看网络信息。

（3）在 RHEL 7 操作系统中，________服务是默认的防火墙配置管理工具。

（4）修改完网卡配置文件，使用__________命令可以重启网络服务，使配置生效。

（5）__________是一种能够以安全的方式提供远程登录的协议，也是目前远程管理 Linux 操作系统的首选方式。

2．单项选择题

（1）测试网络是否联通的命令是（　　）。

A．ifconfig　　B．route　　C．ping　　D．netstat

（2）RHEL 7 操作系统的网卡配置文件所在的目录为（　　）。

A．/etc/network/network-scripts　　B．/etc/system/network

C．/etc/sysconfig/network-scripts　　D．/etc/config/network

（3）ifconfig 命令不具备（　　）功能。

A．设置网卡 IP 地址　　B．修改网卡配置文件

C．关闭/开启网卡　　D．显示网卡 IP 地址

（4）如果暂时将 ens33 网卡的 IP 地址设置为 192.168.1.100/24，则下列命令正确的是（　　）。

A．ip addr 192.168.1.100 netmask 255.255.255.0 ens33

B．ip addr ens33 192.168.1.100 netmask 255.255.255.0

C．ifconfig 192.168.1.100 netmask 255.255.255.0 ens33

D．ifconfig ens33 192.168.1.100 netmask 255.255.255.0

（5）可以使 RHEL 7 操作系统能够自动获取 IP 地址的参数是（　　）。

A．BOOTPROTO=none　　B．BOOTPROTO=static

C．BOOTPROTO=dhcp　　D．DEFROUTE=yes

（6）在下列命令中，不能查看本地主机网卡 ens33 的 IP 地址的是（　　）。

A．ip show ens33　　B．ip addr show ens33

C．ifconfig ens33　　D．nmcli device show ens33

（7）在下列命令中，可以为 Linux 操作系统临时配置第 2 个 IP 地址 192.168.1.100/24 的是（　　）。

A．ifconfig ens33 192.168.1.100 netmask 255.255.255.0

B．ifconfig 192.168.1.100 netmask 255.255.255.0 ens33

C．ip addr ens33 192.168.1.100 netmask 255.255.255.0

D．ip addr add 192.168.1.100/24 dev ens33

（8）关于临时 IP 地址，下列说法中正确的是（　　）。

A．如果临时配置了 IP 地址，那么操作系统重启以后 IP 地址仍然有效果

B．如果临时配置了 IP 地址，那么 IP 地址不会立即生效

C．如果临时配置了 IP 地址，那么 IP 地址会立即生效

D．临时配置的 IP 地址只能有一个

（9）在下列命令中，可以为 Linux 操作系统配置第 2 个 IP 地址 192.168.1.98/24 的是（　　）。

A．nmcli connection modify ens33 +ipv4.addresses 192.168.1.98/24

B．nmcli connection modify ens33 add 192.168.1.98 netmask 255.255.255.0

C．ifconfig connection modify ens33 ip.addresses 192.168.1.98 network 255.255.255.0

D．ip addr ens33 192.168.1.98 netmask 255.255.255.0

（10）修改了 Linux 操作系统的主机名，在（　　）文件中可以查看主机名。

A．/etc/hostname　　B．/etc/hosts

C．/etc/host　　　　D．/etc/network

（11）（　　）命令用于激活指定的网络接口。

A．ifconfig　　B．route　　C．ifup　　D．ifdown

（12）使用（　　）文件可以查看本地主机的DNS信息。

A．/etc/hostname　　　　B．/etc/resolv.conf

C．/etc/network　　　　D．/etc/interface

（13）在Windows环境下，使用（　　）命令能够显示主机上所有的网络连接状态。

A．ifconfig　　B．route　　C．ping　　D．netstat

3．简答题

在Linux操作系统中有多种方法可以配置网络参数，请列举几种。

项目7

文件共享服务的配置与实现

学习目标

【知识目标】

- 了解 Samba 服务的功能。
- 掌握 Samba 服务的工作原理。
- 掌握搭建 Samba 服务器的步骤。
- 掌握主配置文件 smb.conf 的结构及配置方法。

【技能目标】

- 会安装和启动 Samba 服务。
- 会使用 smbpasswd 命令管理 Samba 用户。
- 会配置 Samba 文件共享服务。
- 会使用 Linux 客户端和 Windows 客户端访问 Samba 服务器的共享资源。

项目背景

随着对 Linux 操作系统的深入学习，使用 Linux 操作系统的员工越来越多，但是新的问题也随之产生，之前在 Windows 操作系统中共享的文件，在 Linux 操作系统中无法访问，目前公司要开发一个新项目，项目小组中有不少成员使用 Linux 操作系统，面对这样的情况，使用 Linux 操作系统的员工向网络部提出，能否搭建一个 Windows 操作系统和 Linux 操作系统都可以访问的文件服务器。

员工的需求迅速反馈到网络部，经过研究，张主管决定将该任务交给经验比较丰富的王工来完成，最终实现 Windows 操作系统与 Linux 操作系统的文件共享。

项目分解与实施

文件共享服务是计算机网络中最基本的一项功能，在局域网中，文件共享的解决方案各不相同：Windows 操作系统采用的是通用网络文件系统（Common Internet File System，CIFS），而 UNIX 操作系统采用的是网络文件系统（Network File System，NFS）。根据公司的内部架构和需求，王工拟采用 Samba 服务来提供文件共享服务，并且从以下几方面来解决。

1. 安装并启动 Samba 服务。
2. 配置共享目录。
3. 使用共享目录。

任务1　安装并启动Samba服务

【任务分析】

在使用Samba服务前，需要安装并启动相应的守护进程。在Linux操作系统中，不同的发行版本安装软件的方法也有所不同，在RHEL操作系统中，常用的安装方法是使用rpm命令和yum命令。本任务主要介绍如下内容。

（1）安装Samba服务。

（2）启动Samba服务。

【知识准备】

1. Samba 简介

SMB（Server Messages Block）协议是Microsoft和Intel在1987年制定的，是一种在局域网上共享文件和打印机的一种通信协议，为局域网内的不同计算机提供文件及打印机等资源的共享服务。Samba则是一套建立在UNIX/Linux操作系统中实现SMB协议的一种软件，其目的就是实现UNIX/Linux操作系统与Windows操作系统之间的文件和打印机共享。

由于SMB协议采用的是服务器/客户机（Server/Client）架构，因此Samba服务可以分为服务器和客户端两个部分，将一台Linux主机配置为Samba服务器，其他安装和使用SMB协议的计算机（Windows、Linux）可以通过Samba服务器与Linux操作系统实现文件和打印机共享。Samba服务的网络拓扑结构如图7-1所示。

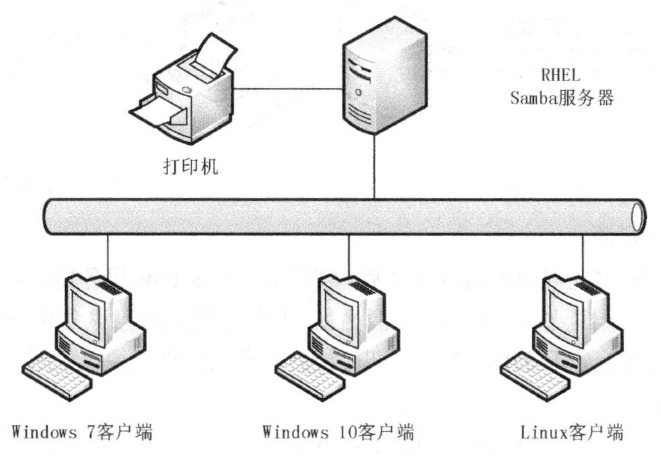

图7-1　Samba服务的网络拓扑结构

2. Samba服务的功能

Samba服务提供了以下功能。

（1）共享Linux操作系统的文件。

（2）共享安装在Samba服务器上的打印机。

（3）使用Windows操作系统共享的文件和打印机。

（4）支持WINS名称服务器解析及浏览。

（5）支持与 Windows 域控制器和 Windows 成员服务器间的用户认证整合。

（6）支持 SSL 协议。

3. Samba 服务的工作原理

Samba 服务功能强大，这与其通信基于 SMB 协议有关。SMB 协议不仅提供目录和打印机共享，还支持认证、权限设置。在早期，SMB 协议运行于 NBT 协议（NetBIOS over TCP/IP）上，使用 UDP 协议的 137 端口、138 端口及 TCP 协议的 139 端口，后期 SMB 协议经过开发，可以直接运行于 TCP/IP 协议上，没有额外的 NBT 层，使用 TCP 协议的 445 端口。因为永恒之蓝的攻击，目前，我国个人用户的 445 端口大多已被网络运营商屏蔽。此时如果需要使用 Samba 服务，可以通过修改 Samba 的端口映射实现 Windows 和 Linux 共享目录。通过 Samba 服务，Windows 用户可以通过“网上邻居”窗口查看 Linux 服务器中共享的资源，同时，Linux 用户也能查看服务器上的共享资源。

1）Samba 服务的工作流程

当客户端访问服务器时，信息通过 SMB 协议进行传输，其工作流程可以分成以下 4 个步骤。

（1）协议协商。

客户端在访问 Samba 服务器时，发送 SMB negprot 数据包，告知目标计算机自身支持的 SMB 类型。Samba 服务器根据客户端情况，选择最优的 SMB 类型，并做出回应，如图 7-2 所示。

（2）建立连接。

当 SMB 类型确定以后，客户端会发送 session setupX 请求数据包，提交账号、密码，请求与 Samba 服务器建立连接。如果客户端通过身份验证，那么 Samba 服务器会对 session setupX 请求数据包做出回应，并为用户分配唯一的 UID，让客户端与自己通信，如图 7-3 所示。

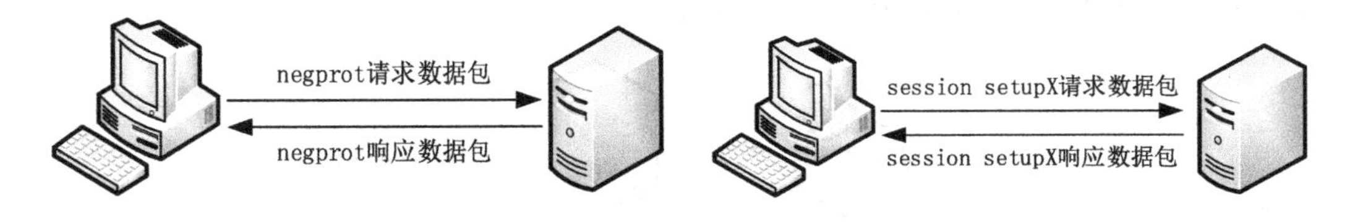

图 7-2　协议协商　　　　图 7-3　建立连接

（3）访问共享资源。

当客户端和服务器完成协商与认证之后，客户端访问 Samba 服务器并发送 tree connectX 请求数据包，告知服务器需要访问的共享资源名称，如果设置允许，那么 Samba 服务器会为每个客户与共享资源的连接分配 TID，客户端即可访问需要的共享资源，如图 7-4 所示。

（4）断开连接。

共享完毕，客户端向服务器发送 tree disconnect 请求数据包并关闭共享，如图 7-5 所示。

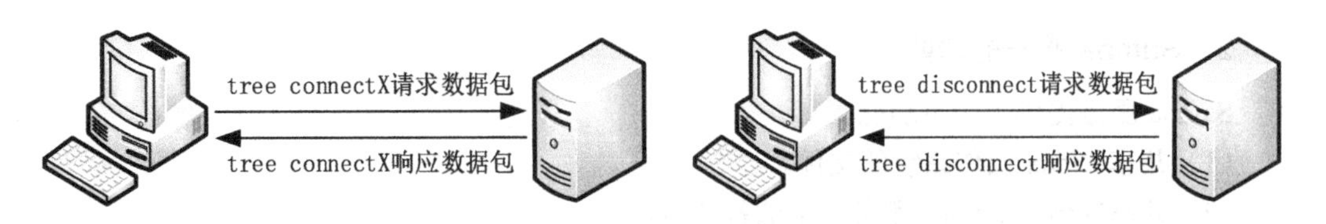

图 7-4　访问共享资源　　　　图 7-5　断开连接

2）Samba 服务的相关进程

Samba 服务主要由 nmbd 进程和 smbd 进程组成。

（1）nmbd：NetBIOS 名字服务的守护进程，主要功能是进行 NetBIOS 名字解析，并提供浏览服务，显示网络上的共享资源列表。在默认情况下，nmbd 进程绑定到 UDP 协议的 137 端口和 138 端口。

（2）smbd：Samba 的 SMB 服务守护进程，主要功能是管理 Samba 服务器上的共享目录、打印机等，以及用户验证服务。在默认情况下，smbd 进程绑定到 TCP 协议的 139 端口和 445 端口。

在正常情况下，当启动 Samba 服务后，主机就会启用 137 端口、138 端口、139 端口、445 端口和相应的 TCP 协议/UDP 协议监听服务。

4. 搭建 Samba 服务器的步骤

（1）安装 Samba 服务。

（2）创建系统用户并添加 Samba 账户。

（3）创建共享资源目录并设置本地系统权限。

（4）编辑主配置文件 smb.conf，配置全局参数和共享参数，指定共享目录。

（5）配置防火墙，放行 Samba 服务（或关闭防火墙），同时设置 SELinux 为允许。

（6）重启 Samba 服务，使配置生效。

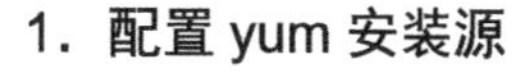

1. 配置 yum 安装源

在 RHEL 7 操作系统中安装软件可以使用 rpm 命令和 yum 命令。使用 rpm 命令安装软件容易出现问题，主要是因为软件包与软件包之间有依赖关系，当安装某个软件包时，需要先安装该软件所依赖的软件包才能安装本软件包，而该软件所依赖的软件包有可能又依赖于其他软件包，这种依赖关系导致使用 rpm 命令安装软件变得非常麻烦。yum 命令是 rpm 命令的改进版，使用 yum 命令可以自动寻找与要安装软件有依赖关系的所有安装包，并将一次性安装所有相关的安装包，从而解决 rpm 命令面临的软件包依赖问题。在使用 yum 命令安装软件包时，需要配置 yum 安装源。

（1）挂载光盘镜像。

```
[root@zenti ~]# mkdir -p /mnt/iso                    //在/mnt 目录下建立挂载点 iso
[root@zenti ~]# mount /dev/cdrom /mnt/iso            //将光盘挂载到/mnt/iso 目录下
mount: /dev/sr0 写保护，将以只读方式挂载
```

（2）配置本地 yum 安装源。

```
[root@zenti ~]# cd /etc/yum.repos.d/
//使用 vim 命令新建一个安装源配置文件 setup.repo，需要注意的是，该文件必须以.repo 为后缀
[root@zenti yum.repos.d]# vim setup.repo
```

setup.repo 文件的内容如下。

```
[setup]                          //yum 软件仓库的唯一标识符
name=setup                       //安装源名称描述
baseurl= file:///mnt/iso //安装源路径为/mnt/iso，本地文件地址为 file://，ftp 文件地址为 ftp://，网络地址为 http://
```

```
enable=1                    //设置此源是否可用，1 表示可用，0 表示禁用
gpgcheck=0                  //设置此源是否校验文件，1 表示校验，0 表示不校验
```

本地 yum 安装源配置好以后，利用 yum 命令可以非常方便地安装各种软件。

2．安装 Samba 服务

在安装 Samba 服务之前，可以使用 rpm -qa | grep samba 命令查看操作系统是否安装了 Samba 相关的软件包。

```
[root@zenti ~]# rpm -qa | grep samba          //查询操作系统已安装的 Samba 软件包
samba-common-4.6.2-8.el7.noarch
samba-client-libs-4.6.2-8.el7.x86_64
[root@zenti ~]# yum clean all                 //清除 yum 安装缓存
[root@zenti ~]# yum install samba -y          //安装 Samba 服务
已加载插件：langpacks, product-id, search-disabled-repos, subscription-manager
……
已安装:
  samba.x86_64 0:4.6.2-8.el7
作为依赖被安装:
  pytalloc.x86_64 0:2.1.9-1.el7            samba-common-libs.x86_64 0:4.6.2-8.el7
  samba-common-tools.x86_64 0:4.6.2-8.el7      samba-libs.x86_64 0:4.6.2-8.el7
完毕！
[root@zenti ~]# rpm -qa | grep samba          //再次查询操作系统已安装的 Samba 软件包
samba-common-tools-4.6.2-8.el7.x86_64
samba-common-4.6.2-8.el7.noarch
samba-common-libs-4.6.2-8.el7.x86_64
samba-client-libs-4.6.2-8.el7.x86_64
samba-libs-4.6.2-8.el7.x86_64
samba-4.6.2-8.el7.x86_64
```

3．启动 Samba 服务

```
[root@zenti ~]# systemctl start smb
```

【知识拓展】

1．rpm 命令和 yum 命令

1）rpm 命令

rpm 命令主要用于对 rpm 软件包进行管理。rpm 命令的语法格式如下。

```
rpm  [选项]  软件包名
```

rpm 命令常用的选项如下。

- -qa：查询操作系统中安装的所有软件包。
- -q：查询操作系统中是否安装了指定的软件包。
- -qi：查询操作系统中已安装软件包的描述信息。
- -ql：查询操作系统中已安装软件包所包含的文件列表。
- -qf：查询操作系统中指定文件所属的软件包。

- -qp：查询 rpm 软件包的信息，通常用于在未安装软件包之前了解软件包的信息。
- -i：用于安装指定的 rpm 软件包。
- -v：显示比较详细的信息。
- -h：以“#”显示进度。
- -e：删除已安装的 rpm 软件包。
- -U：升级指定的 rpm 软件包。
- -F：更新软件包。

2）yum 命令

yum 软件仓库的使用主要依靠 yum 命令，使用 yum 命令可以进行软件包的安装和管理。yum 命令的语法格式如下。

```
yum  [选项]  软件包名
```

yum 命令常用的选项如下。

- install：安装指定的软件包。
- reinstall：重新指定安装的软件包。
- remove：卸载已安装的软件包。
- update：升级指定的软件包。
- info：查看指定软件包的信息。
- deplist：查看指定软件包的依赖关系。

其他常用命令如下。

- yum list installed：查看所有已安装的软件包。
- yum clean all：清除所有仓库缓存。

2. Samba 服务的启停命令

Samba 服务的启停命令如表 7-1 所示。

表 7-1　Samba 服务的启停命令

Samba 服务的启停命令	功　能
systemctl start smb	启动 Samba 服务
systemctl restart smb	重启 Samba 服务
systemctl stop smb	停止 Samba 服务
systemctl reload smb	重新加载 Samba 服务
systemctl status smb	查看 Samba 服务的状态
systemctl enable smb	设置 Samba 服务为开机自动启动

注意：在 Linux 操作系统的服务中，更改配置文件之后一定要重启服务，从而使配置生效。

任务 2　配置共享目录

【任务分析】

为了满足 Linux 操作系统和 Windows 操作系统的用户对文件服务的需求，王工采用 Samba

服务器来提供文件共享服务，并做出如下详细规划。

（1）公司局域网的网络地址为 192.168.0.0，新架设的 Samba 服务器（文件服务器）的 IP 地址为 192.168.0.5。

（2）共享目录为/project/data，共享名为 project，目录可浏览、可读/写。

（3）工作组群为 WORKGROUP，安全性级别为 user。

（4）仅允许 project 组中的用户访问该目录，project 组中的用户对该目录具有读取、写入和执行权限，但 project 组中的用户不允许本地登录。

（5）仅允许 192.168.0.0 网络主机访问 Samba 服务器的资源。

【知识准备】

1．认识 Samba 服务的主配置文件

Samba 服务的主配置文件是/etc/samba/smb.conf。/etc/samba/smb.conf.example 是详细说明文件，该文件中包含关于 Samba 服务各个配置项的详细说明。

1）smb.conf 文件的结构

smb.conf 文件进行了分段划分，每段由段名开始，直到下一个段名结束，段名是该共享资源的名字，放在方括号中间，段中的参数是该共享资源的属性，基本格式是“参数名=参数值”。除了[global]段，所有的段都可以看作一个共享资源。

smb.conf 文件的结构如下。

```
[global]
        workgroup = SAMBA
        security = user
      ……
[homes]
        comment = Home Directories
        valid users = %S, %D%w%S
        browseable = No
       ……
[printers]
        comment = All Printers
        path = /var/tmp
       ……
[print$]
        comment = Printer Drivers
        path = /var/lib/samba/drivers
       ……
```

2）Samba 服务中的参数

Samba 服务中的参数分为全局参数（Global Settings）和共享参数（Share Definitions），配置时需注意生效范围。全局参数用于设置整个操作系统的规则，其设置对整个 Samba 服务器有效。在 smb.conf 文件中，[global]段之后的部分表示全局参数。共享参数用来设置共享域的各种属性，即 Samba 服务器中共享给其他用户的文件或打印机资源，设置共享域的格式是“[共享名]”，共享名表示共享资源对外显示的名称。

（1）配置全局参数。

Samba 服务常用的全局参数如表 7-2 所示。

表 7-2　Samba 服务常用的全局参数

全局参数	功　能
workgroup = 工作组群的名称	设置局域网中工作组群的名称，如 workgroup = MYGROUP
server string = 服务器描述	设置 Samba 服务器的说明信息，如 server string = Samba Server Version %v，参数%v 为 SMB 的版本号
log file = 日志文件名	定义日志文件的存储位置与名称，如 log file = /var/log/samba/log.%m，参数%m 为来访的主机名
max log size = 最大容量	定义日志文件的最大容量，如 max log size =100，表示日志文件的最大容量为 100KB
security =安全级别	设置 Samba 客户端的身份验证方式，主要包括 4 种。 • share：来访主机无须验证口令，比较方便，但安全性较差。 • user：需要验证来访主机提供的口令后才可以访问，安全性较高，操作系统的默认方式。 • server：使用独立的远程主机验证来访问主机提供的口令（集中管理账户）。 • domain：使用域控制器进行身份验证
passdb backend = 密码存储方式	设置如何存储账户和密码，主要包括 3 种。 • smbpasswd：使用 smbpasswd 命令为系统用户设置 Samba 服务程序的密码。 • tdbsam：创建数据库文件并使用 pdbedit 命令建立 Samba 服务程序的用户。 • ldapsam：基于 LDAP 服务进行账户验证
encrypt passwords = yes | no	设置是否对账户的密码加密，默认为 yes
load printers = yes | no	设置在 Samba 服务启动时是否共享打印机设备
cups options = raw	打印机的选项
hosts allow = 允许主机列表	设置允许连接到 Samba 服务器的客户端，既可以用一个 IP 地址表示，也可以用一个网段表示，还可以使用主机名表示，列表中各客户端之间使用空格分隔，具体如下。 • hosts allow = server.zenti.cc。 • hosts allow = 127. 192.168.12　192.168.1.（表示允许访问的主机 IP 地址或网段，多个参数用空格隔开，该选项设置允许主机 192.168.1.1 及子网 192.168.3.0/24 内的所有主机访问）。 • host allow = ALL EXCEPT 192.168.0.224（表示允许除 192.168.0.224 以外的所有主机访问，ALL 表示所有，EXCEPT 表示排除）
hosts deny = 禁止主机列表	hosts deny 与 hosts allow 刚好相反

（2）配置共享参数。

Samba 服务常用的共享参数如表 7-3 所示。

表 7-3　Samba 服务常用的共享参数

共享参数	功　能
comment = 注释信息	设置共享资源的描述信息
path = 绝对路径	设置共享资源的原始完整路径，除了路径要正确，目录的权限也要设置正确，如 path = /data/share
browseable = yes | no	设置共享资源是否在“网上邻居”中可见。 browseable = yes　#在“网上邻居”中可见 browseable = no　#在“网上邻居”中不可见
public = yes | no	设置是否允许用户匿名访问共享目录（只有当 security = share 时此项才起作用）。 public c= yes　#允许用户匿名访问 public = no　#不允许用户匿名访问

续表

共享参数	功能
read only = yes | no	设置共享目录是否只读，当与 writable 发生冲突时以 writable 为准。 read only = yes #只读 read only = no #读/写

writable = yes | no	设置共享目录是否可写，当与 read only 发生冲突时，忽略 read only。
	writable = yes #读/写
	writable = no #只读

valid users =用户名| @组群名	设置允许访问 Samba 服务的用户或组群，多个用户中间用逗号隔开，余同。 valid users = 用户名 valid users = @组群名
invalid users=用户名| @组群名	invalid users 与 valid users 刚好相反
read list = 用户名| @组群名	设置对共享目录只有读取权限的用户或组群
write list = 用户名| @组群名	设置可以在共享目录内进行写操作的用户和组群
hosts allow = 允许主机列表	设置允许连接到 Samba 服务器的客户端，既可以用一个 IP 地址表示，也可以用一个网段表示
hosts deny = 禁止主机列表	hosts deny 与 hosts allow 刚好相反

（3）两个特殊的共享域。

[homes]和[printers]是两个特殊的共享域。[homes]表示共享用户的家目录，当使用者以 Samba 用户的身份登录 Samba 服务器后，就可以看到自己的家目录，目录名是用户自己的账号；[printers] 表示共享打印机，设置了 Samba 服务器中共享打印资源的属性。

（4）参数变量。

在 Samba 服务的参数值中，除了可以输入字符串，还可以使用参数变量来简化配置，如 server string = Samba Server Version %v，其中的%v 就是参数变量，该变量会被实际的参数值取代。Samba 服务常用的参数变量如表 7-4 所示。

表 7-4 Samba 服务常用的参数变量

参数变量	功能
%I	Samba 客户端的 IP 地址
%m	Samba 客户端的 NetBios 名
%M	Samba 客户端的主机名
%L	Samba 服务器的 NetBios 名
%h	Samba 服务器的主机名
%v	Samba 服务器的版本
%T	Samba 服务器的日期和时间
%P	当前共享的根目录
%g	当前用户所属的组群
%U	当前会话的用户名
%H	Samba 用户的家目录
%S	共享名

3）配置示例

【例 7-1】 Samba 服务器公司的软件共享目录为/share/software，需要将该目录发布为共享目录，共享名为 software。该目录允许匿名用户访问、浏览，目录权限为只读。具体设置如下所示。

[software]

```
        comment = software
        path = /share
        browseable = yes
        read only = yes
        public = yes
```

【例 7-2】Samba 服务器的/datashare/project 目录下存放了公司大量的项目文档，为了保证目录安全，仅允许 192.168.0.0 及 project 组中的用户访问。该目录允许浏览，只读。具体设置如下所示。

```
[project]
        comment = project files
        path = /datashare/projec
        browseable = yes
        read only = yes
        public = yes
        valid users = @project
        hosts allow = 192.168.0.
```

2. 管理 Samba 用户

为了提高 Samba 服务的安全性，一般要求使用者在 Samba 客户端以 Samba 用户的身份提交用户名及密码进行身份验证，验证成功后才可以登录 Samba 服务器，Samba 用户的用户名和密码信息保存在/etc/samba/smbpasswd 文件中。那么，如何创建 Samba 用户呢？Samba 用户是和 Linux 系统用户联系在一起的，在创建 Samba 用户之前，必须先创建一个同名的系统用户，再通过 smbpasswd 命令对 Samba 用户进行管理。smbpasswd 命令的语法格式如下。

```
smbpasswd [选项] [用户名]
```

smbpasswd 命令常用的选项如下。

- -a：添加 Samba 用户并设置密码。
- -d：禁用 Samba 用户。
- -e：启用 Samba 用户。
- -n：将 Samba 用户的密码设置为空。
- -x：删除 Samba 用户。

【任务实施】

本任务采用 3 台 VMware Workstation 虚拟机，分别是 RHEL 7 Samba 服务器、RHEL 7 Samba 客户端和 Windows 10 Samba 客户端，虚拟机的网络连接采用 VMnet1（仅主机模式）。

步骤 1：创建系统用户并添加 Samba 用户。

```
[root@zenti ~]# groupadd project                                          //创建项目组 project
[root@zenti ~]# useradd -G project -s /sbin/nologin project_user1   //创建用户 project_user1，并加入 project 组中
[root@zenti ~]# useradd -G project -s /sbin/nologin project_user2
[root@zenti ~]# smbpasswd -a project_user1                                //添加 Samba 用户
New SMB password:
Retype new SMB password:
```

```
Added user project_user1.
[root@zenti ~]# smbpasswd -a project_user2
New SMB password:
Retype new SMB password:
Added user project_user2.
```

步骤 2：创建共享资源目录并设置权限。

```
[root@zenti ~]# mkdir -p /project/data
[root@zenti ~]# chmod 770 /project/data/ -R
[root@zenti ~]# setfacl -m g:project:rwx /project/data/
```

步骤 3：配置主配置文件 smb.conf。

smb.conf 文件的内容如下。

```
[global]
    workgroup = WORKGROUP                    //工作组群为 WORKGROUP
    security = user                          //设置为 user 安全级别，默认值
    passdb backend = tdbsam
    printing = cups
    printcap name = cups
    load printers = yes
    cups options = raw
[project]                                    //设置共享目录的共享名为 project
    comment = Project Directories
    path = /project/data/                    //设置共享目录的路径
    writable = yes                           //设置共享目录可读/写
    browseable = yes                         //设置共享目录可浏览
    valid users = @project                   //设置可访问的用户级别为 project
    hosts allow = 192.168.0.                 //设置允许访问的客户端 IP 地址
    hosts deny = all
```

步骤 4：将 SELinux 的安全策略设置为 Permissive。

```
[root@zenti ~]# setenforce 0
[root@zenti ~]# getenforce
Permissive
```

步骤 5：配置防火墙，放行 Samba 服务。

```
[root@zenti ~]# firewall-cmd --permanent --add-service=samba
success
[root@zenti ~]# firewall-cmd --reload
success
[root@zenti ~]# firewall-cmd --list-all
public (active)
  target: default
  icmp-block-inversion: no
  interfaces: ens33
  sources:
```

```
  services: ssh dhcpv6-client samba
......
```

步骤 6：重启 Samba 服务。

```
[root@zenti ~]# systemctl restart smb
```

【知识拓展】

日志文件对 Samba 服务而言非常重要，因为它存储着客户端访问 Samba 服务器的信息，以及 Samba 服务器的错误提示信息等，可以通过分析日志来解决客户端访问服务器的问题，同时也可以查看异常操作的记录，保障共享文件的安全。

Samba 服务的日志文件默认存放在/var/log/samba/目录下。其中，log.smbd 是 smbd 进程的日志文件，记录了用户访问 Samba 服务器的问题，以及服务器本身的错误信息，可以通过该文件获得大部分的 Samba 维护信息；log.nmbd 是 nmbd 进程的日志文件，记录了 nmbd 进程的解析信息。用户也可以在/etc/samba/smb.conf 文件中，通过 log file、max log size 等日志选项，根据自己的实际需求进行设置。

客户端通过网络访问 Samba 服务器后，可以自动添加客户端的相关日志。Linux 管理员可以根据这些文件来查看用户的访问情况和服务器的运行情况。另外，当 Samba 服务器工作异常时，也可以通过/var/log/samba/目录下的日志进行分析。

任务 3　使用共享目录

【任务分析】

Samba 服务器的共享资源配置好以后，接下来就是如何访问 Samba 服务器提供的共享资源。由于公司中存在 Windows 操作系统和 Linux 操作系统两种不同的 Samba 客户端，因此在访问服务器的共享资源时，两种类型的客户端都要考虑到，Windows 客户端访问 Samba 服务器的共享资源的操作步骤比较简单，用户可以通过“网络”查找，也可以直接在 Windows 客户端的地址栏中输入“\\ Samba 服务器的主机名”或 IP 地址进行访问。Linux 客户端访问 Samba 服务器的共享资源可以使用 smbclient 命令，也可以通过 mount 命令将 Samba 服务器的共享目录挂载到本地，挂载后操作 Samba 服务器的共享目录就像操作本地目录一样。

本任务主要介绍如下内容。

（1）Windows 客户端访问 Samba 服务器的共享资源。

（2）Linux 客户端访问 Samba 服务器的共享资源。

【知识准备】

1. 使用 smbclient 命令访问并管理 Samba 服务器的共享资源

smbclient（samba client）命令是基于 SMB 协议的，是 Samba 服务器提供的一个客户端工具，用于存储和读取 Samba 服务器上的用户端程序。使用 smbclient 命令登录 Samba 服务器后，可以使用 ls、cd、lcd、get、put、mkdir、rmdir 等类似于 FTP 服务器的命令交互式地访问 Samba

服务器的共享资源。smbclient 命令的语法格式如下。

```
smbclient [服务器名 | IP 地址/共享目录] [选项]
```

smbclient 命令常用的选项如下。

- -I ip-address：指定 Samba 服务器的 IP 地址。
- -L host：获得指定 Samba 服务器的共享资源列表。
- -U username[%password]：指定连接 Samba 服务器使用的用户名及密码。

【例 7-3】 查看 Samba 服务器 192.168.0.5 可用的共享资源列表。

```
[root@client2 ~]# smbclient -L 192.168.0.5    -U    project_user1
Enter SAMBA\project_user1's password:
```

【例 7-4】 连接 Samba 服务器 192.168.0.5 并进入交互模式。

```
[root@client2 ~]# smbclient //192.168.0.5/project -U project_user1
Enter SAMBA\project_user1's password:
Domain=[ZENTI] OS=[Windows 6.1] Server=[Samba 4.6.2]
smb: \>
```

2．使用 mount 命令挂载共享目录

除了使用 smbclient 命令，Linux 客户端还可以使用 mount 命令将 Samba 服务器上的共享目录挂载到本地。使用 mount 命令挂载共享目录的格式如下。

第 1 种格式如下。

```
mount -o user=[用户名]    //Samba 服务器的主机名 | IP 地址  挂载点
```

第 2 种格式如下。

```
mount.cifs -o user=[用户名]    //Samba 服务器的主机名  | IP 地址  挂载点
```

【例 7-5】 将 Samba 服务器 192.168.0.5 的共享目录 project 挂载到本地目录/root/project_data。

```
[root@client2 ~]# mount -o user=project_user1 //192.168.0.5/project /root/project_data/
Password for project_user1@//192.168.0.5/project:    *********
```

【任务实施】 

1．Windows 客户端访问 Samba 服务器的共享资源

Samba 服务器和 Windows 客户端使用的操作系统及 IP 地址如表 7-5 所示。

表 7-5　Samba 服务器和 Windows 客户端使用的操作系统及 IP 地址

主 机 名	操 作 系 统	IP 地 址
Samba 服务器：zenti	RHEL 7	192.168.0.5
Windows 客户端：client1	Windows 10	192.168.0.101

（1）使用 UNC 路径直接访问 Samba 服务器的共享资源。

步骤 1：使用 ping 命令检查 Windows 客户端和 Samba 服务器之间的网络连通性。

步骤 2：在 Windows 10 的“运行”对话框的“打开”文本框中输入 Samba 服务器的 UNC 路径“\\192.168.0.5”，单击“确定”按钮，如图 7-6 所示。

步骤 3：在“Windows 安全中心”对话框中输入 Samba 用户名“project_user1”及 Samba 用户的密码“123456789”（注意，这里要输入的是 Samba 用户的密码，而不是 Linux 系统用户

的密码；Samba 用户的密码是在添加 Samba 用户后操作系统提示“New SMB password:”时设置的密码），单击“确定”按钮，如图 7-7 所示。

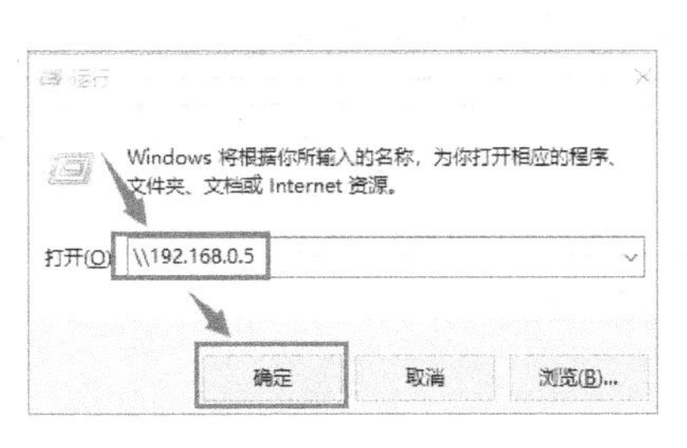

图 7-6　“运行”对话框

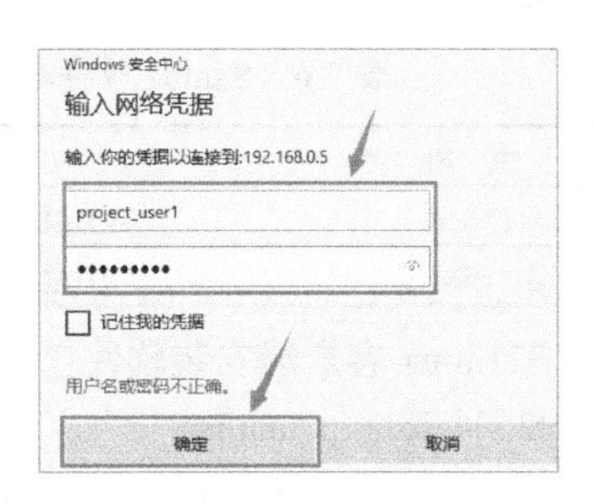

图 7-7　“Windows 安全中心”对话框

步骤 4：通过验证后可以看到 Samba 服务器的共享资源，如图 7-8 所示。

步骤 5：双击“project”，测试当前用户的权限，如浏览、读/写、更名、删除文件等操作，如图 7-9 所示。

图 7-8　Samba 服务器的共享资源

图 7-9　测试 Samba 服务器共享目录的权限

（2）通过映射网络驱动器的方式访问 Samba 服务器的共享资源。

步骤 1：右击桌面上的“此电脑”，在弹出的快捷菜单中选择“映射网络驱动器”命令，打开“映射网络驱动器”对话框，输入 Samba 服务器的共享资源路径“\\192.168.0.5\project”，单击“完成”按钮，如图 7-10 所示。

步骤 2：打开“Windows 安全中心”对话框，输入 Samba 用户名及密码，单击“确定”按钮，如图 7-7 所示。

步骤 3：通过验证后，在“此电脑”中会出现网络驱动器的共享目录“project (\\192.168.0.5)”，如图 7-11 所示，其中“网络位置”下的驱动器 Z 盘就是共享目录 project，这样就可以很方便地访问共享目录。

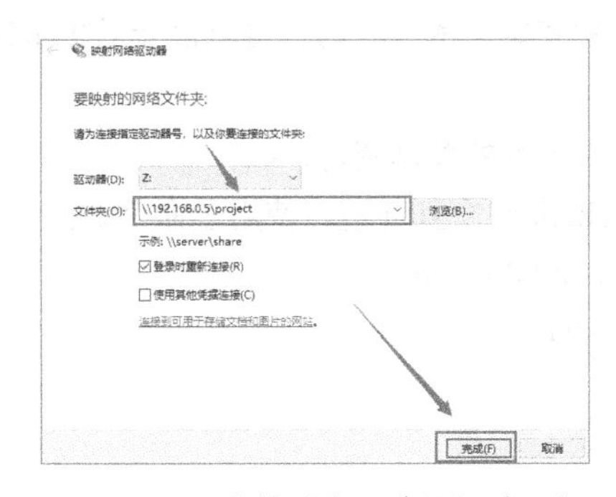

图 7-10　“映射网络驱动器”对话框

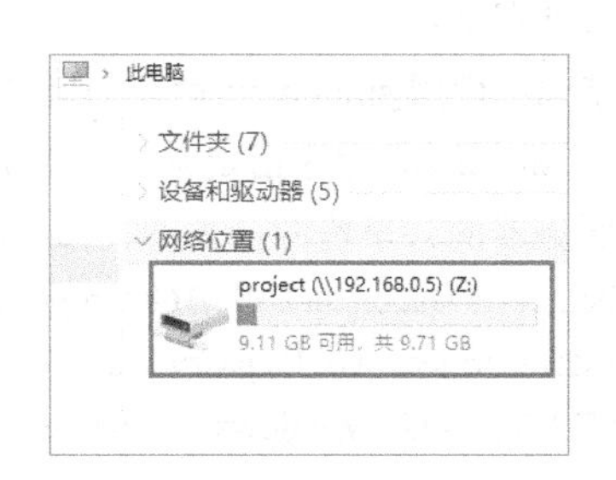

图 7-11　网络驱动器 Z 盘

2. Linux 客户端访问 Samba 服务器的共享资源

Samba 服务器和 Linux 客户端使用的操作系统及 IP 地址如表 7-6 所示。

表 7-6 Samba 服务器和 Linux 客户端使用的操作系统及 IP 地址

主 机 名	操 作 系 统	IP 地 址
Samba 服务器：zenti	RHEL 7	192.168.0.5
Linux 客户端：client2	RHEL 7	192.168.0.102

（1）在 Linux 客户端安装软件包 samba-client 和 cifs-utils。

```
[root@client2 ~]#mkdir -p /mnt/iso/
[root@client2 ~]#  mount /dev/cdrom /mnt/iso
mount: /dev/sr0 写保护，将以只读方式挂载
[root@client2 ~]#cd /etc/yum.repos.d/
[root@client2 yum.repos.d]# vim setup.repo
//setup.repo 文件的内容请参考本项目的任务 1 中的“1.配置 yum 安装源”
[root@client2 yum.repos.d]# yum install samba-client cifs-utils -y
……
已安装:
  cifs-utils.x86_64 0:6.2-10.el7                    samba-client.x86_64 0:4.6.2-8.el7
完毕!
```

（2）Linux 客户端使用 smbclient 命令访问服务器。

步骤 1：使用 smbclient 命令查看 Samba 服务器可用的共享资源列表。

```
[root@client2 ~]#  smbclient -L 192.168.0.5 -U project_user1
Enter SAMBA\project_user1's password:
Domain=[ZENTI] OS=[Windows 6.1] Server=[Samba 4.6.2]
        Sharename       Type      Comment
        ---------       ----      -------
        project         Disk      Project Directories
        IPC$            IPC       IPC Service (Samba 4.6.2)
Domain=[ZENTI] OS=[Windows 6.1] Server=[Samba 4.6.2]
        Server               Comment
        ---------            -------
        Workgroup            Master
        ---------            -------
```

注意：不同的用户使用 smbclient 命令看到的结果可能是不一样的，这取决于对 Samba 共享服务器的配置。

步骤 2：使用 smbclient 命令访问并管理 Samba 服务器的共享资源。

使用 smbclient 命令指定具体的服务名，进入 smbclient 交互环境，使用子命令访问并管理 Samba 服务器的共享资源，如 ls、cd、lcd、get、put、mkdir、rmdir 等。

```
[root@client2 ~]# smbclient //192.168.0.5/project -U project_user1
Enter SAMBA\project_user1's password:
Domain=[ZENTI] OS=[Windows 6.1] Server=[Samba 4.6.2]
smb: \> ls
```

```
   .                                     D          0   Fri Aug    13 21:13:25 2021
   ..                                    D          0   Wed Aug 11 18:02:33 2021
   project_user1.txt                     A         33   Fri Aug 13 22:48:17 2021
                  10190100 blocks of size 1024. 9560844 blocks available
smb: \> mkdir user1
smb: \> cd user1
smb: \user1\> lcd /root               //执行 lcd 命令，定位本地目录为/root
//将本地文件/root/user1.tx 上传至 Samba 服务器的 user1 目录下
smb: \user1\> put user1.txt
putting file user1.txt as \user1\user1.txt (16.6 kb/s) (average 11.1 kb/s)
smb: \user1\> ls
   .                                     D          0   Fri Aug 13 23:01:47 2021
   ..                                    D          0   Fri Aug 13 23:01:26 2021
   user1.txt                             A         34   Fri Aug 13 23:01:47 2021
                  10190100 blocks of size 1024. 9560828 blocks available
smb: \user1\> exit
[root@client2 ~]#
```

小知识：在交互模式下输入问号（？）可以查看具体的命令。

（3）Linux 客户端使用 mount 命令将 Samba 服务器的共享目录挂载到本地。

```
[root@client2 ~]# mkdir /root/project_data
       [root@client2 ~]#mount.cifs -o user=project_user1 //192.168.0.5/project /root/project_data/
Password for project_user1@//192.168.0.5/project:    *********
[root@client2 ~]# cd project_data/
[root@client2 project_data]# ls
project_user1.txt    user1
[root@client2 project_data]# mkdir user1_test
[root@client2 project_data]# ls
project_user1.txt    user1    user1_test
```

【知识拓展】

功能：在 Windows 操作系统中，查看计算机连接信息，以及连接与断开计算机共享资源等。

1）建立连接

建立连接的命令为“net use \\服务器 IP 地址[\ ipc$ "用户密码" /user:"用户账户"]”。

【例 7-6】在 Windows 操作系统中使用 net use 命令连接 Samba 服务器 192.168.0.5。

```
Microsoft Windows [版本 10.0.19042.1165]
(c) Microsoft Corporation。保留所有权利。
C:\WINDOWS\system32>net use \\192.168.0.5
密码或用户名在 \\192.168.0.5 无效。
为“192.168.0.5”输入用户名: project_user1
输入 192.168.0.5 的密码:
命令成功完成。
```

2）查看远程主机的共享资源

查看远程主机的共享资源的命令为“net view \\服务器 IP 地址”。

【例 7-7】在 Windows 操作系统中使用 net view 命令查看 Samba 服务器 192.168.0.5 上的共享资源。

```
C:\WINDOWS\system32>net view \\192.168.0.5
在 \\192.168.0.5 的共享资源
Samba 4.6.2
共享名    类型   使用为   注释
-------------------------------------------------------------------------------
project   Disk            Project Directories
命令成功完成。
```

3）映射远程共享

映射远程共享的命令为“net use 映射的本地磁盘 \\服务器 IP 地址\共享资源名称”。

【例 7-8】在 Windows 操作系统中使用 net use 命令将 Samba 服务器 192.168.0.5 上共享名为 project 的共享资源映射到 Z 盘，进入 Z 盘，查看、上传和下载相关的文件。

```
C:\WINDOWS\system32>net use z: \\192.168.0.5\project
命令成功完成。
C:\WINDOWS\system32>z:
Z:\>dir                                                          //查看
 驱动器 Z 中的卷是 project
 卷的序列号是 29A6-EDC5
 Z:\ 的目录
2021/09/01   15:12    <DIR>          .
2021/08/11   18:02    <DIR>          ..
2021/08/13   22:48               33 project_user1.txt
2021/08/13   23:01    <DIR>          user1
2021/08/16   16:50    <DIR>          user1_test
               1 个文件             33 字节
               4 个目录  9,774,751,744 可用字节
//将 Samba 服务器上的 project_user1.txt 文件复制到 D 盘并重命名为 samba_test.txt
Z:\>copy project_user1.txt d:\samba_test.txt
已复制         1 个文件。
//将 D:\samba_test.txt 复制到 Samba 服务器的根目录下
Z:\>copy d:\samba_test.txt z:
已复制         1 个文件。
Z:\>dir
 驱动器 Z 中的卷是 project
 卷的序列号是 29A6-EDC5
 Z:\ 的目录
2021/09/01   15:18    <DIR>          .
2021/08/11   18:02    <DIR>          ..
2021/08/13   22:48               33 project_user1.txt
2021/08/13   22:48               33 samba_test.txt
```

```
2021/08/13   23:01    <DIR>           user1
2021/08/16   16:50    <DIR>           user1_test
               2 个文件                66 字节
               4 个目录  9,774,747,648 可用字节
```

4）查看网络连接

查看网络连接的命令为 net use。

【例 7-9】查看本地主机所有的网络连接。

```
Z:\>net use
会记录新的网络连接。
状态      本地     远程                      网络
-------------------------------------------------------------------------------
OK        Z:       \\192.168.0.5\project     Microsoft Windows Network
OK                 \\192.168.0.5\IPC$        Microsoft Windows Network
命令成功完成。
```

5）删除网络连接

删除共享映射的命令为“net use 映射的盘/del”，如 net use Z: /del。

删除所有的网络连接的命令为 net use * /delete /y。

【例 7-10】删除本地主机所有的网络连接。

```
Z:\>c:
C:\Windows\System32>net use * /delete /y
你有以下远程连接:
    Z:            \\192.168.0.5\project
                  \\192.168.0.5\IPC$
继续运行会取消连接。
命令成功完成。
C:\Windows\System32>net use
会记录新的网络连接。
列表是空的。
```

项目小结

本项目主要介绍了 Linux 操作系统中 Samba 服务器的配置与管理，主要包括 Samba 服务的安装与启动、主配置文件 smb.conf 的结构及配置方法、Samba 用户的创建与管理，以及不同客户端访问 Samba 服务器的共享资源的几种方法。通过学习本项目，读者可以基本了解 Samba 服务器的配置。

实践训练（工作任务单）

1. 实训目标

（1）会安装和启动 Samba 服务。

（2）会配置 Samba 服务器。

（3）会使用 Windows 客户端和 Linux 客户端分别验证 Samba 服务。

2．实训内容

某公司有开发部（develop）、销售部（sales）、行政部（administration）和网络中心（network）4 个部门，您需要搭建一台文件服务器，用于实现公司 Windows 客户端和 Linux 客户端的文件访问需求，具体要求如下。

（1）公司局域网的网络地址为 192.168.1.0，文件服务器的 IP 地址为 192.168.1.203。

（2）网络中心能管理所有的共享目录。

（3）为每个部门分别建立一个共享目录，该目录仅允许部门内部人员进行读/写操作，其他部门人员不可见。

（4）为公司建立 software 共享目录，该目录用于存放公司常用的软件，并且仅允许所有的用户进行读操作，不允许进行写操作。

（5）为了加强服务器的安全性，仅允许 192.168.1.0 网段的主机访问该服务器。

请根据以上要求，在 RHEL 7 操作系统中安装并配置 Samba 服务器，完成配置以后分别在 Linux 客户端和 Windows 客户端进行验证。

课后习题

1．填空题

（1）Samba 服务由两个进程组成，分别是_________和_________。

（2）Samba 服务器有 4 种安全模式，分别是_________安全模式、_________安全模式、_________安全模式和_________安全模式。

（3）smb.conf 文件中主要包括 3 种结构，分别是_________、_________和_________。其中，_________用于定义全局参数和默认值，_________用于定义用户的 home 目录共享，_________用于定义打印机共享。

（4）启动 Samba 服务的命令是_________。

（5）如果共享资源存在重要数据，需要审核访问用户，则可以通过_________参数进行设置。

2．单项选择题

（1）在 Windows 操作系统和 Linux 操作系统之间共享资源，可以通过配置（　　）服务器来实现。

A．Samba　　B．HTTP　　C．DHCP　　D．SMTP

（2）（　　）命令可以用于检测操作系统是否安装了 Samba 相关性软件包。

A．rpm -qa | grep smb　　B．systemctl enable smb

C．rpm -qa | grep samba　　D．yum install samba -y

（3）Samba 服务的配置文件是（　　）。

A．/etc/samba/Samba.conf　　B．/etc/samba/smb.conf

C．/etc/smb/Samba.conf　　D．/etc/smb/smb.conf

（4）Samba 服务默认的安全等级是（　　）。

A．share　　B．user　　C．server　　D．domain

（5）用 Samba 服务器共享了目录，但是在 Windows 操作系统的“网络邻居”中却看不到，应该在 smb.conf 文件中设置（　　）才能正确工作。

A．AllowWindowsClients=yes　　B．hidden=no

C．writable=yes　　D．browseable=yes

（6）用 Samba 服务器共享资源，如果该资源允许匿名用户访问，则可以配置 smb.conf 文件中的（　　）参数。

A．anonymous=yes　　B．public=yes

C．anonymous_enable=yes　　D．public_enable=yes

（7）（　　）命令允许 192.168.1.0/24 访问 Samba 服务器。

A．hosts allow=192.168.1.　　B．hosts enable=192.168.1.

C．hosts deny=192.168.1.　　D．hosts accept=192.168.1.

（8）Samba 服务的密码文件是（　　）。

A．/etc/smb/smbpasswd　　B．/etc/smb/sambapasswd

C．/etc/samba/sambapasswd　　D．/etc/samba/smbpasswd

（9）网络管理员小李配置了 Samba 服务器并共享了目录 share，通过 ifconfig 命令看到 Samba 服务器的 IP 地址为 192.168.1.254/24，如果通过 Windows 资源管理器来访问 Samba 服务器上的共享资源，则应该在地址栏中输入（　　）。

A．\\192.168.1.254　　B．//192.168.1.254

C．\\192.168.1.254\share　　D．//192.168.1.254/share

（10）某公司使用 Linux 操作系统搭建了 Samba 服务器并共享资源，如果用户名为 smb_user1 的员工因出差需要临时禁用其账户，那么此时可以使用（　　）命令。

A．smbpasswd -a smb_user1　　B．smbpasswd -d smb_user1

C．smbpasswd -e smb_user1　　D．smbpasswd -x smb_user1

（11）某公司使用 Linux 操作系统搭建了 Samba 服务器并共享资源，如果 Linux 操作系统的 Samba 客户端用户 smb_user1 需要查看 Samba 服务器 192.168.10.10 可用的共享资源，那么此时可以使用（　　）命令。

A．smbclient -L 192.168.10.10　-U　project_user1

B．smbclient　// 192.168.10.10 -U project_user1

C．smbpasswd -L 192.168.10.10　-U　project_user1

D．smbpasswd　// 192.168.10.10 -U project_user1

3．简答题

（1）简述 Samba 服务的功能。

（2）简述 Samba 服务的工作流程。

（3）简述搭建 Samba 服务器的流程。

项目8 使用DHCP动态管理主机地址

学习目标

【知识目标】

- 了解DHCP的IP地址分配方式。
- 理解DHCP的工作原理。
- 掌握搭建DHCP服务器的流程。
- 熟悉DHCP的配置文件。

【技能目标】

- 会安装和启动DHCP服务。
- 会配置DHCP服务器。
- 会配置DHCP客户端。

项目背景

某公司作为一家互联网公司，计算机等办公设备是必不可少的，随着业务的扩展，公司的员工也在快速增加。目前，公司总部原来设计的一个C类地址已经无法满足要求，同时，为了提高工作效率，公司专门为有在外办公需求和经常出差的员工配备了笔记本电脑，方便他们随时进行移动办公，由此也出现了很多网络使用故障，如IP地址冲突、移动办公设备的IP地址变更等成了网络部近期要解决的头等大事。

项目分解与实施

在网络管理工作中，IP地址的管理和维护一直都是非常重要的内容，在网络规模较小的时候，可以采用手动配置静态IP地址的方式来解决，经济实用，还很简单。但当网络规模较大的时候，这种方式就不再那么实用。要解决目前这个问题，需要搭建DHCP服务器，为此，小李制订了如下计划。

1. 安装DHCP服务。
2. 配置DHCP服务器。
3. 客户端的配置与测试。

任务 1　安装 DHCP 服务

【任务分析】

如前所述，每项服务在使用之前，都需要经过安装和配置。DHCP 服务的安装任务包括以下两点。

（1）使用 yum 命令安装 DHCP 服务。

（2）配置 DHCP 服务并启动。

【知识准备】

1．DHCP 服务概述

随着计算机网络规模的不断扩大和复杂程度的不断提高，计算机的数量经常超过可供分配的 IP 地址的数量。同时，随着便携设备及无线网络的广泛应用，用户可以随时随地通过无线网络接入，这些因素都使计算机网络的配置变得越来越复杂，而 DHCP（Dynamic Host Configuration Protocol，动态主机配置协议）就是为了解决这些问题而发展起来的。

DHCP 是一种简化主机 IP 地址配置管理的 TCP/IP 标准，可以自动为客户端计算机分配 IP 地址及其他网络信息。通过 DHCP，网络管理员能够对网络中的 IP 地址进行集中管理和自动分配，从而有效节约 IP 地址，实现资源的高效利用，简化网络配置，以及减少 IP 地址冲突。

DHCP 采用客户端/服务器工作模式，采用 UDP 作为网络层传输协议。当 DHCP 客户端启动时，由 DHCP 客户端向 DHCP 服务器提出 IP 地址配置申请，DHCP 服务器返回 IP 地址等相应的配置信息，以实现 IP 地址的动态分配。在 DHCP 的典型应用中，一般包括一台 DHCP 服务器和多台 DHCP 客户端，如图 8-1 所示。

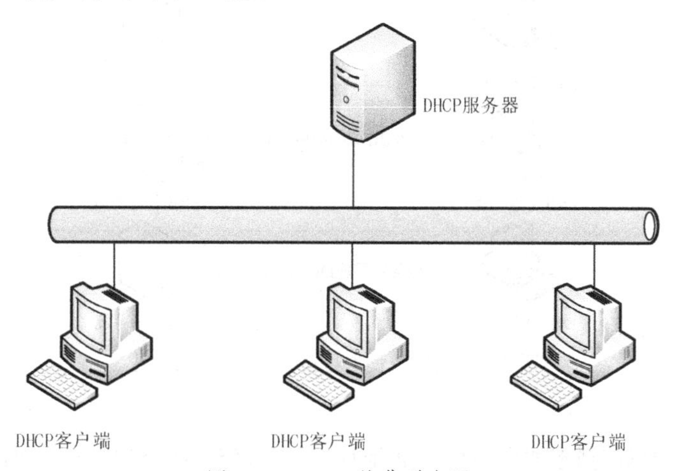

图 8-1　DHCP 的典型应用

2．DHCP 的 IP 地址分配方式

DHCP 分配 IP 地址有以下 3 种方式。

（1）自动分配。当 DHCP 客户端第一次从 DHCP 服务器租用到 IP 地址后，这个地址就永久地分配给该 DHCP 客户端使用，不会再分配给其他 DHCP 客户端，即使该 DHCP 客户端没有在线。这种方式也称为永久租用，会造成 IP 地址的浪费，适用于 IP 地址较为充足的网络。

（2）动态分配。DHCP 服务器会为分配出去的每个 IP 地址设定一个租期，当 DHCP 客户端每次从 DHCP 服务器租用到 IP 地址后，这个 IP 地址就暂时归该 DHCP 客户端使用，一旦租约到期，DHCP 服务器就会收回这个 IP 地址，再分配给其他 DHCP 客户端使用，实现资源的重复利用。如果 DHCP 客户端仍需要一个 IP 地址来完成工作，则可以再次申请。这种方式也称为限定租期，不仅能够自动重复地使用 IP 地址，还能够有效地解决 IP 地址不够用的问题，适用于 IP 地址比较紧张的网络。

（3）手动分配。如果使用这种方式，网络管理员就需要预先在 DHCP 服务器上以手动方式为特定 DHCP 客户端绑定固定的 IP 地址，当 DHCP 客户端向 DHCP 服务器申请 IP 地址时，DHCP 服务器根据预先绑定的 IP 地址和其他网络配置信息返回给 DHCP 客户端。这种方式也称为保留地址，适用于需要固定 IP 地址来访问的特殊主机或服务器。

3. DHCP 的工作原理

DHCP 客户端每次启动时，都要与 DHCP 服务器通信，以获取 IP 地址及有关的 TCP/IP 配置信息，有两种情况：一种是 DHCP 客户端向 DHCP 服务器申请新的 IP 地址；另一种是已经获得 IP 地址的 DHCP 客户端要求更新租约，继续租用该地址。下面分别介绍这两种情况的工作流程。

1）申请租用新的 IP 地址

DHCP 客户端每次启动都会向 DHCP 服务器申请新的 IP 地址。DHCP 客户端从开始申请到最终获取 IP 地址的过程如图 8-2 所示。

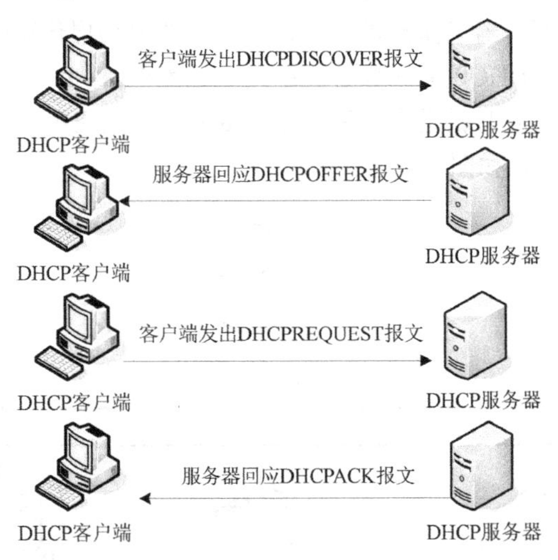

图 8-2　DHCP 服务器分配 IP 地址的过程

（1）发现阶段。

DHCP 客户端以广播形式向网络（IP 地址为 255.255.255.255）发出 DHCPDISCOVER 报文，查找网络中的 DHCP 服务器。

（2）提供阶段。

当网络中的 DHCP 服务器监听到 DHCP 客户端发出的 DHCPDISCOVER 报文后，从 IP 地址池中选取一个未租出的 IP 地址连同其他 TCP/IP 配置信息（如子网掩码、网关、DNS 等）作为 DHCPOFFER 报文，以广播形式发送给网络中的 DHCP 客户端。

（3）选择阶段。

DHCP 客户端收到 DHCPOFFER 报文后，以广播形式向网络中的 DHCP 服务器发送 DHCPREQUEST 报文，申请分配 IP 地址。如果网络中有多台 DHCP 服务器向 DHCP 客户端发送 DHCPOFFER 报文，那么 DHCP 客户端选择最先回复 DHCPOFFER 报文的服务器作为客户端请求的 DHCP 服务器，并以广播形式发送 DHCPREQUEST 报文，告诉网络中所有的 DHCP 服务器它接收哪一台 DHCP 服务器所提供的 IP 地址。

（4）确认阶段。

DHCP 服务器收到 DHCP 客户端的 DHCPREQUEST 报文之后，以广播形式向 DHCP 客户端发送 DHCPACK 报文进行确认，并把已经分配的 IP 地址从可供分配的 IP 地址池中去除，最终结束本次 IP 地址分配工作，而其他未被选择的 DHCP 服务器所分配的 IP 地址被收回，供其他 DHCP 客户端使用。DHCP 客户端收到 DHCPACK 报文之后，随即获得了所需的 IP 地址及相关的配置信息。

2）续租 IP 地址

如果 DHCP 客户端要延长现有 IP 地址的使用期限，则必须更新租约。当遇到以下两种情况时，需要续租 IP 地址。

（1）不管租约是否到期，已经获取 IP 地址的 DHCP 客户端每次启动时都将以广播形式向 DHCP 服务器发送 DHCPREQUEST 报文，请求继续租用原来的 IP 地址。即使 DHCP 服务器没有发送确认信息，只要租期未满，DHCP 客户端仍然能使用原来的 IP 地址。

（2）租约期限超过一半时 DHCP 客户端自动以非广播形式向 DHCP 服务器发出续租 IP 地址的请求。

4．搭建 DHCP 服务器的流程

（1）安装 DHCP 服务。

（2）编辑主配置文件/etc/dhcp/dhcpd.conf，指定 DHCP 客户端的网络信息，如 IP 地址的范围、DNS 服务器的 IP 地址、网关、租约期限等。

（3）配置防火墙，放行 DHCP 服务。

（4）重启 DHCP 服务，使配置生效。

【任务实施】

1．安装 DHCP 服务

在安装 DHCP 服务之前，需要先使用 rpm -qa | grep dhcp 命令查看操作系统是否安装了 DHCP 相关的软件包，如果未安装，则使用已经配置好的本地 yum 源一键安装 DHCP 服务。

```
[root@zenti ~]# rpm -qa | grep dhcp        //查询操作系统已安装的 DHCP 软件包
dhcp-common-4.2.5-58.el7.x86_64
dhcp-libs-4.2.5-58.el7.x86_64
[root@zenti ~]# yum clean all              //清除 yum 安装缓存
[root@zenti ~]# yum install dhcp -y        //安装 DHCP 服务
已加载插件：langpacks, product-id, search-disabled-repos, subscription-manager
……
已安装:
```

```
  dhcp.x86_64 12:4.2.5-58.el7
完毕!
[root@zenti ~]# rpm -qa | grep samba    //再次查询操作系统已安装的 DHCP 软件包
dhcp-4.2.5-58.el7.x86_64
dhcp-common-4.2.5-58.el7.x86_64
dhcp-libs-4.2.5-58.el7.x86_64
```

2．启动 DHCP 服务

```
[root@zenti ~]# systemctl start dhcpd
```

【知识拓展】

DHCP 服务的启停命令如表 8-1 所示。

表 8-1　DHCP 服务的启停命令

DHCP 服务的启停命令	功　　能
systemctl start dhcpd	启动 DHCP 服务
systemctl restart dhcpd	重启 DHCP 服务
systemctl stop dhcpd	停止 DHCP 服务
systemctl reload dhcpd	重新加载 DHCP 服务
systemctl status dhcpd	查看 DHCP 服务的状态
systemctl enable dhcpd	设置 DHCP 服务为开机自动启动

注意：在 Linux 的服务中，更改配置文件后一定要重启服务，从而使配置生效。

任务 2　配置 DHCP 服务器

【任务分析】

1．配置 DHCP 服务器的方案

根据公司网络的实际情况，为了合理地使用 IP 地址，除了公司预留的服务器使用固定 IP 地址，其余各部门和移动办公设备等都使用动态 IP 地址，小李规划的分配方案如下。

（1）公司使用的内部网络地址为 192.168.0.0/24，DHCP 服务器地址为 192.168.0.253/24，网关为 192.168.0.254，广播地址为 192.168.18.255。

（2）DHCP 服务器动态分配 IP 地址的范围为 192.168.0.11～192.168.0.200，其中 192.168.0.100 为其他服务器的 IP 地址，需要排除在外。

（3）DNS 服务器的域名为 dns. zenti.cc，IP 地址为 192.168.0.1。

（4）DHCP 服务器的默认租约期限为 7200 秒，最大租约期限为 1 天。

（5）为 MAC 地址为 5A:68:B0:28:00:AB 的主机分配固定 IP 地址 192.168.0.160。

2．配置解析

配置 DHCP 服务器主要通过 dhcpd.conf 配置文件实现，在配置文件中指定客户端获取 IP 地址的范围、子网掩码、默认网关、DNS 服务器的 IP 地址等。

【知识准备】

1. 主配置文件 dhcpd.conf

DHCP 服务的主配置文件是/etc/dhcp/dhcpd.conf，该文件中没有任何实质性的内容。使用 cat -n /etc/dhcp/dhcpd.conf 命令可以查看/etc/dhcp/dhcpd.conf 文件的默认内容，具体如下。

```
[root@zenti ~]# cat -n /etc/dhcp/dhcpd.conf
     1  #
     2  # DHCP Server Configuration file.
     3  #    see /usr/share/doc/dhcp*/dhcpd.conf.example
     4  #    see dhcpd.conf(5) man page
     5  #
```

其中，第 2 行表明该文件是 DHCP 服务器的配置文件，第 3 行提示用户可以参考/usr/share/doc/dhcp*/dhcpd.conf.example 文件来配置，下面以该文件为例介绍 DHCP 服务的主配置文件 dhcpd.conf。

1）主配置文件 dhcpd.conf 的结构

主配置文件 dhcpd.conf 的结构如下。

```
#全局配置
参数或选项;                    #全局生效
#局部配置
声明 {
    参数或选项;                #局部生效
    }
```

2）主配置文件 dhcpd.conf 的组成部分

主配置文件 dhcpd.conf 主要由参数（Parameter）、选项（Option）和声明（Declaration）这 3 部分组成。其中，每行开头的“#”表示注释，可以放在文件中的任何位置，除花括号“{}”外，其他行都以“;”结尾。

（1）参数。

主配置文件 dhcpd.conf 中的参数用于定义 DHCP 服务的各种网络参数，如域名、DNS 更新类型、租约期限、网关等，格式为“参数名 参数值”。

（2）选项。

主配置文件 dhcpd.conf 中的选项通常用于为 DHCP 客户端指定可选的网络参数，如域名、子网掩码、默认网关等，格式为“option 参数名 参数值”。

（3）声明。

声明用于定义网络的布局，如 IP 地址的作用域、DHCP 客户端分配的 IP 地址池、DHCP 客户端的保留 IP 地址等，格式为“声明的关键字{参数或选项;}”。

2. 常用的参数和选项

主配置文件 dhcpd.conf 的参数或选项包括全局配置和局部配置。全局配置对整个 DHCP 服务器生效；局部配置通常由声明部分表示，该部分仅对局部生效。DHCP 服务常用的参数和选项如表 8-2 和表 8-3 所示。

表 8-2　DHCP 服务常用的全局参数和选项

参数和选项	功　能
ddns-update-style 类型	定义 DNS 服务动态更新的类型，DHCP 服务提供了 3 种更新模式，即 ad-hoc（特殊更新模式）、interim（互动更新模式）和 none（不支持动态更新）
default-lease-time 时间	定义默认的租约期限，单位为秒
max-lease-time 时间	定义最大租约期限，单位为秒
option domain-name 域名	定义客户端的 DNS 域名
option domain-name-servers 域名服务器列表	定义客户端的域名服务器
option ntp-server 地址	定义客户端的网络时间服务器（NTP）
option router 默认网关	定义客户端的默认网关
option time-offset 偏移值	指定客户端与格林尼治时间的偏移值，单位为秒

表 8-3　DHCP 服务常用的局部参数和选项

参数和选项	功　能
default-lease-time 时间	定义默认的租约期限，单位为秒
fixed-address IP 地址 1[，IP 地址 2]	指定为客户端分配一个或多个固定的 IP 地址
hardware 接口类型 硬件地址	指定客户端的硬件接口类型和硬件地址，常用类型为以太网，地址为 MAC 地址
max-lease-time 时间	定义最大租约期限，单位为秒
option broadcase-address 广播地址	定义客户端的广播地址项
option domain-name 域名	定义客户端的 DNS 域名
option domain-name-servers 域名服务器列表	定义客户端的域名服务器
option router 默认网关	定义客户端的默认网关
server-name 名称	向 DHCP 客户端通知 DHCP 服务器的主机名

3．常用的声明

DHCP 服务常用的声明有 subnet、range 和 host。

1）subnet 声明

subnet 声明用于定义作用域，指定子网，通常与 range 声明结合使用。subnet 声明的语法格式如下。

```
subnet 网络号 netmask 子网掩码{
        参数或选项;
   }
```

2）range 声明

range 声明用于定义动态 IP 地址的范围，如果只定义起始 IP 地址而没有定义终止 IP 地址，则范围内只有一个 IP 地址。range 声明的语法格式如下。

```
range [dynamic-bootp] 起始 IP 地址 [终止 IP 地址]
```

【例 8-1】某公司的内部网络地址为 192.168.1.0/24，DHCP 服务器的 IP 地址为 192.168.1.200，网关为 192.168.1.254；动态分配 IP 地址的范围为 192.168.1.1～192.168.1.220；DNS 服务器的域名为 dns.cvc.com，IP 地址为 192.168.1.98，默认租约期限为 1200 秒，最大租约期限为 7200 秒；广播地址为 192.168.1.255。subnet 声明如下。

```
subnet 192.168.1.0 netmask 255.255.255.0 {
        range 192.168.1.1 192.168.1.97;
```

```
        range 192.168.1.99 192.168.1.199;
        range 192.168.1.201 192.168.1.220;
        option domain-name "dns.cvc.com";
        option domain-name-servers 192.168.1.98;
        option routers 192.168.1.254;
        option broadcast-address 192.168.1.255;
        default-lease-time 1200;
       max-lease-time 7200;
}
```

3）host 声明

host 声明用于定义保留地址，实现 IP 地址和 DHCP 客户端物理地址的绑定，为 DHCP 客户端配置固定的 IP 地址，用于局域网内 IP 地址固定不变的 DHCP 客户端，通常与参数 hardware、fixed-addres 结合使用。host 声明的语法格式如下。

```
host 主机名{
            参数或选项;
}
```

【例 8-2】某公司的文印室有一台计算机用于接收上级部门的重要文件，需要设置为保留地址 192.168.1.10，MAC 地址为 00:24:8C:1F:64:A5。host 声明如下。

```
host client1 {
        hardware ethernet 00:24:8C:1F:64:A5;
        fixed-address 192.168.1.10;
}
```

【任务实施】

本任务采用 4 台 VMware Workstation 虚拟机，分别是 RHEL 7 DHCP 服务器 1 台、RHEL 7 DHCP 客户端两台，Windows 10 DHCP 客户端 1 台，虚拟机的网络连接采用 VMnet1（仅主机模式）。DHCP 服务的网络拓扑结构如图 8-3 所示。

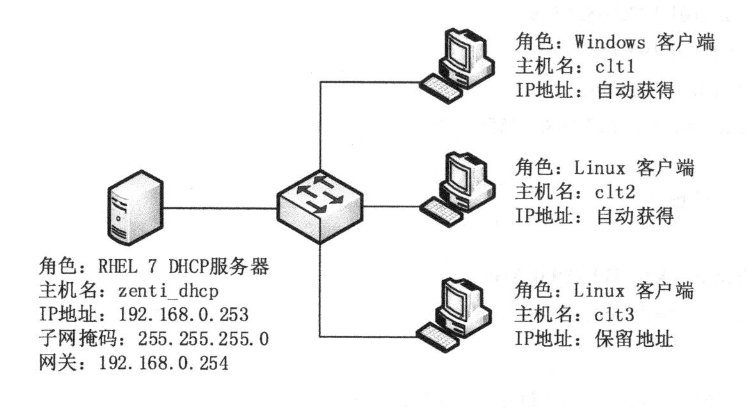

图 8-3　DHCP 服务的网络拓扑结构

步骤 1：关闭 VMnet1 虚拟网卡的 DHCP 服务。打开 VMware Workstation 虚拟机，选择"编辑"→"虚拟网络编辑器"命令，打开"虚拟网络编辑器"对话框，选中"VMnet1"，取消勾选“使用本地 DHCP 服务将 IP 地址分配给虚拟机”复选框，单击“确定”按钮，如图 8-4 所示。

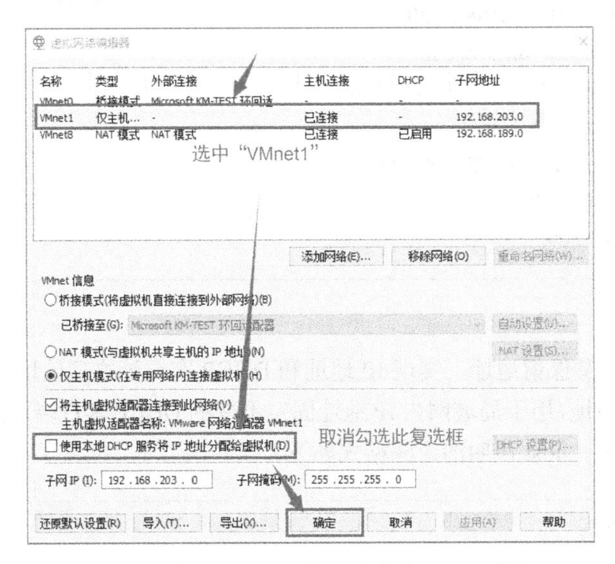

图 8-4　关闭 VMnet1 虚拟网卡的 DHCP 服务

步骤 2：编辑主配置文件/etc/dhcp/dhcpd.conf。

主配置文件 etc/dhcp/dhcpd.conf 的内容如下。

```
ddns-update-style none;
#指明域名和域名服务器地址
option domain-name "zenti.cc";
option domain-name-servers 192.168.0.1;
#定义默认租约期限和最大租约期限
default-lease-time 7200;
max-lease-time 86400;
#定义子网信息
subnet 192.168.0.0 netmask 255.255.255.0 {
    range 192.168.0.11 192.168.0.99;
    range 192.168.0.101 192.168.0.159;
    range 192.168.0.161 192.168.0.200;
    option routers 192.168.0.254;
    option broadcast-address 192.168.0.255;
}
#为 client 设置保留地址
host client {
    hardware ethernet 5A:68:B0:28:00:AB;
    fixed-address 192.168.0.160;
}
```

步骤 3：配置防火墙，放行 DHCP 服务。

```
[root@zenti ~]# firewall-cmd --permanent --add-service=dhcp
success
[root@zenti ~]# firewall-cmd --reload
```

```
success
[root@zenti ~]# firewall-cmd --list-all
```

步骤 4：重启 DHCP 服务。

```
[root@zenti ~]# systemctl restart dhcpd
```

【知识拓展】

1．DHCP 服务的租约数据库文件

/var/lib/dhcpd/dhcpd.leases 是 DHCP 客户端租约数据库文件，该文件中保存了一系列的租约声明，如客户端的主机名、MAC 地址、分配到的 IP 地址、IP 地址的有效期等。DHCP 服务刚安装好时，该文件是空的；当客户端获得 IP 地址时，操作系统会自动在该文件中添加相应的租约记录；当客户端的租约发生变化时，操作系统会自动在文件的结尾处添加新的租约记录。

2．查看客户端的 MAC 地址

在某些特定情况下，DHCP 服务器需要为 DHCP 客户端保留固定的 IP 地址，这就需要知道该客户端的 MAC 地址。

1）在 DHCP 服务器上通过租约数据库文件查看客户端的 MAC 地址

如果某客户端通过 DHCP 服务器获得了 IP 地址，那么此时可以通过 cat -n /var/lib/dhcpd/dhcpd.leases 命令查看客户端的 MAC 地址、主机名等信息。

```
[root@zenti ~]# cat -n /var/lib/dhcpd/dhcpd.leases
 1  lease 192.168.0.11 {
 2      starts 3 2021/08/18 03:45:09;
 3      ends 3 2021/08/18 05:45:09;
 4      cltt 3 2021/08/18 03:45:09;
 5      binding state active;
 6      next binding state free;
 7      rewind binding state free;
 8      hardware ethernet 00:0c:29:19:1e:3b;
 9      uid "\001\000\014)\031\036;";
10      client-hostname "clt1";
11  }
```

其中，第 8 行中的 00:0c:29:19:1e:3b 就是客户机 clt1 的 MAC 地址。

2）在客户端上通过命令查看 MAC 地址

（1）在 Linux 客户端上通过命令查看 MAC 地址。

在 Linux 操作系统中可以通过 nmcli device show ens33 命令、ip add show ens33 命令和 ifconfig ens33 命令等查看网卡 ens33 的 MAC 地址，如图 8-5 所示。

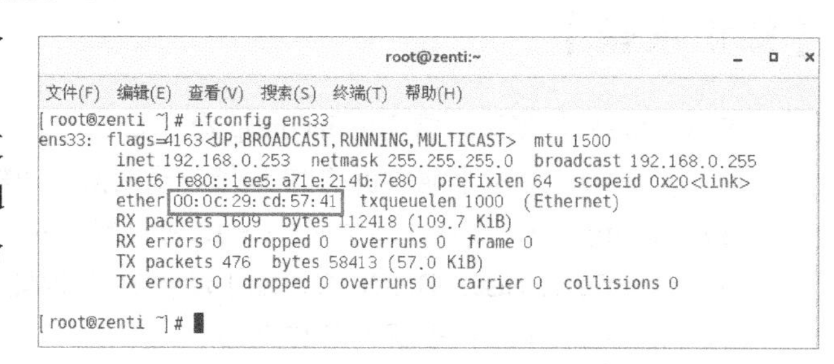

图 8-5　查看 Linux 操作系统的主机 MAC 地址

（2）在 Windows 客户端上通过

命令查看 MAC 地址。

在 Windows 操作系统中可以通过 ipconfig/all 命令查看本地网卡的 MAC 地址，如图 8-6 所示。

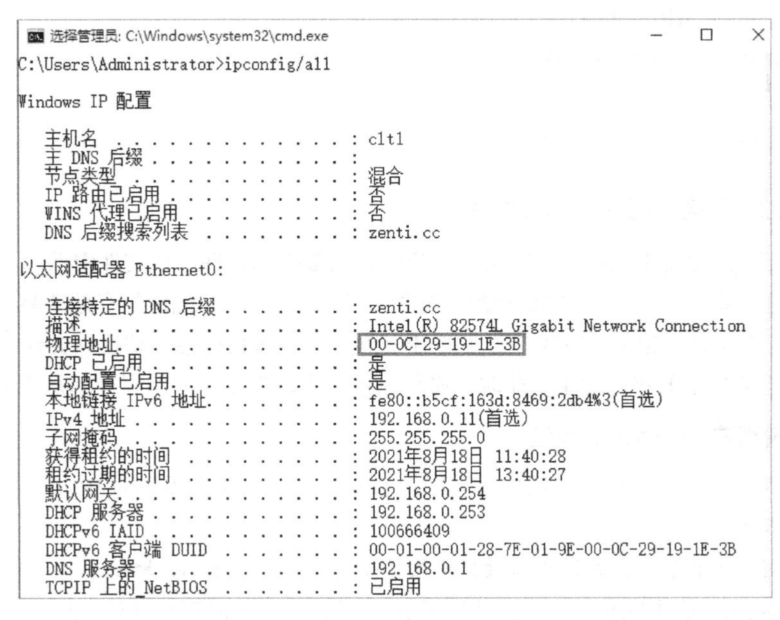

图 8-6　查看 Windows 操作系统的主机 MAC 地址

在 Windows 操作系统中，MAC 地址的格式类似于 00-0c-29-27-c6-12，间隔符为减号（-）；在 Linux 操作系统中，MAC 地址的间隔符则为冒号（:），在配置 DHCP 服务器时，MAC 地址依然使用冒号（:）。

任务 3　配置与测试 DHCP 客户端

【任务分析】

要通过 DHCP 服务器动态获得 IP 地址及其他网络配置信息，需要将 DHCP 客户端网络接口使用的 IP 地址的获取方式设置为自动获取。只有启用 DHCP 客户端才能从 DHCP 服务器租用 IP 地址，否则必须手动设置静态 IP 地址。

【知识准备】

在 Windows 环境下，常用的 ipconfig 命令如下。

（1）ipconfig：显示本地主机的 IP 地址、子网掩码和默认网关。

（2）ipconfig /all：显示本地主机 TCP/IP 协议配置的详细信息。

（3）ipconfig /release：DHCP 客户端手动释放 IP 地址。

（4）ipconfig /renew：重新申请 IP 地址。

（5）ipconfig /flushdns：清除本地 DNS 缓存。

（6）ipconfig /displaydns：显示本地 DNS 内容。

【任务实施】

1. 在Windows客户端配置与测试DHCP客户端

步骤1：将网卡的IP地址的获取方式设置为“自动获得IP地址”和“自动获得DNS服务器地址”。

在Windows操作系统的“控制面板”中单击“网络和Internet”→“网络和共享中心”→“更改适配器配置”链接，右击“本地连接”，在弹出的快捷菜单中选择“属性”命令，在打开的“本地连接 属性”对话框中双击“Internet协议版本4（TCP/IPv4）”，在“Internet协议版本4（TCP/IPv4）属性”对话框中，选中“自动获得IP地址”单选按钮和“自动获得DNS服务器地址”单选按钮，单击“确定”按钮，如图8-7所示。

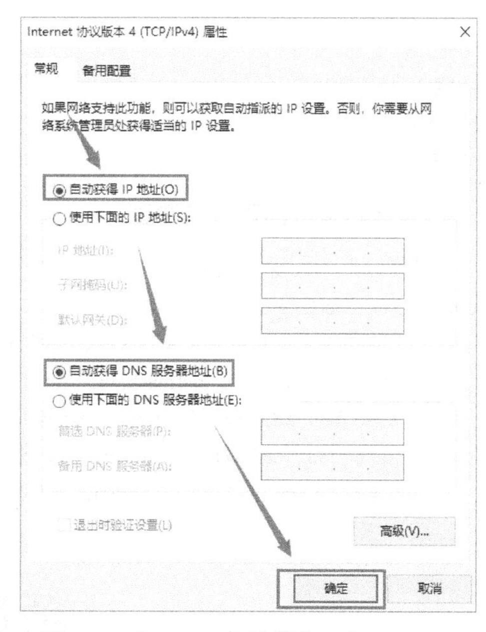

图8-7 “Internet协议版本4（TCP/IPv4）属性”对话框

步骤2：在Windows操作系统的命令行界面中，输入“ipconfig /all”命令查看本地主机TCP/IP协议配置的详细信息，如图8-6所示。

2. 在Linux客户端配置与测试DHCP客户端

在Linux客户端中，既可以通过图形界面来配置，也可以通过命令来配置，下面以命令方式进行介绍。

步骤1：编辑ens33网卡的配置文件/etc/sysconfig/network-scripts/ifcfg-ens33，将BOOTPROTO参数的值修改为dhcp，如果之前配置了静态IP地址，则将IPADDR、PREFIX、GATEWAY、DNS1等行删除或注释掉，并使用systemctl restart network命令重启网络服务。

```
[root@clt2 ~]# cat -n /etc/sysconfig/network-scripts/ifcfg-ens33
     1  TYPE=Ethernet
     2  PROXY_METHOD=none
     3  BROWSER_ONLY=no
     4  BOOTPROTO=dhcp
   ……
    16  #IPADDR=192.168.0.102
    17  #PREFIX=24
    18  #GATEWAY=192.168.0.254
    19  #DNS1=192.168.0.1
[root@clt2 ~]# systemctl restart network
```

步骤2：使用nmcli device show ens33命令、ip add show ens33命令和ifconfig ens33命令等查看网卡ens33的IP地址。

```
[root@clt2 ~]# nmcli device show ens33
GENERAL.设备:                                ens33
```

```
GENERAL.类型:                         ethernet
GENERAL.磁盘:                         00:0C:29:6D:5B:6E
GENERAL.MTU:                          1500
GENERAL.状态:                         100 (连接的)
.......
IP4.地址[1]:                          192.168.0.15/24
IP4.网关:                             192.168.0.254
IP4.DNS[1]:                           192.168.0.1
IP4.域[1]:                            zenti.cc
```

3. 保留地址的配置与测试

配置好 Linux 保留地址的客户端后，使用 ifconfig ens33 命令查看网卡 ens33 的 IP 地址。

```
[root@clt3 ~]# ifconfig ens33
ens33: flags=4163<UP,BROADCAST,RUNNING,MULTICAST>  mtu 1500
        inet 192.168.0.160  netmask 255.255.255.0  broadcast 192.168.0.255
        inet6 fe80::58fe:295a:2216:6d5  prefixlen 64  scopeid 0x20<link>
        inet6 fe80::1ee5:a71e:214b:7e80  prefixlen 64  scopeid 0x20<link>
        ether 5a:68:b0:28:00:ab  txqueuelen 1000  (Ethernet)
```

项目小结

本项目主要介绍了 Linux 操作系统中 DHCP 服务器的配置与管理，主要包括 DHCP 服务的安装与启动，DHCP 服务的主配置文件 dhcpd.conf 的结构及配置方法，以及 DHCP 客户端的配置与测试。通过学习本项目，读者可以清楚地了解 DHCP 服务器的配置。

实践训练（工作任务单）

1. 实训目标

（1）会安装和启动 DHCP 服务。

（2）会配置 DHCP 服务器。

（3）会配置 DHCP 客户端。

（4）会使用相关的命令测试 DHCP 服务器。

2. 实训内容

某公司的网络管理员需要部署一台 DHCP 服务器，使公司所有的客户端通过 DHCP 服务器自动获得 IP 地址，具体要求如下。

（1）公司使用的内部网络地址为 192.168.1.0/24，DHCP 服务器地址为 192.168.1.202，网关为 192.168.1.1。

（2）动态分配 IP 地址的范围为 192.168.1.2～192.168.1.240，其中 192.168.1.201～192.168.

1.210 已分配给局域网中的服务器使用。

（3）DNS 服务器的 IP 地址为 192.168.1.201，子网所属域名为 sunny.com。

（4）所有客户机的默认租约期限为 1 天，最大租约期限为 2 天。

（5）为 MAC 地址为 DC-71-96-38-77-63 的 Windows 客户端分配固定 IP 地址 192.168.1.100。

请根据以上要求，在 RHEL 7 操作系统中安装并配置 DHCP 服务器，并在 Linux 客户端和 Windows 客户端验证。

课后习题

1．填空题

（1）DHCP 的 IP 地址的分配方式有________方式、________方式和手动方式。

（2）在 DHCP 动态分配 IP 地址的过程中，DHCP 客户端会发出________报文和________报文，而 DHCP 服务器会回应________报文和________报文。

（3）配置完成 DHCP 服务器后，运行________命令可以启动 DHCP 服务。

（4）在 Windows 环境下，运行________命令可以查看本地主机的 IP 地址的详细信息，运行________命令可以从 DHCP 服务器上更新 IP 地址租约，运行________命令可以在 DHCP 客户端释放 IP 地址租约。

2．单项选择题

（1）DHCP 协议的作用是（　　）。

A．为客户机自动进行注册　　B．实现服务器远程自动登录

C．为客户机自动分配 IP 地址　　D．为客户机自动分配计算机名

（2）在安装 DHCP 服务器之前，必须保证这台计算机具有（　　）。

A．静态的 IP 地址　　B．动态的 IP 地址

C．DNS 服务器的 IP 地址　　D．Web 服务器的 IP 地址

（3）DHCP 服务的工作过程不包括（　　）。

A．IP 地址租约的发现阶段　　B．IP 地址租约的选择阶段

C．IP 地址租约的确认阶段　　D．IP 地址租约的终止阶段

（4）DHCP 服务的主配置文件是（　　）。

A．/etc/dhcpd.conf　　B．/etc/dhcp/dhcpd.conf

C．/etc/dhcpd.conf.example　　D．/etc/dhcp/dhcpd.conf.example

（5）在 DHCP 服务的配置文件中，表示地址池的选项是（　　）。

A．subnet　　B．netmask

C．range　　D．pool

（6）在 DHCP 服务的配置文件中，表示 DNS 服务器地址的选项是（　　）。

A．dns-server　　B．domain-name-servers

C．option dns-server　　D．option domain-name-servers

（7）在 DHCP 服务的配置文件中，表示默认网关的选项是（　　）。

A．default-gateway　　B．routers

C．option routers　　　　D．option default-gateway

（8）在 DHCP 服务的配置文件中，表示默认租期的选项是（　　）。

A．default-lease-time　　　　B．option default-lease-time

C．default-time　　　　D．option default-time

（9）在 Linux 操作系统中，对 DHCP 服务的配置文件的参数描述错误的是（　　）。

A．fixed-address ip 用于分配给客户端一个固定的地址

B．hardware 用于指定网卡接口的 MAC 地址

C．max-lease-time 用于指定最大租赁时间长度

D．option 用于设置可分配的地址池

（10）DHCP 客户端如果没有从 DHCP 服务器获取 IP 地址的配置信息，那么客户端将随机使用（　　）网段中的一个 IP 地址配置本地主机的 IP 地址。

A．10.0.0.0/8　　　　B．169.254.0.0/16

C．172.254.0.0/16　　　　D．192.168.1.0/24

（11）下列关于 DHCP 配置的叙述中，错误的是（　　）。

A．在 Windows 环境下，客户机可以使用 ipconfig/renew 命令重新申请 IP 地址

B．在 Linux 环境下，使用 systemctl restart dhcpd 命令可以重启 DHCP 服务

C．DHCP 服务器不需要配置固定的 IP 地址

D．DHCP 租约文件默认保存在/var/lib/dhcpd 目录下

（12）一个局域网利用 Linux 操作系统的 DHCP 服务为网络中所有的计算机提供动态 IP 地址分配服务。网络管理员发现一台计算机不能与网络中的其他计算机互相通信，但此时网络中的其他计算机之间仍然可以正常通信，并且在此之前，该计算机与网络中的其他计算机的通信也是正常的。为了查明故障所在，管理员使用 ipconfig/all 命令查看该计算机的 TCP/IP 协议的配置信息，发现该计算机的 IP 地址为 169.254.11.5，导致这一现象的原因可能是（　　）。

A．该计算机的 IP 地址已超过租约期限，并且暂时无法和 DHCP 服务器取得联系，导致动态申请 IP 地址失败

B．DHCP 服务器中的 IP 地址池中已无可分配的 IP 地址

C．DHCP 服务器中的动态 IP 地址范围设备有误

D．该计算机不是该 DHCP 服务器的客户端

3．简答题

（1）什么是 DHCP？

（2）简述 DHCP 服务器分配 IP 地址的过程。

项目9

使用 bind 提供域名解析服务

学习目标

【知识目标】

- 理解 DNS 域名空间的结构。
- 掌握 DNS 域名解析的过程。
- 理解递归查询和迭代查询。
- 了解 DNS 服务器的类型。
- 掌握 DNS 服务的全局配置文件、主配置文件和区域文件的配置方法。

【技能目标】

- 会安装和启动 DNS 服务。
- 会配置 DNS 服务器。
- 会配置 DNS 客户端并使用相关命令对 DNS 服务器进行测试。

项目背景

小李跟着阿福一起学习服务器的配置和管理，从 Samba 服务器和 DHCP 服务器的安装中尝到了甜头，他准备在公司的服务器上大展拳脚，将一系列的服务安装配置好，为公司的形象宣传、提高内部管理效率等提供方便。

现在，小李了解到领导正计划构建一台 DNS 服务器，为企业局域网中的计算机提供域名解析服务，以提高网络访问效率，于是主动请缨，承担 DNS 服务器的搭建工作。

项目分解与实施

相对来说，DNS 服务器的配置比 DHCP 服务器的配置难一些，因为 DNS 服务器的配置文件比较多，以及各文件的存储位置不同。本项目主要包括以下几方面内容。

1. 安装 DNS 服务器。
2. 配置 DNS 服务器。
3. 客户端的配置与测试。

任务 1　部署 bind 服务程序

【任务分析】

在 Linux 操作系统中，常用的 DNS 服务软件还是比较丰富的，如 bind、NSD、Unbound 等，当然，应用最多的还是 bind，NSD 和 Unbound 主要应用于轻量级的快速 DNS 服务器。本任务主要包括如下内容。

（1）安装 bind 软件包。

（2）启动 DNS 服务。

【知识准备】

1. DNS 与域名

1）DNS 服务

Internet 是基于 TCP/IP 协议进行通信和连接的，互联网中的每台计算机都有唯一的 IP 地址，从而与网络中的其他计算机进行区分。由于 IP 地址是一串数字，使用时难以记忆，并且不够形象和直观，因此在 IP 地址的基础上发展出一种符号化的地址方案，以代替数字型的 IP 地址，每个符号化的地址都与特定的 IP 地址对应，这样访问网络中的资源就容易很多。与网络中的数字型 IP 地址相对应的字符型 IP 地址称为域名，域名转换成 IP 地址的过程称为域名解析。

DNS（Domain Name Service，域名服务）是 Internet/Intranet 中最基础且非常重要的一项服务，提供了网络访问中域名和 IP 地址的相互转换。通过 DNS 服务，用户只需要输入计算机的域名即可访问相关的服务，而无须使用那些难以记忆的 IP 地址。

2）DNS 域名空间

域名空间（Domain Name Space）的结构为一棵倒置的树，并且进行层次划分，如图 9-1 所示。由树根到树枝，也就是从 DNS 根到下面的节点，按照不同的层次，进行统一的命名。从顶层到底层，可以分为根域、顶级域、二级域、子域，域中可以包含主机和子域。

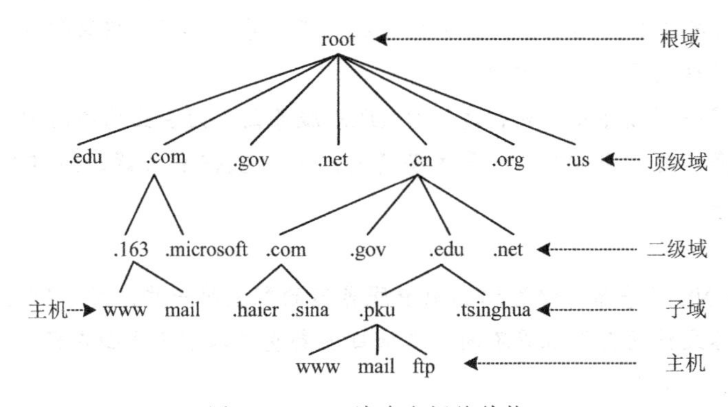

图 9-1　DNS 域名空间的结构

（1）根域。

DNS 域名空间结构的顶层为根域（root），是 DNS 树中的根节点。根域名服务器是互联网域名系统（DNS）中最高级别的服务器，它们存储着互联网上所有顶级域名服务器的地址信息。根域名服务器的作用是对域名进行解析，将域名转换为 IP 地址，以便计算机在互联网上互相通信，它是由 Internet 域名注册授权机构管理（该机构把域名空间各部分的管理责任分配给连接到 Internet 的各个组织）。根域用小圆点（.）表示，如 www.zenti.com.中最右边的小圆点表示根域，通常省略不写。

（2）顶级域。

顶级域位于根域的下一层，由 Internet 域名注册授权机构管理，共有 3 种类型的顶级域。

- 组织域：采用 3 个字符的代号，表示 DNS 域中所包含的组织的主要功能或活动，常见的有 com（商业机构组织）、edu（教育机构组织）、gov（政府机构组织）、mil（军事机构组织）、net（网络机构组织）、org（非营利机构组织）、int（国际机构组织），如 www.zenti.com 中的 com。
- 地址域：采用两个字符的国家或地区代号，如 cn 为中国、kr 为韩国、us 为美国、jp 为日本、fr 为法国、hk 为中国香港、tw 为中国台湾、mo 为中国澳门。
- 反向域：这是一个特殊域，名字为 in-addr.arpa，用于将 IP 地址映射到名字（反向查询）。如果反向解析的网段为 x.y.z，则反向解析的区域名称为 z.y.x.in-addr.arpa。

（3）二级域。

二级域位于顶级域的下一层。二级域是互联网络信息中心正式注册给个人或组织的唯一名称，如 www.zenti.com 中的 zenti。

（4）子域。

子域是父域的下一级，如.cwxt.zenti.com 和.oaxt.zenti.com 是.zenti.com 的两个子域。

（5）主机。

主机位于 DNS 域名空间的底层，如 www.zenti.com 中的 www 是 zenti.com 域中的一台主机。常见的主机名有 www（Web 服务器）、ftp（FTP 服务器）、mail（邮件服务器）等。

3）域名系统的组成

DNS 采用客户机/服务器机制，用于实现域名与 IP 地址的转换。域名系统包括以下 4 个组成部分。

（1）名称空间：指定用于组织名称的域的层次结构。

（2）资源记录：将域名映射到特定类型的资源信息，注册或解析名称时使用。

（3）DNS 服务器：存储资源记录并提供名称查询服务的程序。

（4）DNS 客户端：也称为解析程序，用来查询服务器获取域名解析信息。

2. DNS 的查询

1）DNS 域名解析的过程

当一台客户机需要访问域名 www.zenti.com.cn 所对应的计算机时，域名解析的过程如图 9-2 所示。

（1）客户端向本地 DNS 服务器发出域名解析请求，查询域名 www.zenti.com.cn 的 IP 地址。

（2）本地 DNS 服务器接到请求后，在自身的 DNS 数据库中查询匹配的域名和 IP 地址对应的记录。如果查到，则把结果返回给客户端并完成本次解析工作；如果没有查到，则把查询请求转发给根域 DNS 服务器。

（3）根域 DNS 服务器解析.cn 域名的顶级域 DNS 服务器地址，并将结果返回给本地 DNS 服务器。

（4）本地 DNS 服务器根据根域 DNS 服务器返回的结果，继续向.cn 顶级域 DNS 服务器转发请求。

（5）.cn 顶级域 DNS 服务器解析.com.cn 域名的二级域 DNS 服务器地址，并将结果返回给本地 DNS 服务器。

（6）本地 DNS 服务器根据.cn 顶级域 DNS 服务器返回的结果，继续向.com.cn 二级域 DNS 服务器发送请求。

（7）.com.cn 二级域 DNS 服务器解析.zenti.com.cn 域名的 DNS 服务器地址，并将结果返回给本地 DNS 服务器。

（8）本地 DNS 服务器根据.com.cn 二级域 DNS 服务器返回的结果，继续向.zenti.com.cn 域 DNS 服务器发送请求。

（9）.zenti.com.cn 域 DNS 服务器查询域名 www.zenti.com.cn 对应的 IP 地址，并将查询结果返回给本地 DNS 服务器。

（10）本地 DNS 服务器将 www.zenti.com.cn 域名解析的结果返回给客户端。

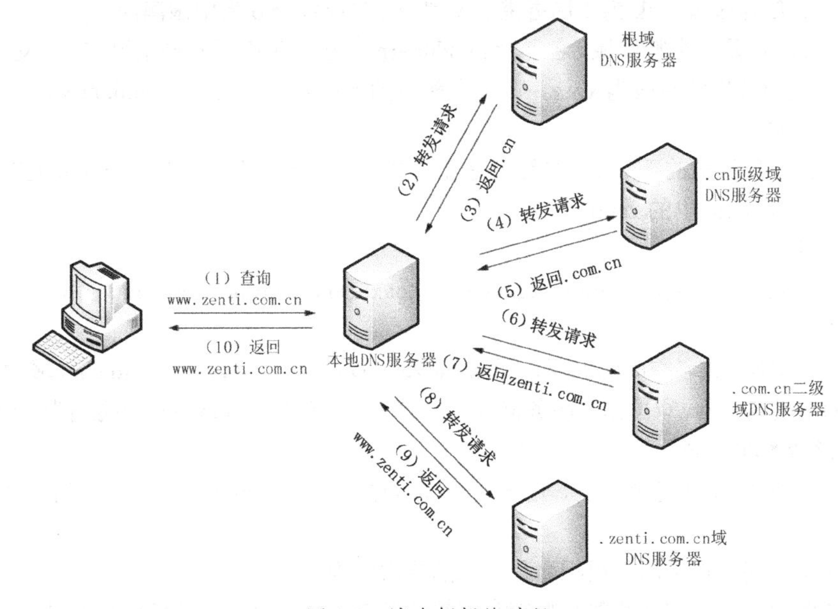

图 9-2　域名解析的过程

2）递归查询与迭代查询

（1）递归查询。当收到客户端的域名查询请求后，DNS 服务器在自己的缓存或区域数据库中查找，如果 DNS 服务器没有查询到结果，那么该 DNS 服务器会询问其他 DNS 服务器，并将返回的查询结果返回给客户端，在递归查询期间，客户端处于等待状态，如图 9-2 中的步骤（1）和步骤（10）所示。

（2）迭代查询。当上级 DNS 服务器不能直接得到查询结果时，将向下级 DNS 服务器返回另一个查询点的地址，下级 DNS 服务器按照提示的指引依次查询，直到查询到所需的数据为止。如果最后一台 DNS 服务器也没有查询到所需数据，则通知客户端查询失败，如图 9-2 中的步骤（2）～步骤（9）所示。

3）正向查询与反向查询

（1）正向查询：又称为正向解析，是指从主机域名到 IP 地址的解析过程。

（2）反向查询：又称为反向解析，是指从主机 IP 地址到域名的解析过程。

3. DNS 服务器的类型

DNS 服务器包括主 DNS 服务器、从 DNS 服务器、转发 DNS 服务器和唯高速缓存 DNS 服务器。

1）主 DNS 服务器

主 DNS 服务器负责维护所管辖域的域名服务信息，并提供最权威和最精确的响应，是所管辖区域域名信息的权威信息源。搭建主 DNS 服务器需要一整套的配置文件，包括全局配置文件、主配置文件、正向解析区域文件、反向解析区域文件、高速缓存初始化文件和回送文件等。

2）从 DNS 服务器

当主 DNS 服务器出现故障、关闭或负载过重时，由从 DNS 服务器提供域名解析服务。从 DNS 服务器包含的域名信息和主 DNS 服务器完全相同，是主 DNS 服务器的备份。区域文件中的数据来源于主 DNS 服务器且不可修改。

3）转发 DNS 服务器

当 DNS 服务器收到客户端的域名解析请求后，先从本地缓存中查找，如果能找到则向客户端返回查询结果，如果找不到则向其他 DNS 服务器转发域名解析请求，将其他 DNS 服务器返回的解析结果保存在自己的缓存中，并向客户端返回域名解析结果。

4）唯高速缓存 DNS 服务器

唯高速缓存 DNS 服务器通过查询其他 DNS 服务器并将获得的域名信息保存在自己的调整缓存中，利用这些信息为客户端提供域名解析服务。唯高速缓存 DNS 服务器不是权威服务器，因为它提供的所有信息都具有时效性，过期之后便不再可用。

4．搭建 DNS 服务器的流程

（1）安装 bind 软件包和 bind-chroot 软件包。

（2）编辑全局配置文件，定义部分全局选项，指定主配置文件。

（3）编辑主配置文件，通过 zone 声明正向解析区域文件和反向解析区域文件。

（4）编辑区域配置文件，配置正向解析区域文件和反向解析区域文件，定义域名和 IP 地址的对应关系。

（5）配置防火墙，放行 DNS 服务（或关闭防火墙），同时设置 SELinux 为允许。

（6）重启 DNS 服务，使配置生效。

【任务实施】

1. 安装 bind 软件包

在 Linux 操作系统中架设 DNS 服务器通常使用 bind 程序来实现，其守护进程是 named。

```
[root@zenti ~]# rpm -qa | grep bind                    //查询操作系统已安装的 bind 软件包
rpcbind-0.2.0-42.el7.x86_64
bind-libs-lite-9.9.4-50.el7.x86_64
bind-license-9.9.4-50.el7.noarch
bind-utils-9.9.4-50.el7.x86_64
keybinder3-0.3.0-1.el7.x86_64
bind-libs-9.9.4-50.el7.x86_64
#上面安装的软件包均不是 bind 的主程序
[root@zenti ~]# yum clean all                          //清除 yum 安装缓存
[root@zenti ~]# yum install bind bind-chroot -y        //安装 bind 软件包和 bind-chroot 软件包
已加载插件：langpacks, product-id, search-disabled-repos, subscription-manager
```

```
……
已安装:
  bind.x86_6432:9.9.4-50.el7          bind-chroot.x86_64 32:9.9.4-50.el7
完毕!
[root@zenti ~]# rpm -qa | grep bind                    //再次查询操作系统已安装的 bind 软件包
rpcbind-0.2.0-42.el7.x86_64
bind-libs-lite-9.9.4-50.el7.x86_64
bind-license-9.9.4-50.el7.noarch
bind-utils-9.9.4-50.el7.x86_64
keybinder3-0.3.0-1.el7.x86_64
bind-9.9.4-50.el7.x86_64
bind-libs-9.9.4-50.el7.x86_64
bind-chroot-9.9.4-50.el7.x86_64
```

2．启动与停止 DNS 服务

DNS 服务的启停命令如表 9-1 所示。

表 9-1　DNS 服务的启停命令

DNS 服务的启停命令	功　能
systemctl start named	启动 DNS 服务
systemctl restart named	重启 DNS 服务
systemctl stop named	停止 DNS 服务
systemctl reload named	重新加载 DNS 服务
systemctl status named	查看 DNS 服务的状态
systemctl enable named	设置 DNS 服务为开机自动启动

【知识拓展】

在安装 DNS 服务时，通常会安装 bind 软件包及 bind-chroot 软件包，那么 bind-chroot 软件包有什么功能呢？

bind 是 DNS 服务的主程序；bind-chroot 是一个安全增强工具，是 bind 的其中一项功能，使 bind 可以在一个 chroot 模式下运行。也就是说，bind 运行时的根（/）目录并不是系统真正的根（/）目录，只是系统中的一个子目录而已，这样可以有效地限制 bind 服务程序仅能对自身的配置文件进行操作，以确保整个服务器的安全。

任务 2　配置 DNS 服务器

【任务分析】

1．主 DNS 服务器的搭建需求

某公司的内部网络地址为 192.168.0.0/24，由于业务的增加，需要在公司内部配置几台服务器，以实现信息化管理。为了实现域名到 IP 地址的相互映射，公司决定在内部构建一台主 DNS

服务器，为局域网中的计算机提供域名解析服务，并申请了一个 zenti.cc 的域名，该任务由公司网络部的小李负责，小李经过认真分析，并结合公司的实际需求，对该项目做出如下规划。

（1）DNS 服务器的 IP 地址为 192.168.0.1，域名为 dns.zenti.cc。

（2）Web 服务器的 IP 地址为 192.168.0.2，域名为 www.zenti.cc，别名为 web.zenti.cc。

（3）邮件服务器的 IP 地址为 192.168.0.3，域名为 mail.zenti.cc。

（4）FTP 服务器的 IP 地址为 192.168.0.4，域名为 ftp.zenti.cc。

（5）文件服务器的 IP 地址为 192.168.0.5，域名为 files.zenti.cc。

2. 需求分析

要搭建主 DNS 服务器，需要配置一组文件，包括全局配置文件、主配置文件、正向解析区域文件和反向解析区域文件。其中，全局配置文件和主配置文件默认位于/etc 目录下，正向解析区域文件和反向解析区域文件默认位于/var/named 目录下。DNS 服务常用的配置文件如表 9-2 所示。

表 9-2　DNS 服务常用的配置文件

配置文件	功　能
/etc/named.conf	全局配置文件，用于定义全局选项部分（option 语句），以及当前域名服务器负责维护的域名地址解析信息
/etc/named.rfc1912.zones	全局配置文件的扩展文件（主配置文件），用于指引引用哪些区域文件
/var/named/named.localhost	localhost 正向解析区域文件，该文件可以作为正向解析区域配置模板
/var/named/named.loopback	127.0.0.1 反向解析区域文件，该文件可以作为反向解析区域配置模板

本任务主要完成如下工作。

（1）配置全局配置文件/etc/named.conf。

（2）配置主配置文件/etc/named.zones。

（3）创建正向解析区域文件/var/named/zenti.cc.zone。

（4）创建反向解析区域文件/var/named/192.168.0.zone。

【知识准备】

1. 全局配置文件

DNS 服务的全局配置文件为/etc/named.conf，其基本结构如下。

```
[root@zenti ~]# cat /etc/named.conf
……
// options 配置段为全局配置，对整个 DNS 服务器有效
options {
        listen-on port 53 { 127.0.0.1; };               //服务监听的端口及 IP 地址
        listen-on-v6 port 53 { ::1; };                  //服务监听的端口及 IP 地址（IPv6）
        directory       "/var/named";                   //区域配置文件所在的目录
        dump-file       "/var/named/data/cache_dump.db";
        statistics-file "/var/named/data/named_stats.txt";
        memstatistics-file "/var/named/data/named_mem_stats.txt";
        allow-query     { localhost; };                 //允许接收 DNS 查询请求的客户端
        forwarders      {};
```

```
        forward first
……
};
//logging 配置段定义 DNS 服务器的日志参数
logging {
        channel default_debug {
                file "data/named.run";
                severity dynamic;
        };
};
//zone 配置段定义根服务器的配置信息，一般保留系统默认值，不需要改动
zone "." IN {
        type hint;
        file "named.ca";
};
include "/etc/named.rfc1912.zones";          //指定主配置文件，可以根据实际需求修改
include "/etc/named.root.key";               //named 守护进程使用的密钥
```

1）options 配置段

options 配置段属于全局性的设置，对整个 DNS 服务器有效，该段的语句在 named.conf 文件中只能出现一次，如果没有设置该段的语句，那么采用默认值。

（1）listen-on：指定 named 守护进程监听的端口和 IP 地址。若未指定，则默认监听 DNS 服务器的所有 IP 地址的 53 端口。若有多个 IP 地址需要监听，则可以在花括号“{}”中分别列出，并以分号分隔。另外，还可以使用地址匹配符来表示允许的主机。常用的地址匹配符如表 9-3 所示。

表 9-3　常用的地址匹配符

地址匹配符	功　能
any	匹配任何主机
none	不匹配任何主机
localhost	匹配本地主机使用的所有 IP 地址
localnets	匹配本地主机所在网络中的所有主机

（2）directory：指定 named 守护进程的工作目录，默认为/var/named，正向解析区域文件和反向解析区域文件需要放在该配置项指定的目录下。

（3）allow-query：指定允许哪些主机发起域名解析请求，该选项也可以使用地址匹配符来表示允许的主机。例如，如果允许任何主机发起域名解析请求，则配置命令如下。

```
allow-query        { any; };
```

（4）forwarders：用于指定转发方式，仅在 forwarders 转发器列表不为空时有效，其用法为“forward first | only ;”。forward first 为默认方式，由 DNS 服务器将用户的域名查询请求先转发给 forwarders 选项中指定的远程 DNS 服务器，由该 DNS 服务器完成域名解析工作，若指定的转发 DNS 服务器无法完成解析或无响应，则自己尝试解析。若设置为“forward only ;”，则只转发请求，不进行处理。

2）zones 配置段

zones 配置段用于定义根服务器的配置信息，zones 后面的“.”表示根域，一般在主配置文件中定义区域信息。

3）include 语句

include 语句用于将其他相关配置文件添加到 named.conf 文件中，该语句的格式为“include 文件”。

2. 主配置文件

1）/etc/named.rfc1912.zone 文件的结构

全局配置文件的扩展文件/etc/named.rfc1912.zone 是对主配置文件/etc/named.conf 的扩展说明，可以将 named.rfc1912.zones 复制并重命名为/named.zones 作为全局配置文件中指定的主配置文件，并在全局配置文件中通过 include 语句引入，如 include"/etc/named.zones;"，本任务的主配置文件为/etc/named.zones。

```
[root@zenti ~]# cp /etc/named.rfc1912.zones /etc/named.zones -p
```

/etc/named.rfc1912.zone 文件的基本结构如下。

```
[root@zenti ~]# cat /etc/named.zones
……
zone "localhost.localdomain" IN {        //本地主机的正向解析区域，IN 表示 Internet 类型
        type master;                     //区域类型为主域
        file "named.localhost";          //指定区域的正向解析文件
        allow-update { none; };          //不允许客户端更新
};
……
zone "1.0.0.127.in-addr.arpa" IN {       //本地主机的反向解析区域
        type master;
        file "named.loopback";
        allow-update { none; };
};
```

2）zone 区域声明的格式

由/etc/named.rfc1912.zone 文件可知，zone 区域声明的格式如下。

```
zone "区域名称" IN {
    type DNS 服务器类型;
    file "区域文件名";
    allow-update { none; };
    masters {主域名服务器地址;}
};
```

（1）区域名称。正向解析区域和反向解析区域的声明格式相同，只是 file 所指定的要读的文件不同，以及区域的名称不同。若要反向解析的网段为 x.y.z，则反向解析的区域名称为 z.y.x.in-addr.arpa。

（2）type。type 定义了 DNS 服务器区域的类型，可以取的值为 master、slave、forward、hint，分别表示主 DNS 区域、从 DNS 区域（由主 DNS 区域控制）、转发服务器、根 DNS 服务器集。

（3）file。file 定义了该区域的区域文件，区域文件包含区域的域名解析数据，正向区域的样本文件为/var/named/named.localhost，反向区域的样本文件为/var/named/named.loopback。

（4）allow-update。allow-update 定义了允许对主区域进行动态 DNS 更新的服务器列表，none 表示不允许进行更新。

【例 9-1】配置域名为 abc.com，以及网段为 192.168.1.0/24 的主配置文件。

```
zone "abc.com" IN {
        type master;
        file "abc.com.zone";
        allow-update { none; };
};
zone "1.168.192.in-addr.arpa" IN {
        type master;
        file "192.168.1.zone";
        allow-update { none; };
};
```

3．区域文件

区域文件包括正向解析区域文件和反向解析区域文件。正向解析区域文件用于定义域名到 IP 地址的解析，反向解析区域文件用于定义 IP 地址到域名的解析。/var/named/目录下的 named.localhost 和 named.loopback 分别是正向解析区域文件和反向解析区域文件的配置样本。区域文件的基本结构如下。

```
1   $TTL 1D                                        //资源记录有效期为 1 天
2   @   IN SOA   @ rname.invalid. (                //SOA 记录
3                         0        ; serial        //序列号
4                         1D       ; refresh       //从 DNS 服务器刷新时间为 1 天
5                         1H       ; retry         //从 DNS 服务器重试时间为 1 天
6                         1W       ; expire        //从 DNS 服务器资源记录的有效期为 1 个星期
7                         3H )     ; minimum       //最小生存时间为 3 小时
8         NS        @                              //DNS 服务器资源记录
9         A         127.0.0.1                      //A（IPv4 主机）记录
10        AAAA      ::1                            // AAAA（IPv6 主机）记录
11        PTR       localhost.                     //PTR 记录（反向记录）
```

以上区域文件可以包含 SOA、NS、A、AAAA、CNAME、MX 和 PTR 等资源记录，下面依次介绍。

1）SOA 记录

SOA（起始授权机构）记录用于定义该域的控制信息，如域名、有效时间等。SOA 记录的语法格式如下。

```
name    [ttl]        IN        SOA origin      e_mail(
        serial
        refresh
        retry
        expire
```

```
        minimum
)
```

- name：定义SOA的域名，以“.”结束，也可以使用@代替。
- ttl：表示资源记录的生存时间，即资源记录的有效期，该值的默认单位为秒，也可以使用H、D、W，分别表示小时、天和星期。如果不设置该值，则默认使用第1行中定义的TTL值。
- IN：表示资源记录的类型为Internet。
- origin：定义这个域的主域名服务器的主机名。
- e_mail：定义DNS服务器的管理员的邮件地址。

例如，区域文件中的“@　IN SOA　@ rname.invalid.”表示的含义如下：第1个@表示当前域，IN表示资源记录的类型为Internet，SOA表示起始授权机构，第2个@表示这个域的主域名服务器的主机名，“rname.invalid.”表示DNS服务器的管理员的邮件地址为rname@invalid，因为@在SOA记录中有特殊的用途，所以用“.”代替@。

- serial：表示本区域文件的版本号或序列号，用于主DNS服务器和从DNS服务器的同步，每次更改该文件时都应该使这个数加1。
- refresh：表示从DNS服务器的动态刷新时间间隔，从DNS服务器每隔一定的时间就会根据自己的版本号或序列号检查主DNS服务器的区域文件是否发生变化，如果发生变化则更新自己区域的文件。
- retry：表示当从DNS服务器无法根据主DNS服务器更新数据时，重试对主DNS服务器的重试时间间隔。
- expire：表示当从DNS服务器无法与主DNS服务器进行通信时，其区域中的资源记录的有效期。
- minimum：表示如果没有定义TTL，则采用资源记录默认的存活周期。

2）NS记录

NS（名称服务器）记录用于定义区域中DNS服务器的主机名或IP地址，即该域名由哪台DNS服务器进行解析。NS记录的语法格式如下。

```
name        [ttl]        IN        NS        value
```

【例9-2】 定义域名为abc.com的NS记录。

```
@        IN        NS        dns.abc.com.
```

3）A记录和AAAA记录

A记录和AAAA记录（主机地址记录）用于定义域名到IP地址的正向解析关系。其中，A记录用于IPv4地址，AAAA记录用于IPv6地址。

【例9-3】 定义IP地址为192.168.1.181，以及域名为www.abc.com的Web服务器的A记录。

```
www        IN        A        192.168.1.181
```

4）CNAME记录

CNAME（别名）记录用于为区域内的主机建立别名。

【例9-4】 定义www.abc.com的别名为web.abc.com。

```
web        IN        CNAME    www.abc.com.
```

5）MX记录

MX（邮件交换）记录定义了本域的邮件服务器。MX记录的语法格式如下。

```
name     [ttl]          IN       MX        priority    email-server-hostname
```

priority 表示邮件服务器的优先级，priority 的数值越小优先级越高。

【例 9-5】定义 IP 地址为 192.168.1.186，以及域名为 mail.abc.com 的邮件服务器的 MX 记录和 A 记录。

```
@           IN          MX        10         mail.abc.com.
mail        IN          A                192.168.1.186
```

6）PTR 记录

PTR（指针）记录用于定义 IP 地址到域名的反向解析关系。在 PTR 记录中无须写出完整的 IP 地址，域名服务器会根据所在的反向解析区域的 IP 地址自动补全。PTR 记录的语法格式如下。

```
address       [ttl]         IN      PTR       domain-name
```

【例 9-6】定义 IP 地址为 192.168.1.181，以及域名为 www.abc.com 的 Web 服务器的 PTR 记录。

```
181         IN          PTR        www.abc.com.
```

【任务实施】

本任务采用 3 台 VMware Workstation 虚拟机，分别是 RHEL 7 DNS 服务器、RHEL 7 DNS 客户端，Windows 10 DNS 客户端，虚拟机的网络连接采用 VMnet1（仅主机模式）。本任务的网络拓扑结构如图 9-3 所示。

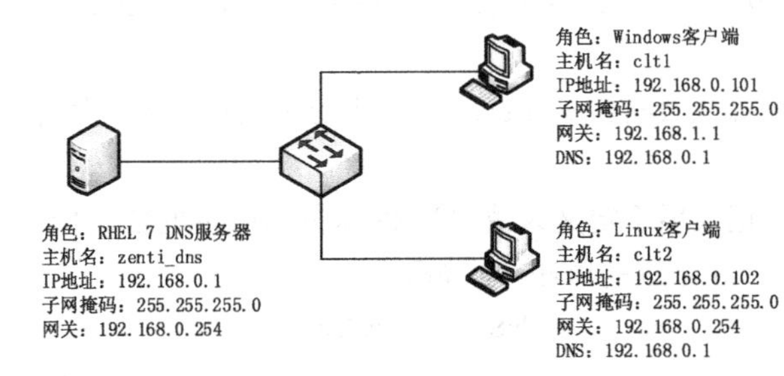

图 9-3　本任务的网络拓扑结构

本任务的主要操作步骤如下。

步骤 1：修改全局配置文件/etc/named.conf。

将 listen-on port 53 { 127.0.0.1; }中的 127.0.0.1 修改为 any，将 allow-query { localhost; }中的 localhost 修改为 any，使 named 守护进程在所有的 IP 地址上监听，并允许所有的客户机进行 DNS 查询，将 include "/etc/named.rfc1912.zones"修改为 include "/etc/named.zones"。修改后的内容如下。

```
options {
        listen-on port 53 { any; };
        listen-on-v6 port 53 { ::1; };
        directory           "/var/named";
        dump-file           "/var/named/data/cache_dump.db";
        statistics-file "/var/named/data/named_stats.txt";
```

```
        memstatistics-file "/var/named/data/named_mem_stats.txt";
        allow-query     { any; };
……
include "/etc/named.zones";
include "/etc/named.root.key";
```

步骤 2：修改主配置文件/etc/named.zones。

复制 named.rfc1912.zones 并重命名为/named.zones，作为主配置文件模板。需要注意的是，在复制文件时需要加上参数-p，否则该文件的组群为 root，而 named 组群没有读取该文件的权限，导致 named 服务重启时因权限问题失败，如果在操作时忘记了加上参数-p，而该文件已经配置好，则可以使用 chown :named /etc/named.zones 命令添加权限。

```
[root@zenti ~]# cp /etc/named.rfc1912.zones  /etc/named.zones -p
```

/etc/named.zones 文件的内容如下。

```
zone "zenti.cc" IN {
        type master;
        file "zenti.cc.zone";
        allow-update { none; };
};

zone "0.168.192.in-addr.arpa" IN {
        type master;
        file "192.168.0.zone";
        allow-update { none; };
};
```

步骤 3：创建正向解析区域文件/var/named/zenti.cc.zone。

```
[root@zenti ~]# cp -p /var/named/named.localhost /var/named/zenti.cc.zone
[root@zenti ~]# vim /var/named/zenti.cc.zone
```

/var/named/zenti.cc.zone 文件的内容如下。

```
$TTL 1D
@   IN SOA   @ root.zenti.cc. (
                                        0       ; serial
                                        1D      ; refresh
                                        1H      ; retry
                                        1W      ; expire
                                        3H )    ; minimum
@       IN      NS              dns.zenti.cc.
@       IN      MX      10      mail.zenti.cc.
dns     IN      A               192.168.0.1
www     IN      A               192.168.0.2
mail    IN      A               192.168.0.3
ftp     IN      A               192.168.0.4
files   IN      A               192.168.0.5
web     IN      CNAME           www.zenti.cc.
```

步骤 4：创建反向解析区域文件/var/named/192.168.0.zone。

```
[root@zenti ~]# cp -p /var/named/named.loopback   /var/named/192.168.0.zone
[root@zenti ~]#vim /var/named/192.168.0.zone
```

/var/named/192.168.0.zone 文件的内容如下。

```
$TTL 1D
@   IN SOA   @ root.zenti.cc. (
                                        0       ; serial
                                        1D      ; refresh
                                        1H      ; retry
                                        1W      ; expire
                                        3H )    ; minimum
@       IN      NS              dns.zenti.cc.
@       IN      MX      10      mail.zenti.cc.
1       IN      PTR             dns.zenti.cc.
2       IN      PTR             www.zenti.cc.
3       IN      PTR             mail.zenti.cc
4       IN      PTR             ftp.zenti.cc.
5       IN      PTR             files.zenti.cc.
```

步骤 5：将 SELinux 的安全策略设置为 Permissive。

```
[root@zenti ~]# setenforce 0
[root@zenti ~]# getenforce
Permissive
```

步骤 6：配置防火墙，放行 DNS 服务。

```
[root@zenti ~]# firewall-cmd --permanent --add-service=httpd
success
[root@zenti ~]# firewall-cmd --reload
success
[root@zenti ~]# firewall-cmd --list-all
public (active)
  target: default
  icmp-block-inversion: no
  interfaces: ens33
  sources:
  services: ssh dhcpv6-client samba dns
  ……
```

步骤 7：重启 DNS 服务。

```
[root@zenti ~]# systemctl restart named
```

【知识拓展】

从 DNS 服务器，也称为辅助 DNS 服务器，可以分担主 DNS 服务器的域名解析负载。另外，当主 DNS 服务器出现故障无法继续提供域名解析服务时，从 DNS 服务器也可以继续提供域名解析服务，进而保障提供稳定的域名解析服务。搭建从 DNS 服务器需要配置全局配置文件和主配置文件。

假设从 DNS 服务器的域名为 dns2.zenti.cc，IP 地址为 192.168.0.10，那么主要的配置步骤如下。

步骤 1：在从 DNS 服务器上安装 bind 软件包和 bind-chroot 软件包。

步骤 2：在从 DNS 服务器上修改全局配置文件/etc/named.conf（此配置文件和主 DNS 服务器的配置文件基本相同）。

步骤 3：修改主 DNS 服务器和从 DNS 服务器的主配置文件/etc/named.zones。

主 DNS 服务器的主配置文件/etc/named.zones 的内容如下。

```
zone "zenti.cc" IN {
        type master;
        file "zenti.cc.zone";
        allow-transfer { 192.168.0.10; };
};

zone "0.168.192.in-addr.arpa" IN {
        type master;
        file "192.168.0.zone";
        allow-transfer { 192.168.0.10; };
};
```

从 DNS 服务器的主配置文件/etc/named.zones 的内容如下。

```
zone "zenti.cc" IN {
        type slave;
        masters {192.168.0.1;};
        file "192.168.0.1/zenti.cc.zone";
};

zone "0.168.192.in-addr.arpa" IN {
        type slave;
        masters {192.168.0.1;};
        file "192.168.0.1/192.168.0.zone";
};
```

步骤 4：重启 DNS 服务。

任务 3　客户端的配置与测试

【任务分析】

公司员工众多，因为工作需求不同，所以使用的操作系统并未要求统一，既有 Windows 操作系统，也有 Linux 操作系统。因此，本任务需要测试 Windows 和 Linux 两种不同的客户端。

本任务主要介绍如下内容。

（1）在 Windows 客户端配置与测试 DNS 服务。

（2）在 Linux 客户端配置与测试 DNS 服务。

【知识准备】

在对 DNS 客户端进行测试时，最常用的命令是 nslookup，该命令的作用是查询 DNS 的记录，查看域名解析是否正常。nslookup 命令不仅支持 Windows 操作系统，还支持 Linux 操作系统。nslookup 命令可以提供命令行和交互两种查询模式。下面介绍 nslookup 命令常见的用法。

【例 9-7】在命令行模式下对 www.zenti.cc 进行正向解析查询。

```
[root@clt2 ~]# nslookup www.zenti.cc
Server:         192.168.0.1
Address:        192.168.0.1#53
Name:   www.zenti.cc
Address: 192.168.0.2
```

【例 9-8】在命令行模式下对 192.168.0.5 进行反向解析查询。

```
[root@clt2 ~]# nslookup 192.168.0.5
Server:         192.168.0.1
Address:        192.168.0.1#53
5.0.168.192.in-addr.arpa        name = files.zenti.cc.
```

【例 9-9】在交互模式下进行正向解析查询、反向解析查询和别名解析查询。

```
[root@clt2 ~]# nslookup
> www.zenti.cc
Server:         192.168.0.1
Address:        192.168.0.1#53
Name:   www.zenti.cc
Address: 192.168.0.2
> 192.168.0.5
Server:         192.168.0.1
Address:        192.168.0.1#53
5.0.168.192.in-addr.arpa        name = files.zenti.cc.
Address: 192.168.0.2
//type 的取值可以为 SOA、NS、A、MX、CNAME、PTR 及 any 等
> set type=CNAME
> web.zenti.cc
Server:      192.168.0.1
Address: 192.168.0.1#53
web.zenti.cc   canonical name = www.zenti.cc.
```

【任务实施】

1. 在 Windows 客户端配置与测试 DNS 服务

步骤 1：配置 Windows 客户端的 DNS 服务器。打开“Internet 协议版本 4（TCP/IPv4）属

性”对话框，配置 Windows 客户端的 IP 地址和 DNS 服务器地址，如图 9-4 所示。

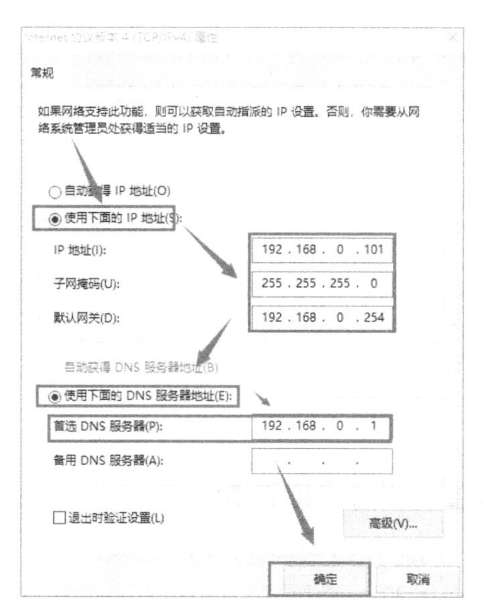

图 9-4　配置 Windows 客户端的 IP 地址和 DNS 服务器地址

步骤 2：在 Windows 客户端的命令行界面中使用 nslookup 命令分别进行正向解析、反向解析、邮件服务器解析和别名解析的测试，测试结果如下。

```
Microsoft Windows [版本 10.0.18363.592]
(c) 2019 Microsoft Corporation。保留所有权利。
C:\Users\Administrator>nslookup
默认服务器:   dns.zenti.cc
Address:   192.168.0.1
//对 ftp.zenti.cc 进行正向解析
> ftp.zenti.cc
服务器:   dns.zenti.cc
Address:   192.168.0.1
名称:      ftp.zenti.cc
Address:   192.168.0.4
//对 192.168.0.2 进行反向解析
> 192.168.0.2
服务器:   dns.zenti.cc
Address:   192.168.0.1
名称:      www.zenti.cc
Address:   192.168.0.2
//测试 MX 记录，set type=mx 表示类型为 MX
> set type=mx
> zenti.cc
服务器:   dns.zenti.cc
Address:   192.168.0.1
zenti.cc           MX preference = 10, mail exchanger = mail.zenti.cc
zenti.cc           nameserver = dns.zenti.cc
```

```
mail.zenti.cc      internet address = 192.168.0.3
dns.zenti.cc       internet address = 192.168.0.1
//MX preference = 10 表示邮件服务器的优先级为 10，mail exchanger = mail.zenti.cc 表示邮件服务器的域名为 mail.zenti.cc，internet address = 192.168.0.3 表示邮件服务器的地址为 192.168.0.3。
//对 web.zenti.cc 进行别名解析
> set type=cname
> web.zenti.cc
服务器:  dns.zenti.cc
Address:  192.168.0.1
web.zenti.cc       canonical name = www.zenti.cc
zenti.cc           nameserver = dns.zenti.cc
dns.zenti.cc       internet address = 192.168.0.1
> exit
```

2. 在 Linux 客户端配置与测试 DNS 服务

步骤 1：配置 Linux 客户端的 DNS 服务器，如下所示。

```
[root@clt2 ~]# nmcli device show ens33
GENERAL.设备:                          ens33
GENERAL.类型:                          ethernet
……
IP4.地址[1]:                           192.168.0.102/24
IP4.网关:                              192.168.0.254
IP4.DNS[1]:                            192.168.0.1
[root@clt2 ~]# cat /etc/resolv.conf
nameserver 192.168.0.1
search zenti.cc
// search 关键字的后面是一个域名，表示当查询的主机名没有后缀时在主机名的后面添加 search 关键字指定的域名
```

步骤 2：使用 nslookup 命令分别进行正向解析、反向解析、邮件服务器解析和别名解析的测试，测试结果如下。

```
[root@clt2 ~]# nslookup
> www.zenti.cc                      //对 www.zenti.cc 进行正向解析
Server:        192.168.0.1
Address:       192.168.0.1#53
Name:   www.zenti.cc
Address: 192.168.0.2
> 192.168.0.3                       //对 192.168.0.3 进行反向解析
Server:        192.168.0.1
Address:       192.168.0.1#53
3.0.168.192.in-addr.arpa          name = mail.zenti.cc.0.168.192.in-addr.arpa.
> set type=MX                       //测试 MX 记录，set type=mx 表示资源记录的类型为 MX
> zenti.cc
Server:        192.168.0.1
Address:       192.168.0.1#53
```

```
zenti.cc          mail exchanger = 10 mail.zenti.cc.
> set type=CNAME
> web.zenti.cc
Server:           192.168.0.1
Address:          192.168.0.1#53
web.zenti.cc      canonical name = www.zenti.cc.
> exit
```

【知识拓展】

在 Linux 操作系统中，bind 软件包提供了 3 个 DNS 服务器测试工具，除了上面提到的 nslookup 命令，还有 dig 命令和 host 命令。其中，dig 是一个灵活的命令行方式的域名查询工具，常用于从 DNS 服务器获取特定的信息，该工具还可以跟踪解析过程；host 命令用来做简单的 DNS 解析，可以对域名对应的 IP 地址进行解析或对 IP 地址进行反向解析。

【例 9-10】使用 dig 命令测试 DNS 服务器的 NS 记录、A 记录、MX 记录、CNAME 记录和 PTR 记录。

```
 [root@clt2 ~]# dig -t NS zenti.cc                 //正向解析 NS 记录，-t 表示查询类型
……
;; QUESTION SECTION:
;zenti.cc.                    IN       NS
;; ANSWER SECTION:
zenti.cc.            86400    IN       NS       dns.zenti.cc.
……
[root@clt2 ~]# dig -t A www.zenti.cc               //正向解析 A 记录
……
;; QUESTION SECTION:
;www.zenti.cc.                IN       A

;; ANSWER SECTION:
www.zenti.cc.        86400    IN       A        192.168.0.2
……
[root@clt2 ~]# dig -t MX zenti.cc                  //正向解析 MX 记录
……
;zenti.cc.                    IN       MX
;; ANSWER SECTION:
zenti.cc.            86400    IN       MX       10 mail.zenti.cc.
……
[root@clt2 ~]# dig -t CNAME web.zenti.cc           //正向解析 CNAME 记录
……
;; QUESTION SECTION:
;web.zenti.cc.                IN       CNAME
;; ANSWER SECTION:
web.zenti.cc.        86400    IN       CNAME    www.zenti.cc.
```

```
......
[root@clt2 ~]# dig -x 192.168.0.4                    //反向解析 PTR 记录
......
;; QUESTION SECTION:
;4.0.168.192.in-addr.arpa.          IN          PTR
;; ANSWER SECTION:
4.0.168.192.in-addr.arpa. 86400 IN          PTR          ftp.zenti.cc.
......
```

【例 9-11】使用 host 命令测试 DNS 服务器的 NS 记录、A 记录、MX 记录、CNAME 记录和 PTR 记录。

```
[root@clt2 ~]# host -t NS zenti.cc                    //正向解析 NS 记录，-t 表示查询类型
zenti.cc name server dns.zenti.cc.
[root@clt2 ~]# host -t A www.zenti.cc                 //正向解析 A 记录
www.zenti.cc has address 192.168.0.2
[root@clt2 ~]# host -t MX zenti.cc                    //正向解析 MX 记录
zenti.cc mail is handled by 10 mail.zenti.cc.
[root@clt2 ~]# host -t CNAME web.zenti.cc             //正向解析 CNAME 记录
web.zenti.cc is an alias for www.zenti.cc.
[root@clt2 ~]# host -t PTR 192.168.0.2                //反向解析 PTR 记录
2.0.168.192.in-addr.arpa domain name pointer www.zenti.cc.
//以列表形式显示整个域的信息，-l 表示列表，如果查询所有信息则用-al 选项
[root@clt2 ~]# host -l zenti.cc
zenti.cc name server dns.zenti.cc.
dns.zenti.cc has address 192.168.0.1
files.zenti.cc has address 192.168.0.5
ftp.zenti.cc has address 192.168.0.4
mail.zenti.cc has address 192.168.0.3
www.zenti.cc has address 192.168.0.2
```

项目小结

本项目主要介绍了 Linux 操作系统中 DNS 服务器的配置与测试，主要包括 DNS 域名空间、DNS 的查询、DNS 服务器的类型、DNS 服务的安装与启动、DNS 服务器的配置和客户端的配置与测试。通过学习本项目，读者可以清楚地了解 DNS 服务器的配置。

实践训练（工作任务单）

1. 实训目标

（1）会安装 DNS 服务。

（2）会配置全局配置文件。

（3）全配置主配置文件。

（4）会配置区域配置文件。

（5）会使用命令 nslookup、dig、host 等测试 DNS 服务器。

2. 实训内容

假设你是 Sunny 公司的网络管理员，该公司需要部署域名系统，以实现公司域名到 IP 地址的相互映射。公司申请的域名为 sunny.com，并且公司的系统工程师已规划出新增服务器的 IP 地址和相应的域名。

（1）DNS 服务器：IP 地址为 192.168.1.201，域名为 dns.sunny.com。

（2）文件服务器：IP 地址为 192.168.1.203，域名为 files.sunny.com。

（3）Web 服务器：IP 地址为 192.168.1.204，域名为 www.sunny.com，别名为 web.sunny.com。

（4）FTP 服务器：IP 地址为 192.168.1.208，域名为 ftp.sunny.com。

（5）邮件服务器：IP 地址为 192.168.1.209，域名为 mail.sunny.com。

请根据以上要求，在 RHEL 7 操作系统中安装并配置 DNS 服务器，完成配置以后分别在 Linux 客户端和 Windows 客户端进行验证。

课后习题

1. 填空题

（1）DNS 域名解析的查询模式主要有递归查询和_________。

（2）DNS 服务器分为 4 类，分别为_________、_________、_________和唯高速缓存 DNS 服务器。

（3）_________解析是指将域名转换为对应的 IP 地址，_________解析是指将 IP 地址转换为对应的域名。

（4）DNS 服务的配置文件分为_________、_________、正向解析区域文件和反向解析区域文件。

（5）_________记录表示邮件交换的资源记录，_________记录用来指定域名到 IP 地址的映射，_________记录用来指定 IP 地址到域名的映射。

（6）在 Windows 环境下，常用_________和_________命令查询 DNS 服务器的解析是否正确。

2. 单项选择题

（1）在 DNS 顶级域名中，表示教育机构的是（　　）。

A．edu　　B．gov　　C．com　　D．org

（2）在 Linux 环境下，能实现域名解析功能的软件模块是（　　）。

A．apache　　B．dhcpd　　C．bind　　D．squid

（3）DNS 服务的全局配置文件的保存路径为（　　）。

A．/etc/named.conf　　B．/etc/dns.conf

C．/var/named/named.com.zone　　D．/var/named/named.ca

（4）以下关于 DNS 服务器的描述，正确的是（　　）。

A．DNS 服务器的主配置文件为/etc/dns.conf

B．在配置 DNS 服务器时，只需要配置好全局配置文件即可

C．在配置 DNS 服务器时，配置好全局配置文件、主配置文件即可

D．在配置 DNS 服务器时，需要配置好全局配置文件、主配置文件和区域配置文件

（5）在 Linux 操作系统中，若需要设置 192.168.1.0/24 网段的反向区域，则（　　）是反向域名的正确表示方式。

A．192.168.1.in-addr.arpa　　B．192.168.1.0.in-addr.arpa

C．0.1.168.192.in-addr.arp　　D．1.168.192.in-addr.arpa

（6）下列选项中不是 DNS 的资源记录类型的是（　　）。

A．A　　B．PTR　　C．CNAME　　D．Netbios

（7）在 DNS 服务的配置文件中，用于表示某主机别名的是（　　）。

A．A　　B．PTR　　C．CNAME　　D．Netbios

（8）在下列资源记录中，正确的反向解析记录是（　　）。

A．www　IN　A　192.168.1.181

B．www　IN　PTR　192.168.1.181

C．181　IN　PTR　www.cvc.com

D．181　IN　MX　www.cvc.com

（9）在 Linux 操作系统中，（　　）命令不能用于查询 DNS 服务器的解析是否正确。

A．host　　B．dig　　C．ifconfig　　D．nslookup

（10）在 Windows 环境下，使用（　　）命令可以清除客户端 DNS 缓存。

A．ipconfig　　B．ipconfig /all

C．ipconfig/displaydns　　D．ipconfig/flushdns

3．简答题

（1）简述 DNS 域名解析的过程。

（2）简述 DNS 服务器的主要资源记录及其作用。

项目 10

使用 Apache 服务部署静态网站

学习目标

【知识目标】

- 认识 Web 服务。
- 了解 Web 服务的工作原理。
- 掌握 Apache 服务的配置文件的配置方法。

【技能目标】

- 会安装和启动 Apache 服务。
- 会创建 Web 网站，以及设置网站文档的根目录和首页文件。
- 会配置 Web 网站的个人主页及虚拟目录。
- 会配置虚拟机。

项目背景

在内部各项业务稳定之后，公司的领导决定加大产品的宣传力度，以扩大市场规模。经研究决定，除了常规广告，还要建设公司网站，网站页面建设通过外包方式完成，但服务器平台采用的是公司内部的服务器。同时，各个部门也要根据自身的业务情况，配合公司网站的建设，在必要的情况下建设二级站点；鼓励员工开通个人网站，宣传公司业务。

由于小李在搭建 DNS 服务器时表现优异，因此领导指定由他负责本次网站平台的建设。于是，Web 服务器的安装和配置由小李完成。

项目分解与实施

Linux 操作系统中的 Apache 服务和 Windows 操作系统中的 IIS 是目前常用的两个 Web 网站平台搭建工具。按照公司要求，为了最大限度地强化宣传效果，不但要搭建公司官网，而且鼓励员工开通个人网站作为宣传平台。因此，本项目需要完成以下几方面任务。

1. 安装 Apache 服务。
2. 修改 Apache 服务的主配置文件。
3. 配置并使用虚拟目录。
4. 设置个人主页。
5. 搭建虚拟机。

任务 1　部署 Apache 服务

【任务分析】

Web 服务是 Internet 上最重要的服务之一，要搭建 Web 服务器，首先要选择一套合适的 Web 程序。Apache 是 Linux 操作系统最常用的 Web 服务，通过 httpd 软件包来实现。本任务主要介绍如下内容。

（1）安装 Apache 服务。

（2）启动 Apache 服务。

【知识准备】

1．Web 服务概述

1）Web 服务

Web 服务是在 Internet 上广泛应用的一种信息服务技术，是人们获取信息、沟通交流、休闲娱乐的主要方式。

Web 服务基于客户端/服务器模式（C/S 模式），所以有服务器端和客户端两部分。常用的服务器有 Window 平台下的 IIS，以及 UNIX 和 Linux 平台下的 Apache、Nginx、Lighttpd、Tomcat、IBM WebSphere 等，其中应用最广泛的是 Apache。常用的浏览器有 Microsoft 的 Edge、Google 的 Chrome、Mozilla 组织的 Firefox 等。客户端通过在浏览器的地址栏中输入 URL（Uniform Resource Locator，统一资源定位器）来访问 Web 服务器提供的页面。

2）HTTP

HTTP（HyperText Transfer Protocol，超文本传送协议）是浏览器和 Web 服务器通信时所使用的应用层协议，指定了客户端可能发送给服务器什么样的消息，以及得到什么样的响应，运行在 TCP 协议之上。

HTTP 协议定义了 9 种请求方法，每种请求方法规定了客户和服务器之间不同的信息交换方式，常用的请求方法是 GET 和 POST。服务器将根据客户请求完成相应的操作，并以应答块的形式返回给客户，最后关闭连接。

3）HTML

HTML（HyperText Markup Language，超文本标记语言）是一种由一系列标签组成的描述性语言，主要包含网页中的文字、图形、动画、声音、表格、链接等。

超文本是一种组织信息的方式，通过超级链接方法将文本中的文字、图表与其他信息媒体关联起来。这些相互关联的信息媒体可能在 Web 服务器的同一文件中，也可能是其他文件，甚至有可能是地理位置相距较远的其他 Web 服务器。通过超文本这种组织信息的方式可以将分布在不同位置的信息资源进行整合，为用户检索信息提供方便。

4）URL

在 Internet 上，每个信息资源都有统一且在网上唯一的地址，该地址叫 URL。URL 是一种访问互联网资源的方法，是互联网标准资源的地址。URL 由三部分组成，分别为资源类型、存放资源的主机域名、资源文件名。URL 的一般语法格式为“协议://主机域名/路径”，如：http://www.zenti.com/product。

5）端口

HTTP 请求的默认端口是 80，但是也可以配置某台 Web 服务器使用另外一个端口（如 8080 端口）。这就能在同一台服务器上运行多台 Web 服务器，每台服务器监听不同的端口。需要注意的是，访问端口是 80 的服务器，由于是默认设置，因此不需要写明端口号。如果访问的一台服务器是 8080 端口，那么端口号就不能省略，它的访问方式就变成 http://www.zenti.com:8080/。

2．Apache 简介

Apache HTTP Server（简称 Apache）是 Apache 软件基金会的一个开放源码的 Web 服务器软件，可以在包括 UNIX、Linux 及 Windows 平台在内的大多数主流计算机操作系统中运行，由于支持多平台和良好的安全性被广泛使用。目前 Apache 是世界上用的最多的 Web 服务器，市场占有率达 60%左右。世界上很多著名的网站如 Amazon、Yahoo!、W3 Consortium、Financial Times 等都是 Apache 的产物，它的成功之处主要在于它的源代码开放共享并且有一支开放的开发队伍、支持跨平台的应用以及它的可移植性等方面，其实，任何成功的产品都需要实行对外开放，整合集体的智慧，才能越来越好，就如我国长期坚持对外开放的基本国策，使得我国成为全球第二大经济体。

Apache 起初由伊利诺伊大学香槟分校的国家超级电脑应用中心开发，最初该程序并不完善，而是存在一定的缺陷，但由于 Apache 是开源软件，因此不断有人为它开发新的功能、新的特性、修补原来的缺陷。经过不断完善，如今的 Apache 已成为非常流行的 Web 服务器端软件之一。

Apache 软件具有以下特性。

（1）跨平台应用，可以运行在包括 UNIX、Linux 及 Windows 在内的大多数平台上。

（2）支持最新的 HTTP 协议。

（3）具有简单有效的配置文件。

（4）支持通用网关接口。

（5）支持基于 IP 地址和基于域名的虚拟机。

（6）支持多种方式的 HTTP 认证。

（7）集成 Perl 处理模块。

（8）集成代理服务器模块。

（9）支持实时监视服务器状态和定制服务器日志。

（10）支持服务器端包含指令（SSI）。

（11）支持安全 Socket 层（SSL）。

（12）提供用户会话过程的跟踪。

（13）支持 FastCGI。

（14）使用第三方模块可以支持 JavaServlets。

Apache 可以在几乎所有广泛使用的计算机平台上运行，由于其跨平台和安全性被广泛使用，因此是非常流行的 Web 服务器端软件之一。Apache 快速、可靠，并且可以通过简单的 API 扩充，将 Perl/Python 等解释器编译到服务器中。

【任务实施】

1．安装 Apache 服务

```
[root@zenti ~]# rpm -qa | grep httpd                //查询已安装的 httpd 软件包
[root@zenti ~]# yum clean all                       //清除 yum 安装缓存
```

```
[root@zenti ~]# yum install httpd -y
已加载插件：langpacks, product-id, search-disabled-repos, subscription-manager
……
已安装:
  httpd.x86_64 0:2.4.6-67.el7
作为依赖被安装:
  apr.x86_64 0:1.4.8-3.el7                    apr-util.x86_64 0:1.5.2-6.el7
  httpd-tools.x86_64 0:2.4.6-67.el7           mailcap.noarch 0:2.1.41-2.el7
完毕！
[root@zenti ~]# rpm -qa | grep httpd       //再次查询已安装的 httpd 软件包
httpd-tools-2.4.6-67.el7.x86_64
httpd-2.4.6-67.el7.x86_64
```

2．启动与停止 Apache 服务

Apache 服务的启停命令如表 10-1 所示。

表 10-1　Apache 服务的启停命令

Apache 服务的启停命令	功　能
systemctl start httpd	启动 Apache 服务
systemctl restart httpd	重启 Apache 服务
systemctl stop httpd	停止 Apache 服务
systemctl reload httpd	重新加载 Apache 服务
systemctl status httpd	查看 Apache 服务的状态
systemctl enable httpd	设置 Apache 服务为开机自动启动

3．测试 Apache 服务

步骤 1：将 SELinux 的安全策略设置为 Permissive。

```
[root@zenti ~]# setenforce 0
[root@zenti ~]# getenforce
Permissive
```

步骤 2：配置防火墙，放行 HTTP 服务。

```
[root@zenti ~]# firewall-cmd --permanent --add-service=http
success
[root@zenti ~]# firewall-cmd --reload
success
[root@zenti ~]# firewall-cmd --list-all
public (active)
  target: default
  icmp-block-inversion: no
  interfaces: ens33
  sources:
  services: ssh dhcpv6-client samba dns http
  ……
```

步骤 3：测试 Apache 服务是否安装成功。

打开 Firefox 浏览器，在地址栏中输入“http://127.0.0.1”，或者输入命令“firefox http://127.0.0.1”，启动 Firefox 浏览器。如果出现如图 10-1 所示的测试页面，则表示 Apache 服务安装成功。

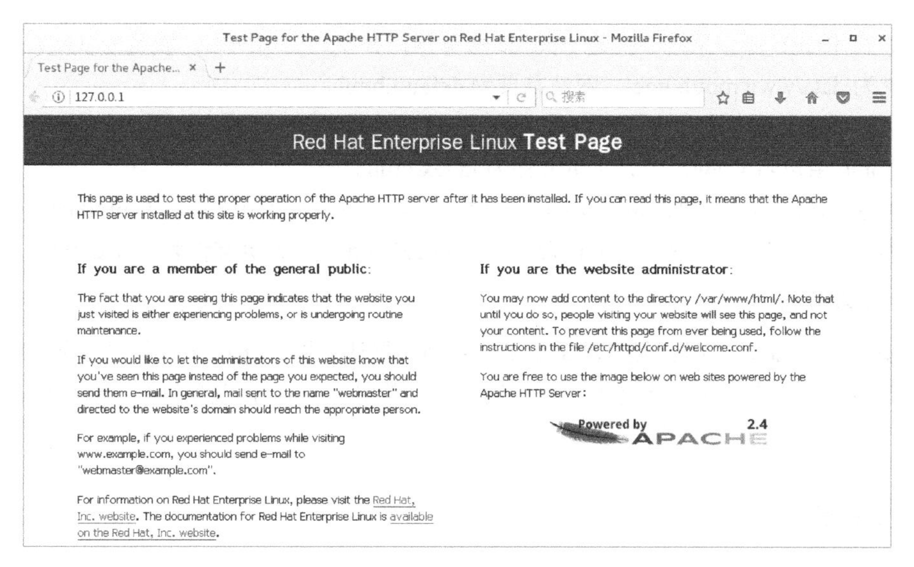

图 10-1　测试页面

【知识拓展】

客户端浏览器与 Web 服务器之间的交互使用 HTTP 协议进行请求与应答。客户端浏览器与 Web 服务器的交互可以分为 4 个步骤，即建立连接、请求过程、应答过程和关闭连接，如图 10-2 所示。

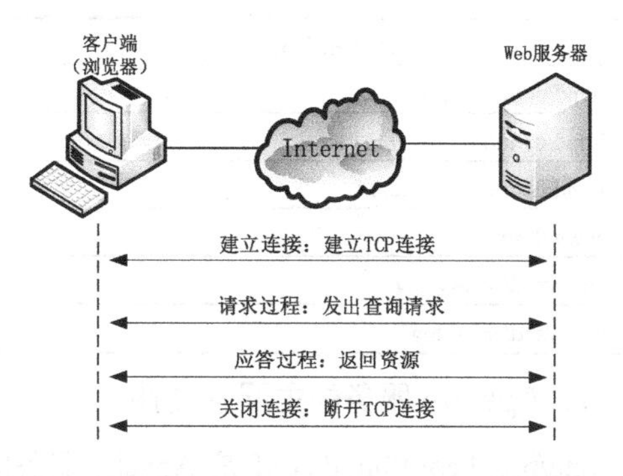

图 10-2　客户端浏览器与 Web 服务器的交互

（1）建立连接。客户端浏览器与 Web 服务器之间通过 HTTP 协议建立 TCP 连接。

（2）请求过程。客户端浏览器向 Web 服务器发出资源查询请求（一般是使用 GET 命令要求返回一个页面，但也可以使用 POST 命令等）。

（3）应答过程。Web 服务器查找客户端所需文档，若 Web 服务器查找到所请求的文档，则将所请求的文档传送给浏览器。若该文档不存在，则服务器发送一个相应的错误提示文档给客户端。浏览器接收到文档后，对其进行解释并显示在屏幕上。

（4）关闭连接。当客户端浏览完成后，客户端浏览器与 Web 服务器之间断开 TCP 连接。

任务 2　配置常规网站参数

【任务分析】

1. Web 服务器部署需求

小李根据公司的实际需求，对公司网站的架设做了如下规划。

（1）在 RHEL 操作系统中搭建 Apache 服务器，并发布公司网站，域名为 www.zenti.cc，物理目录为/data/wwwroot/home/，网站首页为 default.html。

（2）为每位员工开通个人主页服务功能，URL 为 http://www.zenti.cc/~用户名，对应的物理目录为/home/用户名/www，个人主页文件为 index.html。

（3）将公司产品概况以虚拟目录的形式放在公司主页上，虚拟目录名为/product，对应的物理目录为/zenti/product/，URL 为 http://www. zenti.cc/product，首页文件为 index.html。

2．需求分析

在安装 Apache 服务时已经自动采用了一系列的默认设置。Apache 服务安装成功后已经可以对外提供 Web 服务，但为了能够更好地运行，还需要对 Apache 服务进行一些配置，如设置网站文档的根目录、首页文件和虚拟目录等。

【知识准备】

Apache 服务的主配置文件为/etc/httpd/conf/httpd.conf。除了主配置文件，Apache 服务还包括其他几个辅助文件，如访问日志文件和错误日志文件等。Apache 服务常用的配置目录/文件如表 10-2 所示。

表 10-2　Apache 服务常用的配置目录/文件

配置目录/文件	功　　能
/etc/httpd/conf/httpd.conf	主配置文件
/etc/httpd/conf.d/	附加的配置文件目录
/etc/httpd/conf.d/userdir.conf	个人主页配置文件
/var/www/html	网站数据根目录
/var/log/httpd/access_log	访问日志文件
/var/log/httpd/error_log	错误日志文件

1．Apache 服务的主配置文件

/etc/httpd/conf/httpd.conf 是 Apache 服务的主配置文件，Apache 服务中常见的配置主要是通过修改该文件来实现的。httpd.conf 文件主要包括 3 种类型的信息，分别为注释行信息、全局配置和区域配置。除了注释，httpd.conf 文件中还包含一些单选指令和配置段，指令的基本语法结构是“参数名 参数值”，配置段是用一对标签表示的配置选项。httpd.conf 文件的结构如下。

```
ServerRoot "/etc/httpd"                //全局配置（单行指令）
……
<Directory />                          //区域配置（配置段）
  ……
</Directory>
……
```

其中，全局配置用于设置整个操作系统的规则，其设置对整个 Apache 服务器有效；区域配置则是单独针对每个独立的子站点进行设置，其设置仅对某个子站点生效。httpd.conf 文件中常用的参数如表 10-3 所示。

表 10-3　httpd.conf 文件中常用的参数

参　数	功　能
ServerRoot	设置 Apache 服务的目录，默认为/etc/httpd
ServerName	设置网站服务器的域名
ServerAdmin	设置管理员邮箱
Listen	设置监听的 IP 地址与端口号，默认为 80
User	设置运行服务的用户
Group	设置运行服务的组群
DocumentRoot	设置网站文档的根目录，默认为/var/www/html
Directory	设置服务器上资源目录的路径、权限及其他相关属性
DirectoryIndex	设置网站的首页，默认的首页文件是 index.html
CustomLog	设置网站的访问日志文件，默认为 logs/access_log
MaxClients	设置网站的最大连接数，即 Web 服务器可以允许多少客户端同时连接
Timeout	设置网页超时时间，默认为 300 秒
ErrorLog	设置网站的错误日志文件，默认为 logs/error_log

2．设置文档的根目录和首页文件

在默认情况下，网站文档的根目录保存在/var/www/html 下，网站默认的首页文件为 index.html。如果需要修改网站文档的根目录和网站默认的首页文件，则可以通过参数 DocumentRoot 设置文档的根目录，通过参数 Directory 设置根目录的权限，通过参数 DirectoryIndex 设置网站的首页文件。

【例 10-1】设置 Apache 服务器网站文档的根目录为/data/wwwroot/home，网站默认的首页文件为 default.html。

将第 119 行的/var/www/html 修改为/data/wwwroot/home，将第 124 行的/var/www 修改为/data/wwwroot/home，将第 164 行的 DirectoryIndex index.html 修改为 DirectoryIndex default.html index.html。

```
[root@zenti conf]# vim /etc/httpd/conf/httpd.conf
119   DocumentRoot "/data/wwwroot/home"
124   <Directory /data/wwwroot/home ">
163   <IfModule dir_module>
164       DirectoryIndex default.html index.html
165   </IfModule>
```

3．设置用户个人主页

现在很多网站都向用户提供“个人主页”功能，允许用户在权限范围内管理自己的主页空间，Apache 服务也可以实现用户的“个人主页”功能。在服务器端，通过修改个人主页的配置文件/etc/httpd/conf.d/userdir.conf，可以将 UserDir disabled 所在行删除或注释掉以开启“个人主页”功能，并配置个人主页的根目录、根目录相关的权限和个人主页文件来实现；在客户端，通过“http://web 服务器域名/~username”或“http://web 服务器 IP 地址/~username”可以访问个人主页。

【例 10-2】为用户 zenti 开通“个人主页”功能，用户的 URL 为 http://www.zenti.cc/~zenti，对应的物理目录为/home/zenti/www，首页文件为 default.html。

步骤 1：配置/etc/httpd/conf.d/userdir.conf 文件，在第 17 行的 UserDir disabled 的前面加上“#”，允许用户访问自己的主页，将第 24 行的#UserDir public_html 修改为 UserDir www，将第

31 行的<Directory "/home/*/public_html">修改为<Directory "/home/*/www">。

```
[root@zenti ~]# vim /etc/httpd/conf.d/userdir.conf
 17        # UserDir disabled
 24        UserDir www
 31 <Directory "/home/*/www">
```

步骤 2：修改主配置文件/etc/httpd/conf/httpd.conf，将第 164 行的 DirectoryIndex index.html 修改为 DirectoryIndex default.html index.html。

```
[root@zenti conf]# vim /etc/httpd/conf/httpd.conf
164        DirectoryIndex default.html index.html
```

4．设置虚拟目录

虚拟目录是一个映射到本地或远程服务器上的物理目录的目录名，这个目录名称为别名。别名为 URL 的一部分，用户可以通过在 Web 浏览器中请求该 URL 来访问物理目录的内容。

虚拟目录具有以下两方面优点。

（1）更安全。虚拟目录可以隐藏网站资源的真实路径，用户很难发现服务器上的实际物理文件的结构，在一定程度上提高了服务器的安全性。在我们实际工作中，一定要考虑到服务的安全配置，因为，一旦公司数据被非法获取，可能会引起严重的事故，给公司带来巨大的损失。

（2）配置更方便。可以为不同的虚拟目录设置不同的权限，从而实现对网站资源的灵活管理。

在 Apache 服务器上配置虚拟目录时，先由 httpd.conf 文件通过参数 Alias 进行设置（参数 Alias 的语法格式为“Alias 别名 物理路径”），然后配置目录，最后配置物理目录的权限、网站的首页等。

【例 10-3】将 zenti 公司的产品概况以虚拟目录的形式放在公司主页上，虚拟目录名为/product，对应的物理目录为/zenti/product/，URL 为 http://www.zenti.cc/product。

```
[root@rhel7 product]# vim /etc/httpd/conf/httpd.conf
Alias /product "/zenti/product "
<Directory "/zenti/product ">
        AllowOverride None
        Require all granted
</Directory>
```

【任务实施】

子任务 1：公司主页的配置

步骤 1：创建公司主页的根目录和首页文件。

```
[root@zenti ~]# mkdir -p /data/wwwroot/home
[root@zenti ~]# cd /data/wwwroot/home
[root@zenti home]# echo "Welcome to the home page of ZENTI"> index.html
```

步骤 2：配置主配置文件/etc/httpd/conf/httpd.conf，修改参数 DocumentRoot、DirectoryIndex 及 Directory，设置根目录。

```
[root@zenti conf]# vim /etc/httpd/conf/httpd.conf
119 DocumentRoot "/data/wwwroot/home"
```

```
124 <Directory "/data/wwwroot/home">
164        DirectoryIndex default.html index.html
```

步骤 3：将 SELinux 的安全策略设置为 Permissive。

```
[root@zenti ~]# setenforce 0
[root@zenti ~]# getenforce
Permissive
```

步骤 4：配置防火墙，放行 HTTP 服务。

```
[root@zenti ~]# firewall-cmd --permanent --add-service=http
[root@zenti ~]# firewall-cmd --reload
[root@zenti ~]# firewall-cmd --list-all
```

步骤 5：重启 HTTP 服务。

```
[root@zenti home]# systemctl restart httpd
```

步骤 6：测试。

在 Linux 客户端的 Firefox 浏览器的地址栏中输入“www.zenti.cc”进行测试，测试结果如图 10-3 所示。

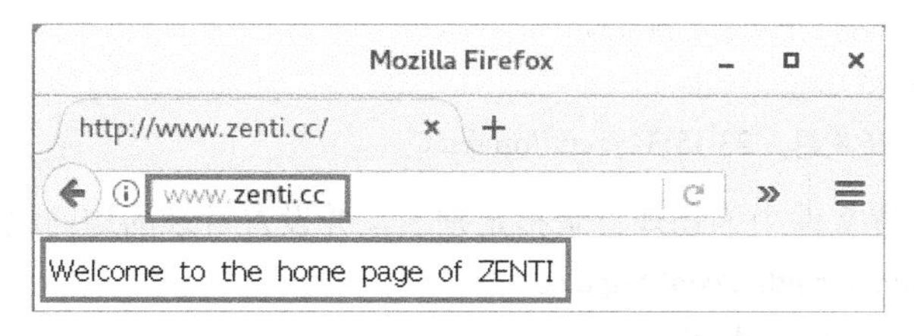

图 10-3　测试结果

子任务 2：个人主页的配置

下面以用户 zenti 为例（如果用户 zenti 不存在，则先创建）进行介绍。

步骤 1：创建用户 zenti。

```
[root@zenti ~]# useradd zenti
[root@zenti ~]# passwd zenti
```

步骤 2：创建个人主页的根目录和首页文件，并配置访问权限，使其他用户具有读取权限和执行权限。

```
[root@zenti ~]# mkdir /home/zenti/www
[root@zenti ~]# echo "This is the home page of User zenti" > /home/zenti/www/default.html
[root@zenti ~]# chmod 705 /home/zenti/
[root@zenti ~]# ls -ld /home/zenti/
drwx---r-x. 4 zenti zenti 4096 8 月  23 15:11 /home/zenti
```

步骤 3：配置个人主页文件/etc/httpd/conf.d/userdir.conf。

```
[root@zenti ~]# vim /etc/httpd/conf.d/userdir.conf
 17        # UserDir disabled                    //注释该行，开启“个人主页”功能
 24        UserDir www                           //设置个人主页的根目录
 31 <Directory "/home/*/www">                    //设置个人主页的根目录的权限
```

步骤 4：修改主配置文件/etc/httpd/conf/httpd.conf 和参数 DirectoryIndex，并添加 default.html

文件。

```
[root@zenti conf]# vim /etc/httpd/conf/httpd.conf
164        DirectoryIndex default.html index.html
```

步骤 5：重启 HTTP 服务。

```
[root@zenti home]# systemctl restart httpd
```

步骤 6：测试。

在 Linux 客户端的 Firefox 浏览器的地址栏中输入“http://www.zenti.cc/~zenti/”进行测试，测试结果如图 10-4 所示。

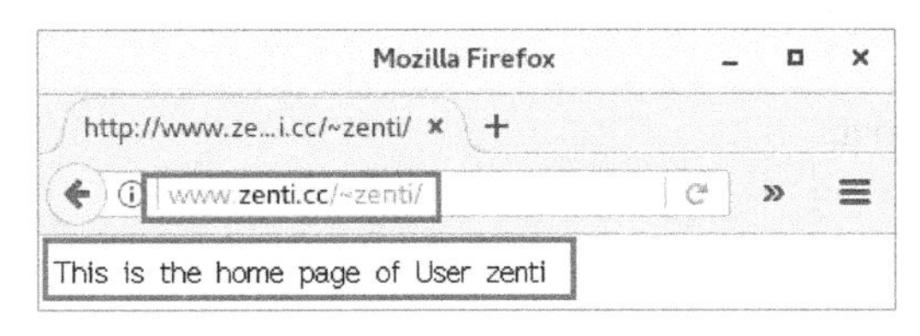

图 10-4 测试结果

子任务 3：配置公司产品的虚拟目录

步骤 1：创建公司产品概况的根目录和首页文件，并配置访问权限，使其他用户具有读取权限和执行权限。

```
[root@zenti ~]# mkdir -p /zenti/product
[root@zenti ~]# cd /zenti/product/
[root@zenti product]# echo "This is the product introduction of Zenti company" >index.html
[root@zenti product]# chmod 705 /zenti/product/
[root@zenti product]# ls -ld /zenti/product/
drwx---r-x. 2 root root 4096 8 月    23 15:34 /zenti/product/
```

步骤 2：在主配置文件中为物理目录指定别名，并设置目录的访问权限。

```
[root@zenti product]# vim /etc/httpd/conf/httpd.conf
233        Alias /product "/zenti/product"
234 <Directory "/zenti/product">
235             AllowOverride None
236             Require all granted
237 </Directory>
```

步骤 3：重启 HTTP 服务。

```
[root@zenti product]# systemctl restart httpd
```

步骤 4：测试。

在 Linux 客户端的 Firefox 浏览器的地址栏中输入“http://www.zenti.cc/product/”进行测试，测试结果如图 10-5 所示。

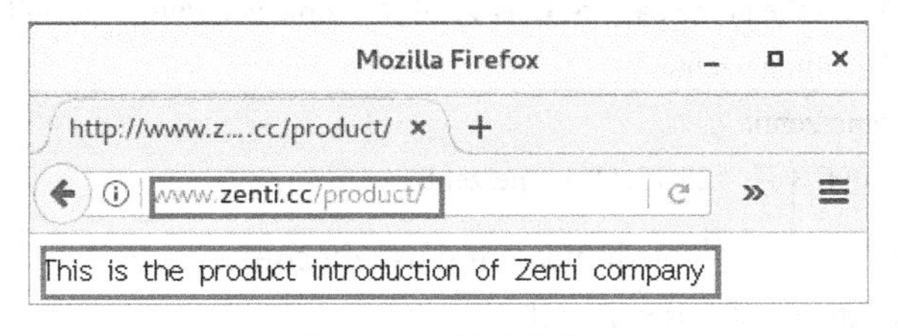

图 10-5 测试结果

【知识拓展】

目录访问控制就是为 Web 服务器上的某个目录设置访问权限。目录访问控制是提高

Apache 服务器安全级别最有效的手段之一。可以通过<Directory><Directory/>配置段来设置目录访问控制，Directory 配置段包含一些具体的选项，如 Options、AllowOverride、Order、Allow 和 Deny 等，如表 10-4 所示。

表 10-4　Directory 配置段的选项

选　项	功　能
Options	设置目录具体使用的功能特性，具体的取值如表 10-5 所示
AllowOverride	设置如何使用访问控制文件.htaccess
Order	设置 Apache 服务器的默认访问权限，以及 Allow 语句和 Deny 语句的处理顺序
Allow	设置允许访问 Apache 服务器的主机列表
Deny	设置拒绝访问 Apache 服务器的主机列表

Options 选项的取值如表 10-5 所示。

表 10-5　Options 选项的取值

取　值	功　能
All	支持除 Multiviews 以外的所有功能，如果没有 Options 语句，则默认为 All
ExecCGI	允许在该目录下执行 CGI（Common Gateway Interface，公共网关接口）脚本
FollowSysmLinks	允许在该目录下使用符号链接，以访问其他目录
Includes	允许服务器端使用 SSI（Server Side Include，服务器包含）技术
IncludesNoExec	允许服务器端使用 SSI 技术，但禁止执行 CGI 脚本
Indexes	允许目录浏览。当访问的目录下没有 DirectoryIndex 参数指定的网页文件时，显示目录的详细内容列表
Multiviews	允许内容协商的多重视图。当客户端请求的路径对应多种类型的文件时，服务器根据具体情况选择一个最匹配的文件
SymLinksIfOwnerMatch	当目录文件与目录属于同一用户时可以使用符号链接

Order、Allow 和 Deny 这 3 个选项可以组合使用。其中，Allow 和 Deny 用于设置哪些主机允许或拒绝访问 Apache 服务器，可以是一个全域名或部分域名（如 www.zenti.com 和 zenti.com），也可以是一个具体的 IP 地址或一个网段的网络地址（如 192.168.0.103 和 192.168.0.0/24），还可以是所用的客户端（用 All 表示）。命令格式如下所示。

```
Allow | Deny from [All | 全域名 | 部分域名 | IP 地址 | 网络地址]
```

Order 用于控制执行访问控制规则的先后顺序，有“Order Allow，Deny”和“Order Deny，Allow”两种形式。

1）Order Allow，Deny

先执行允许访问规则，再执行拒绝访问规则。如果 Allow 和 Deny 同时匹配，则 Deny 语句的规则生效，也就是说，Deny 语句的优先级高于 Allow 语句的优先级。如果 Order 语句之后没有后续的 Allow 语句和 Deny 语句，则表示默认禁止所有主机访问。

【例 10-4】允许所有客户端访问 Apache 服务器。

```
Order Allow，Deny
Allow from all
```

【例 10-5】允许 192.168.1.0/24 网段的客户端访问，但 192.168.1.120 的客户端不能访问。

```
Order Allow，Deny
Allow from 192.168.1.0/24
Deny from 192.168.1.120
```

2）Order Deny，Allow

先执行拒绝访问规则，再执行允许访问规则。如果 Allow 和 Deny 同时匹配，则 Allow 语句的规则生效，也就是说，Allow 语句的优先级高于 Deny 语句的优先级。如果 Order 语句之后没有后续的 Allow 语句和 Deny 语句，则表示默认允许所有主机访问。

【例 10-6】仅允许来自 zenti.com 域的客户端访问。

```
Order Deny，Allow
Deny from all
Allow from zenti.com
```

任务 3　配置虚拟机

【任务分析】

为了实现公司内部信息化的管理，提高办公效率，技术部的员工开发了多个业务系统，如办公自动化系统、财务管理系统、人事管理系统等，但由于前期规划时只考虑了一台 Web 服务器，并且这台服务器的硬件配置比较高，信息中心根据公司的实际情况，决定采用虚拟机技术在此服务器上部署这 3 个业务系统。该任务由小李来实施。小李对该任务做出如下规划。

（1）公司的人事管理系统采用基于 IP 地址的虚拟机技术来实现，IP 地址为 192.168.0.7，物理目录为/data/wwwroot/rsxt。

（2）公司的办公自动化系统采用基于域名的虚拟机技术来实现，URL 为 http://oa.zenti.cc，IP 地址为 192.168.0.6，物理目录为/data/wwwroot/oa。

（3）公司的财务管理系统采用基于 TCP 端口号的虚拟机技术来实现，URL 为 http://www.zenti.cc:8080，IP 地址为 192.168.0.2，物理目录为/data/wwwroot/cwxt。

由于公司的 Web 服务器上需要搭建多个业务系统，但 Web 服务器仅有一台，因此可以考虑使用虚拟机技术。根据公司的实际需求和硬件现状，可以使用基于 IP 地址的虚拟机技术、基于域名的虚拟机技术和基于 TCP 端口号的虚拟机技术来部署这 3 个业务系统。

【知识准备】

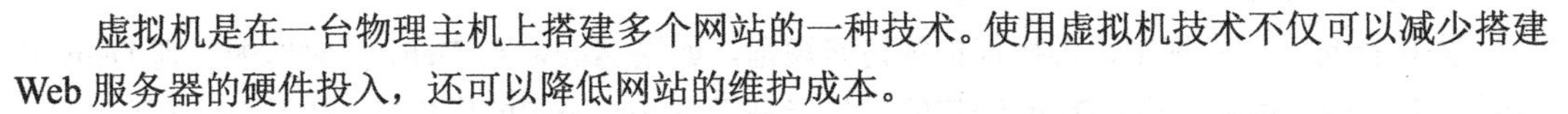

虚拟机是在一台物理主机上搭建多个网站的一种技术。使用虚拟机技术不仅可以减少搭建 Web 服务器的硬件投入，还可以降低网站的维护成本。

每个 Web 网站都具有唯一的，由 IP 地址、TCP 端口和主机名 3 个部分组成的网站绑定，用来接收和响应来自 Web 客户端的请求，更改其中的任何一部分都可以在一台服务器上运行多个网站，并且这些网站都是相互独立的，这样大大节约了公司的硬件资源。在企业运维中，网络硬件资源是不容忽视的运营成本，通过技术不断改进，提升工作效率，降低公司运营成本，这是每一位技术人员不断追求的目标。每个组成部分的更改代表一种虚拟机技术，共有 3 种，分别是基于 IP 地址的虚拟机技术、基于域名的虚拟机技术、基于 TCP 端口号的虚拟机技术。

（1）基于 IP 地址的虚拟机技术。采用基于 IP 地址的虚拟机技术需要在一台服务器上配置多个不同的 IP 地址，将每个网站绑定到不同的 IP 地址上，通过不同的 IP 地址进行区分。

（2）基于域名的虚拟机技术。采用基于域名的虚拟机技术只需要服务器有一个 IP 地址即可，各虚拟机共享同一个 IP 地址，每个网站配置不同的域名，通过不同的域名进行区分。

（3）基于 TCP 端口号的虚拟机技术。在浏览网页时，可以通过“http://域名:端口号”或“http://服务器 IP:端口号”格式的 URL 来访问网站，除了 Web 服务默认的 80 端口和系统未使用的端口，还有很多可用的端口，即使用不同的 TCP 端口号在同一台服务器上架设多个 Web 网站。

【任务实施】

子任务 1　配置基于 IP 地址的虚拟机（人事管理系统）

步骤 1：为 Apache 服务器添加第 2 个 IP 地址，如图 10-6 所示。

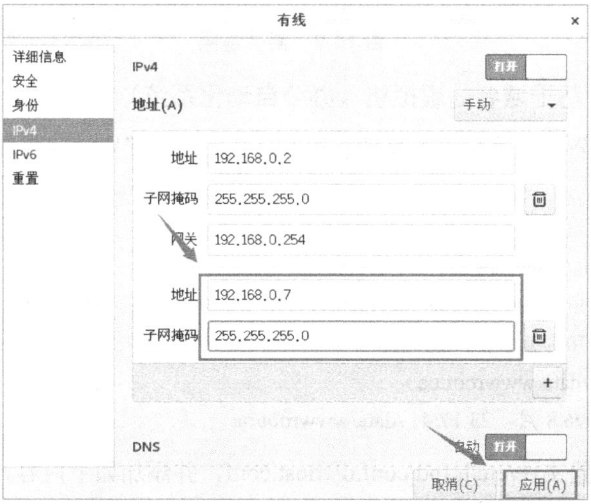

图 10-6　为 Apache 服务器添加第 2 个 IP 地址

步骤 2：创建人事管理系统的根目录和首页文件，并配置访问权限，使其他用户具有读取权限和执行权限。

```
[root@zenti ~]# mkdir /data/wwwroot/rsxt
[root@zenti ~]# cd /data/wwwroot/rsxt
[root@zenti rsxt]# echo "This is the personnel management system of Zenti company" > index.html
[root@zenti rsxt]# chmod 705 /data/wwwroot/rsxt
[root@zenti rsxt]# ls -ld /data/wwwroot/rsxt
drwx---r-x. 2 root root 4096 8 月   23 17:26 /data/wwwroot/rsxt
```

步骤 3：新建配置文件/etc/httpd/conf.d/vhost.conf，并添加如下内容。

```
[root@zenti rsxt]# vim /etc/httpd/conf.d/vhost.conf
<VirtualHost 192.168.0.7>
   DocumentRoot   /data/wwwroot/rsxt
   <Directory />
       AllowOverride none
       Require all granted
   </Directory>
</VirtualHost>
```

步骤 4：重启 httpd 服务。

```
[root@zenti rsxt]# systemctl restart httpd
```

步骤 5：测试。

在 Linux 客户端的 Firefox 浏览器的地址栏中输入“http://192.168.0.7”进行测试，测试结果如图 10-7 所示。

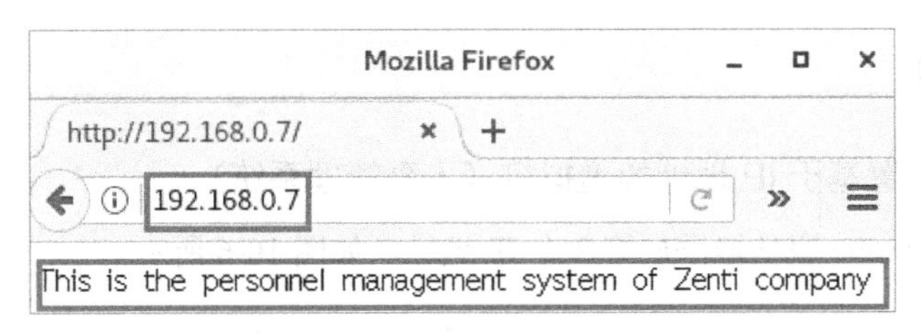

图 10-7 测试结果

子任务 2 配置基于域名的虚拟机（办公自动化系统）

步骤 1：创建办公自动化系统的根目录和首页文件，并配置访问权限，使其他用户具有读取权限和执行权限。

```
[root@zenti rsxt]# mkdir /data/wwwroot/oa
[root@zenti rsxt]# cd /data/wwwroot/oa
[root@zenti oa]# echo "This is the OA management system of Zenti company" > index.html
[root@zenti oa]# chmod 705 /data/wwwroot/oa
[root@zenti oa]# ls -ld   /data/wwwroot/oa
drwx---r-x. 2 root root 4096 8 月   23 17:41 /data/wwwroot/oa
```

步骤 2：编辑配置文件/etc/httpd/conf.d/vhost.conf，并添加如下内容。

```
[root@zenti oa]# vim /etc/httpd/conf.d/vhost.conf
<VirtualHost 192.168.0.2>
   DocumentRoot    /data/wwwroot/oa
   ServerName    oa.zenti.cc
 <Directory />
       AllowOverride none
       Require all granted
   </Directory>
</VirtualHost>
```

步骤 3：配置 DNS 服务器的正向解析区域文件和反向区域解析文件。

配置正向区域解析文件/var/named/zenti.cc.zone，并在文件中增加 oa 的 A 记录。

```
oa      IN       A                    192.168.0.2
```

配置反向解析区域文件/var/named/192.168.0.zone，并在文件中增加 oa 的 PTR 记录。

```
2       IN       PTR                  oa.cvc.com.
```

步骤 4：重启 httpd 服务和 DNS 服务。

```
[root@zenti oa]# systemctl restart httpd
[root@zenti ~]# systemctl restart named
```

步骤 5：测试。

在 Linux 客户端的 Firefox 浏览器的地址栏中输入“http://oa.zenti.cc”进行测试，测试结果如图 10-8 所示。

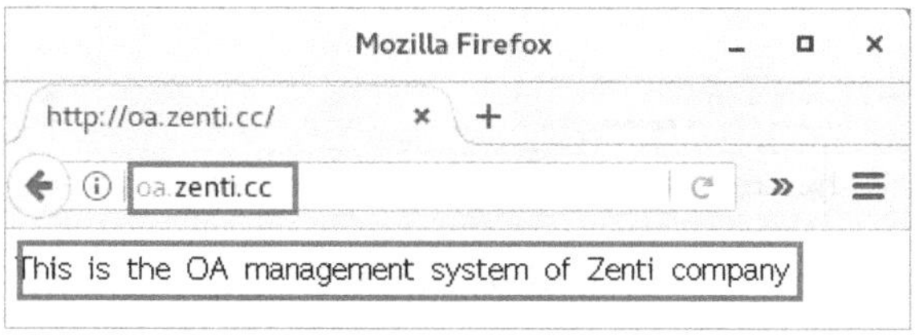

图 10-8　测试基于域名的虚拟机

子任务 3　配置基于 TCP 端口号的虚拟机（财务管理系统）

步骤 1：创建财务管理系统的根目录和首页文件，并配置访问权限，使其他用户具有读取权限和执行权限。

```
[root@zenti ~]# mkdir /data/wwwroot/cwxt
 [root@zenti ~]# cd /data/wwwroot/cwxt
[root@zenti cwxt]# echo "This is the financial management system of Zenti Corporation" > index.html
[root@zenti cwxt]# chmod 705 /data/wwwroot/cwxt/
[root@zenti cwxt]# ll -d /data/wwwroot/cwxt/
drwx---r-x. 2 root root 4096 8 月  23 17:58 /data/wwwroot/cwxt/
```

步骤 2：编辑配置文件/etc/httpd/conf.d/vhost.conf，并添加如下内容。

```
[root@zenti cwxt]# vim /etc/httpd/conf.d/vhost.conf
<VirtualHost 192.168.0.2:8080>
        DocumentRoot /data/wwwroot/cwxt
    <Directory />
        AllowOverride None
        Require all granted
    </Directory>
</VirtualHost>
```

步骤 3：修改配置文件/etc/httpd/conf/httpd.conf，监听 8080 端口。

```
[root@zenti cwxt]# vim /etc/httpd/conf/httpd.conf
42 Listen 80
43 Listen 8080
```

步骤 4：重启 httpd 服务并设置防火墙，允许访问 8080 端口。

```
[root@zenti cwxt]# systemctl restart httpd
[root@zenti cwxt]# firewall-cmd --permanent --zone=public --add-port=8080/tcp
success
[root@zenti cwxt]# firewall-cmd --reload
success
[root@zenti cwxt]# firewall-cmd --list-all
……
  ports: 8080/tcp
```

步骤 5：测试。在 Linux 客户端的 Firefox 浏览器的地址栏中输入“http://www.zenti.cc:8080”进行测试，测试结果如图 10-9 所示。

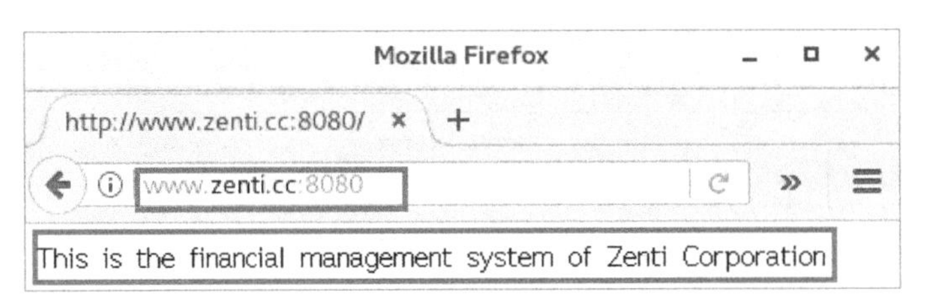

图 10-9 测试结果

【知识拓展】

HTML 是制作网页的基本语言，但使用 HTML 只能编写出静态网页。动态网站可以使用网页根据访问者输入的信息做出不同的处理，返回不同的响应信息。在 Linux 操作系统中搭建动态网站最常用的便是 LAMP 环境，其中，LAMP 代表 Linux、Apache、MySQL 和 PHP。由于本项目已介绍过 Apache，因此下面简要介绍 MySQL 和 PHP。

1）MySQL

MySQL 是一个开放源码的小型关系型数据库管理系统，由瑞典的 MySQL AB 公司开发，目前属于 Oracle 公司。MySQL 采用 SQL（Structured Query Language，结构化查询语言）进行数据库交互。由于 MySQL 体积小，速度快，总体成本低，尤其是开放源码，因此 MySQL 被广泛地应用在 Internet 上的大、中、小型网站中作为网站数据库。

2）PHP

PHP 是一种在服务器端执行的脚本语言，主要用途是处理动态网站。PHP 由 Rasmus Lerdorf 创建，最初只是用 Perl 语言编写程序来统计其网站访问者的数量，后来又用 C 语言重新编写，并加入了对 MySQL 数据库的支持，成为 PHP 的第 2 版。经过 20 多年的发展，如今的 PHP 已更新到 8.0，可以运行在 UNIX、Linux 及 Windows 等多个平台上，可以应用在 TCP/UDP 服务、高性能 Web、WebSocket 服务、物联网、实时通信、游戏、微服务等非 Web 领域的系统研发，成为当前最流行的开源软件之一。

项目小结

本项目主要介绍了 Linux 操作系统的 Web 服务器的配置与管理，主要包括 Apache 服务的安装与启动、Apache 服务的主配置文件 httpd.conf 的配置方法、虚拟机的配置方法等。通过学习本项目，读者可以在 Linux 操作系统中搭建一个小型的静态网站。

实践训练（工作任务单）

1. 实训目标

（1）会安装 Apache 服务。

（2）会配置网站的文档的根目录和首页文件。

（3）会配置个人主页和虚拟目录。

（4）会基于虚拟机技术部署多个网站。

（5）会配置网站的安全性。

2. 实训内容

某公司的网络管理员需要在 su-web 上搭建一台 Apache 服务器，以实现企业信息的发布、企业信息化管理，公司的域名为 www.sunny.com，Apache 服务器的 IP 地址为 192.168.1.204，DNS 服务器的 IP 地址为 192.168.1.201，具体要求如下。

（1）在 RHEL 7 操作系统中搭建 Apache 服务器，并发布公司的网站，域名为 www.sunny.com，物理目录为/sunny/webdata/home/，主页文件为 default.html。

（2）为员工 zhangsan 开通个人主页服务功能，URL 为 http://www.sunny.com/~zhangsan，对应的物理目录为/home/zhangsan/web。

（3）将公司产品概况以虚拟目录的形式放在公司主页上，虚拟目录名为/product，对应的物理目录为/data/product/，URL 为 http://www.sunny.com/product。

（4）公司的工资管理系统采用基于 IP 地址的虚拟机来实现，IP 地址为 192.168.1.205，物理目录为/sunny/webdata/gongzi。

（5）公司的销售管理系统采用基于域名的虚拟机来实现，域名为 sales.sunny.com，IP 地址为 192.168.1.181，物理目录为/sunny/webdata/rsxt。

（6）公司的财务系统采用基于域名的虚拟机和基于虚拟端口的主机来实现，域名为 cwxt.sunny.com:8080，物理目录为/sunny/webdata/cwxt。为了加强安全管理，Web 服务器仅允许来自网络 sunny.com 域和 192.168.1.0/24 网段的客户机访问。

请根据以上要求，在 RHEL 7 操作系统中安装和配置 Apache 服务器，并再次配置 DNS 服务器，配置完成以后，在 Linux 客户端（或 Windows 客户端）进行验证。

课后习题

1. 填空题

（1）用户主要使用_________协议访问互联网中的 Web 网站资源。

（2）启动 Apache 服务的命令是_________。

（3）_________参数用于设置接收和发送数据时的超时设置，如果超过限定的时间客户端仍然无法连接服务器，则予以断线处理。

（4）Web 服务默认的端口号是_________。

（5）架设网站常用的虚拟机技术包括基于_________的虚拟机、基于_________的虚拟机和基于_________的虚拟机。

2. 单项选择题

（1）Web 服务器与客户端的通信协议是（　　）。

A. FTP　　B. HTTP　　C. POP3　　D. SMTP

（2）在 Linux RHEL 环境下，用于提供 WWW 服务的是（　　）。

A．http　　B．apache　　C．bind　　D．www

（3）Apache 服务的主配置文件是（　　）。

A．/var/www/httpd.conf　　B．/etc/www/httpd.conf

C．/etc/httpd/conf/httpd.conf　　D．/var/httpd/html.conf

（4）使用 yum 命令安装 httpd 软件包后，默认的网站主页文件为（　　）。

A．index.html　　B．index.php　　C．index.asp　　D．default.html

（5）Apache 服务器网站数据默认的根目录为（　　）。

A．/var/www/html　　B．/var/httpd/conf.d

C．/etc/www/html　　D．/etc/httpd/conf

（6）在 httpd.conf 配置文件中，表示服务器配置文件根目录的参数是（　　）。

A．ServerRoot　　B．DirectoryIndex　　C．DocumentRoot　　D．UserDir

（7）在 httpd.conf 配置文件中，表示网站数据根目录的参数是（　　）。

A．ServerRoot　　B．DirectoryIndex　　C．DocumentRoot　　D．UserDir

（8）在 httpd.conf 配置文件中，可以通过参数（　　）来设置网站默认首页的文件名。

A．ServerRoot　　B．DirectoryIndex　　C．DocumentRoot　　D．UserDir

（9）在 httpd 服务中，默认用于配置用户主页的配置文件为（　　）。

A．/etc/httpd/conf.d/user.conf　　B．/etc/httpd/conf.d/userhome.conf

C．/etc/httpd/conf.d/userpage.conf　　D．/etc/httpd/conf.d/userdir.conf

（10）用于创建 httpd 服务的访问认证用户的命令是（　　）。

A．useradd　　B．passwd　　C．htpasswd　　D．gpasswd

（11）虚拟机技术是指（　　）。

A．在一台服务器上运行一个网站　　B．在一台服务器上运行多个网站

C．在多台服务器上运行一个网站　　D．在多台服务器上运行多个网站

（12）如果需要监听 Apache 服务器的 800 端口，则需要在主配置文件中添加的参数是（　　）。

A．listen 800　　B．listening 800　　C．monitor 800　　D．cue 800

（13）以下关于 Web 服务器的说法，正确的是（　　）。

A．一台 Web 服务器只能有一个 IP 地址

B．一个域名只对应一台 Web 服务器

C．在一台 Web 服务器上使用虚拟机技术可以响应多个域名

D．Web 服务器只能使用 80 端口

项目 11

使用 FTP 服务传输文件

学习目标

【知识目标】

- 理解 FTP 的工作过程。
- 熟悉常规 FTP 服务的配置参数。
- 掌握匿名用户、本地用户和虚拟用户访问 FTP 服务器的配置方法。

【技能目标】

- 会安装和启动 FTP 服务。
- 会配置匿名用户访问 FTP 服务器。
- 会配置本地用户访问 FTP 服务器。
- 会配置虚拟用户访问 FTP 服务器。

项目背景

到目前为止，公司的主要业务都已经步入正轨：各项网络服务运转正常，基于公司、部门和个人网站的网络宣传工作也正在如火如荼地开展。随着公司对系统应用的深入，新的问题又随之出现。

1. 市场部的员工反映，他们因工作需求经常出差，公司内部的共享资料无法在外面访问。
2. 因网站建设处于初期阶段，很多内容需要反复调试和维护，无法直接修改。

根据这几个问题，张主管召集小李和阿福进行讨论，提出架设 FTP 服务器的解决方案，实现企业资源共享，以达到合作共享，互利互惠的目标，并指定该项目由小李负责。

项目分解与实施

vsftpd 是 Linux 操作系统中应用非常广泛的 FTP 服务软件，在安全性、可维护性、易管理性等方面表现出色。小李根据公司架构和部门对远程文件共享的需求不同，从以下几方面来解决。

1. 安装并启动 FTP 服务。
2. 配置匿名用户访问 FTP 服务器。
3. 配置本地用户访问 FTP 服务器。
4. 配置虚拟用户访问 FTP 服务器。

任务 1 部署 FTP 服务程序

【任务分析】

在 Linux 操作系统中部署 FTP 服务，通常通过 vsftpd 软件包来实现。本任务主要介绍如下内容。

（1）安装 vsftpd 软件包。

（2）启动 FTP 服务。

【知识准备】

FTP（File Transfer Protocol，文件传送协议）是 Internet 上使用非常广泛的一种通信协议，用于在不同主机之间进行文件传输。FTP 实现了服务器与客户端传输和资源的再分配，是 Internet 用户资源共享的普遍方式。FTP 采用客户端/服务器模式运行，服务器使用 21 端口建立连接，使用 20 端口与客户端指定的端口（大于 1024 的端口）进行数据传输。

1. FTP 的工作过程

FTP 的工作过程就是建立 FTP 会话并传输文件。与一般的网络应用不同，一个 FTP 会话需要两个独立的网络连接。FTP 服务器需要监听两个端口：一个端口作为控制端口（默认为 TCP 21），用来发送和接收 FTP 的控制信息，一旦建立 FTP 会话，该端口在整个会话期间始终保持打开状态；另一个端口作为数据端口（默认为 TCP 20），用来发送和接收 FTP 数据，只有在传输数据时才打开，一旦传输结束就断开。FTP 客户端动态分配自己的端口。

FTP 控制连接建立之后，再通过数据连接传输文件。FTP 服务器所使用的数据端口取决于 FTP 连接模式。FTP 数据连接分为主动模式（Standard）和被动模式（Passive）。FTP 服务器或 FTP 客户端都可以设置为这两种模式。究竟采用何种模式，最终取决于客户端的设置。

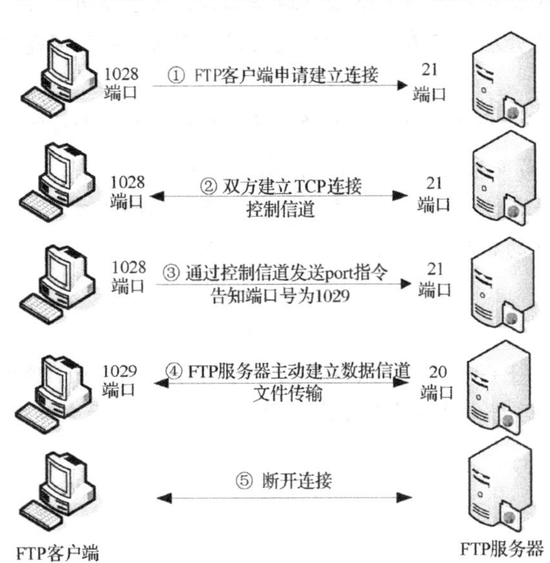

图 11-1 FTP 的主动模式的工作过程

1）主动模式

主动模式又称为标准模式，在一般情况下都使用这种模式。FTP 的主动模式的工作过程如图 11-1 所示。

（1）FTP 客户端打开一个动态选择的端口（1024 以上，如 1028 端口）向 FTP 服务器的控制端口（默认为 TCP 21）发起连接。

（2）FTP 服务器在 21 端口侦听到该请求，与 FTP 客户端经过 TCP 的三次握手之后建立 TCP 连接，这条 TCP 连接称为控制信道。

（3）FTP 客户端通过控制信道向 FTP 服务器发出 port 指令，并告知自己所用的临时数据端口（1029 端口）。

（4）FTP 服务器接到该指令后，使用固定的数据端口（默认为 TCP 20）与客户端的数据端口建立数据信道，并开始传输数据，当数据传输完毕时，这两个端口自动关闭。

（5）当 FTP 客户端断开与 FTP 服务器的连接时，客户端动态分配的端口将自动释放。

2）被动模式

FTP 的被动模式的工作过程如图 11-2 所示。

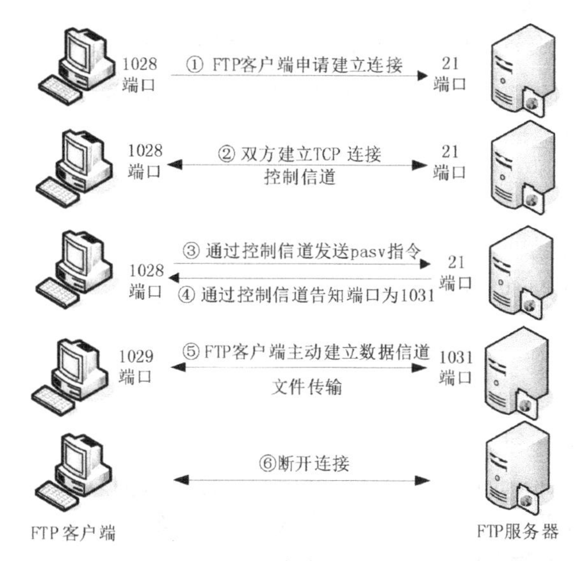

图 11-2　FTP 的被动模式的工作过程

（1）采用与主动模式相同的方式建立控制信道。

（2）FTP 客户端在控制信道上向 FTP 服务器发出 pasv 指令请求进入被动模式。

（3）FTP 服务器接到该指令后，随机打开一个大于 1024 的端口（如 1031 端口），并通过控制信道将这个端口号告知 FTP 客户端，等待 FTP 客户端与其建立连接。

（4）FTP 客户端随机使用一个大于 1024 的端口（如 1029 端口）与 FTP 服务器的 1031 端口建立 TCP 连接，该连接为数据信道，进行数据传输。

（5）当 FTP 客户端断开与 FTP 服务器的连接时，FTP 客户端动态分配的端口将自动释放。

2．FTP 的用户类型

FTP 有 3 种类型的用户，分别为匿名用户、本地用户和虚拟用户。

1）匿名用户

匿名用户在登录 FTP 服务器时不需要密码就能访问。匿名用户的账户通常是 anonymous 或 ftp。在许多 FTP 站点上，都可以自动匿名登录，从而查看或下载文件。匿名用户的权限很小，这种 FTP 服务比较安全。Internet 上的一些 FTP 站点通常只允许匿名用户访问。

2）本地用户

本地用户又称为实体用户，是指在 Linux 操作系统中实际存在的本地账户。以本地用户身份登录 FTP 服务器时，所用的登录名为本地用户名，使用的密码为本地用户的口令，当成功登录 FTP 服务器后，默认目录为本地用户的家目录，但是本地用户可以切换到其他目录，本地用户能够执行的 FTP 操作主要取决于用户在文件系统中的权限。

3）虚拟用户

虚拟用户也称为访客用户，是指可以使用 FTP 服务但不能登录 Linux 操作系统的特殊账户。虚拟用户并不是操作系统真正的用户，因此不具备本地登录权限，当虚拟用户登录 FTP 服务器后，只允许访问自己的家目录，不能访问其他资源。虚拟用户的用户账户和密码都由单独的数据库文件保存，一般采用 PAM（Pluggable Authentication Modules）模块进行身份认证。

3. FTP 的地址格式

FTP 完整的地址格式如下。

```
ftp://[用户名:密码@]FTP 服务器的 IP 地址或域名[:FTP 命令端口/路径/文件名]
```

在上面的参数中，除了 FTP 服务器的 IP 地址或域名为必要参数，其他的为可选参数。下列地址都是有效的 FTP 地址。

```
ftp://ftp.zenti.cc
ftp://zenti@ftp.zenti.cc
ftp://zenti:123456@ftp.zenti.cc
ftp://zenti:123456@ftp.zenti.cc:8081/data/ftp.txt
```

【任务实施】

1. 安装 vsftpd 软件包

```
[root@zenti ~]# rpm -qa | grep vsftpd                //查询已安装的 vsftpd 软件包
[root@zenti ~]# yum clean all                        //清除 yum 安装缓存
[root@zenti ~]# yum install vsftpd -y
已加载插件：langpacks, product-id, search-disabled-repos, subscription-manager
......
已安装:
  vsftpd.x86_64 0:3.0.2-22.el7
完毕!
[root@zenti ~]# rpm -qa | grep vsftpd                //再次查询已安装的 vsftpd 软件包
vsftpd-3.0.2-22.el7.x86_64
```

2. 启动与停止 FTP 服务

FTP 服务的启停命令如表 11-1 所示。

表 11-1 FTP 服务的启停命令

FTP 服务的启停命令	功　能
systemctl start vsftpd	启动 FTP 服务
systemctl restart vsftpd	重启 FTP 服务
systemctl stop vsftpd	停止 FTP 服务
systemctl reload vsftpd	重新加载 FTP 服务
systemctl status vsftpd	查看 FTP 服务的状态
systemctl enable vsftpd	设置 FTP 服务为开机自动启动

【知识拓展】

Linux 操作系统支持的 FTP 服务器软件有很多，除了 vsftpd，还有以下几种。

（1）WU-FTPd。WU-FTPd（Washington University FTP daemon）是 Internet 上非常流行的

FTP 服务器软件之一，功能强大，满足吞吐量较大的 FTP 服务器的管理要求，能够很好地运行于众多的 UNIX 操作系统中，如 IBM AIX、FreeBSD、HP-UX、NeXTstep、Dynix、SunOS、Solaris 等。

（2）ProFTPd。ProFTPd（Professional FTP daemon）是一套可配置性较强的开放源码的 FTP 服务器软件，比 WU-FTPd 更加稳定，并对 WU-FTPd 的不足之处进行了完善。因此，ProFTPd 是 WU-FTPd 的最佳替代品。

（3）Pure-FTP。Pure-FTP 是一个高效、简单、安全、高质量的 FTP 服务器软件，功能强大而且非常实用。

任务 2　配置匿名用户访问 FTP 服务器

【任务分析】

1. 匿名用户访问 FTP 服务器的配置方案

匿名用户登录的根目录为/data/ftproot/public，并且在根目录下只能下载文件，但在根目录的 upload 目录下可以执行上传、下载、创建目录、删除和重命名文件及目录等操作。

2. 需求分析

在安装 FTP 服务时已经自动采用了一系列的默认设置，vsftpd 软件包安装成功后已经可以对外提供 FTP 服务，但此时匿名用户只能访问/var/ftp 目录下的文件，并且匿名用户只有读取权限，如果需要改变匿名用户默认的访问目录、为匿名用户开启上传/下载、创建目录，以及删除和重命名文件/目录的权限，还需要对 vsftpd.conf 主配置文件进行单独配置。

【知识准备】

1. 认识 FTP 服务的配置文件

FTP 服务的主配置文件为/etc/vsftpd/vsftpd.conf。除了主配置文件，FTP 服务的运行还涉及其他几个配置文件。

1）/etc/vsftpd/user_list

该文件中包括的用户有可能是被拒绝访问 FTP 服务的，也有可能是允许访问 FTP 服务的，这主要取决于主配置文件/etc/httpd/conf/httpd.conf 中 userlist_enable 和 userlist_deny 的取值。

（1）当 userlist_enable=YES 且 userlist_deny=YES 时，user_list 是一个黑名单，也就是说，所有出现在名单中的用户都会被拒绝登录 FTP 服务器。

（2）当 userlist_enable=YES 且 userlist_deny=NO 时，user_list 是一个白名单，也就是说，只有出现在名单中的用户才会被准许登录（user_list 之外的用户都被拒绝登录）。需要特别注意的是，当使用白名单后，匿名用户将无法登录，除非在 user_list 文件中加入 anonymous 或 ftp。

（3）当且仅当 userlist_enable=YES 时，userlist_deny 的配置才有效，user_list 文件才会被使用；当 userlist_enable=NO 时，无论 userlist_deny 为何值都是无效的，本地全体用户（除去 ftpusers 中的用户）都可以登录 FTP 服务器。

2）/etc/vsftpd/ftpusers

所有位于该文件中的用户都不能访问 FTP 服务器。当然，为了安全起见，该文件中默认包括 root、bin 和 daemon 等系统账号。

3）/etc/pam.d/vsftpd

/etc/pam.d/vsftpd 是 vsftpd 的 Pluggable Authentication Modules（PAM）配置文件，主要用来加强 FTP 服务器的用户认证。

4）/var/ftp 文件夹

/var/ftp 文件夹是 vsftpd 提供服务的文件集散地，包括一个 pub 子目录。在默认配置下，所有的目录都是只读的，只有 root 用户有写入权限。

5）/etc/vsftpd/vsftpd.conf

/etc/vsftpd/vsftpd.conf 为 FTP 服务的主配置文件。该文件以井号（#）作为注释符，每个参数设置为一行，格式为“参数名=参数值”。使用 grep 命令过滤掉所有注释信息后的文件内容如下。

```
[root@zenti ~]# cd /etc/vsftpd/
[root@zenti vsftpd]# cp -p vsftpd.conf vsftpd.conf.bak
[root@zenti vsftpd]# grep -v "#" vsftpd.conf.bak > vsftpd.conf
[root@zenti vsftpd]# cat -n vsftpd.conf
     1  anonymous_enable=YES              //是否允许匿名用户登录
     2  local_enable=YES                  //是否允许本地用户登录
     3  write_enable=YES                  //用户是否具有写入权限
     4  local_umask=022                   //用户上传文件的 umask 的值
     5  dirmessage_enable=YES             //进入目录时是否显示目录信息
     6  xferlog_enable=YES                //是否自动维护日志文件
     7  connect_from_port_20=YES          //数据传输，21 为连接控制端口
     8  xferlog_std_format=YES            //日志标准格式
     9  listen=NO                         //是否以独立方式运行
    10  listen_ipv6=YES                   //是否支持 IPv6
    11
    12  pam_service_name=vsftpd           //PAM 模块认证服务所使用的配置文件名
    13  userlist_enable=YES               //结合 userlist_deny，以允许或禁止某些用户访问 FTP 服务器
    14  tcp_wrappers=YES                  //是否使用 tcp_wrappers 作为主机访问控制方式
```

FTP 服务的主配置文件的参数同样包括全局参数和与实际用户登录相关的参数，全局参数对 3 类用户都适用。FTP 服务的主配置文件中常用的全局参数如表 11-2 所示。

表 11-2　FTP 服务的主配置文件中常用的全局参数

全局参数	功　能
download_enable=[YES|NO]	是否允许用户下载文件，默认为 YES
listen_address=IP 地址	在独立方式下 FTP 服务监听的 IP 地址
listen_port=21	在独立方式下 FTP 服务监听的端口号，默认是 21
listen=[YES|NO]	FTP 服务是否以独立方式（Standalone）运行，默认为 NO
max_clients=0	在独立方式下 FTP 服务最大的客户端连接数，值为 0 表示不限制
max_per_ip=0	同一个 IP 地址的最大连接数，0 为不限制
pasv_enable=[YES|NO]	是否允许被动模式
port_enable=[YES|NO]	是否允许主动模式，默认为 YES

续表

全局参数	功能
userlist_enable=[YES|NO]	设置用户列表为“允许”还是“禁止”
userlist_enable=[YES|NO] userlist_deny=[YES|NO]	设置用户列表为“允许”还是“禁止”

2. 匿名用户访问 FTP 服务器

匿名用户访问 FTP 服务器是一种最不安全的认证模式。安装 vsftpd 后默认已经开启了匿名用户访问 FTP 服务器的功能。匿名访问为我们提供了极大的便利，但是有很多黑客利用匿名访问漏洞非法窃取公司数据，造成了严重的经济损失，并且触犯了国家法律，因此，我们在享受 FTP 给我们带来的便利同时，一定要遵守国家法律法规，不得违法。此时，用户可以采用匿名方式登录 FTP 服务器，查看或下载匿名账号家目录下的各级子目录及文件，但不能上传文件或修改文件，匿名用户默认的根目录为/var/ftp。匿名用户常用的参数如表 11-3 所示。

表 11-3 匿名用户常用的参数

参数	功能
anonymous_enable=[YES|NO]	是否允许匿名用户登录，默认为 YES
anon_root=/var/ftp	匿名用户登录后使用的根目录，即匿名用户的家目录，默认为/var/ftp
anon_upload_enable=[YES|NO]	是否允许匿名用户上传文件，默认为 NO。必须启用 write_enable 参数才能生效
anon_mkdir_write_enable=[YES|NO]	是否允许匿名用户创建目录，默认为 NO。必须启用 write_enable 参数才能生效
anon_umask=022	匿名用户上传文件时使用的 umask 的值，默认为 077
anon_other_write_enable=[YES|NO]	是否开放匿名用户的其他写入权限（包括重命名、删除等操作权限），默认为 NO
anon_max_rate=0	指定匿名用户的最大传输速率，单位是字节/秒，0 表示不限制

【任务实施】

步骤 1：创建匿名用户的根目录及测试文件，并设置本地权限。

```
[root@zenti ~]# mkdir /data/ftproot/public/upload -p
[root@zenti ~]# cd /data/ftproot/public/
[root@zenti public]# echo "download file" > download.txt
[root@zenti public]# chmod 777 /data/ftproot/public/upload/
[root@zenti public]# ll -ld /data/ftproot/public/ /data/ftproot/public/upload/
drwxr-xr-x. 3 root root 4096 8 月  25 10:04 /data/ftproot/public/
drwxrwxrwx. 2 root root 4096 8 月  25 10:04 /data/ftproot/public/upload/
```

步骤 2：修改主配置文件/etc/vsftpd/vsftpd.conf。主配置文件的内容如下。

```
[root@zenti public]# vim /etc/vsftpd/vsftpd.conf
anonymous_enable=YES
anon_root=/data/ftproot/public
anon_upload_enable=YES
anon_mkdir_write_enable=YES
anon_other_write_enable=YES
ftpd_banner=Welcome to Zenti's company FTP services.
local_enable=YES
write_enable=YES
local_umask=022
```

```
dirmessage_enable=YES
xferlog_enable=YES
connect_from_port_20=YES
xferlog_std_format=YES
listen=NO
listen_ipv6=YES
pam_service_name=vsftpd
userlist_enable=YES
tcp_wrappers=YES
```

步骤 3：将 SELinux 的安全策略设置为 Permissive。

```
[root@zenti public]# setenforce 0
[root@zenti public]# getenforce
Permissive
```

步骤 4：配置防火墙，放行 FTP 服务。

```
[root@zenti ~]# firewall-cmd --permanent --add-service=ftp
success
[root@zenti ~]# firewall-cmd --reload
success
[root@zenti ~]# firewall-cmd --list-all
public (active)
  target: default
  icmp-block-inversion: no
  interfaces: ens33
  sources:
  services: ssh dhcpv6-client samba dns http ftp
  ……
```

步骤 5：重启 FTP 服务。

```
[root@zenti ~]# systemctl restart vsftpd
```

步骤 6：在 Windows 环境下使用资源管理器进行测试。

（1）在 Windows 环境下打开资源管理器，在地址栏中输入域名“ftp://ftp.zenti.cc”，按 Enter 键，可以看到在 FTP 服务器上创建的 download.txt 文件及 upload 目录，如图 11-3 所示。

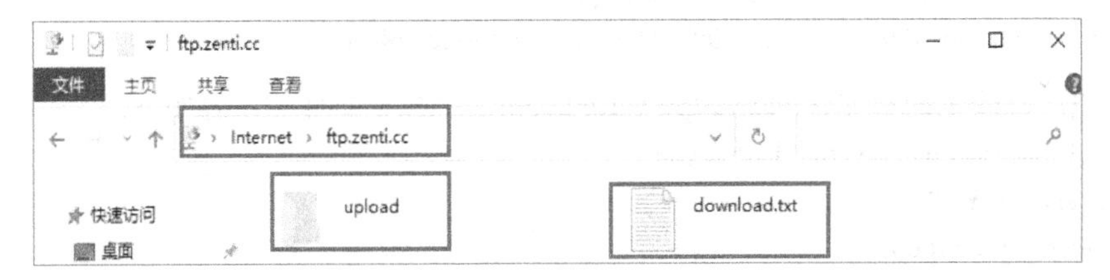

图 11-3　FTP 服务器上的文件及目录

（2）分别测试根目录及 upload 目录的权限（请读者自行测试）。

步骤 7：使用 FTP 命令对 FTP 服务器进行测试，下面以 Linux 环境为例介绍（Window 环境下的 FTP 命令基本相同）。

```
[root@clt ~]# yum install ftp -y                    //安装 FTP 客户端
```

```
[root@clt ~]# ftp ftp.zenti.cc                        //登录 FTP 服务器
Connected to ftp.zenti.cc (192.168.0.4).
220 Welcome to Zenti's company FTP services.
Name (ftp.zenti.cc:root): ftp                         //用户名为 ftp 或 anonymous
331 Please specify the password.
Password:                                             //没有密码，直接按 Enter 键
230 Login successful.
Remote system type is UNIX.
Using binary mode to transfer files.
ftp> dir                                              //显示服务器目录和文件列表
227 Entering Passive Mode (192,168,0,4,145,232).
150 Here comes the directory listing.
-rw-r--r--    1 0        0              14 Aug 25 02:04 download.txt
drwxrwxrwx    2 0        0            4096 Aug 25 02:04 upload
226 Directory send OK.
//使用 get 命令下载 download.txt 文件，并保存至/root 目录下，重命名为 load.txt
ftp> get download.txt /root/load.txt
local: /root/load.txt remote: download.txt
227 Entering Passive Mode (192,168,0,4,162,110).
150 Opening BINARY mode data connection for download.txt (14 bytes).
226 Transfer complete.
14 bytes received in 3.2e-05 secs (437.50 Kbytes/sec)
//使用 cd 命令切换至 upload 目录，使用 put 命令将/root/load.txt 文件上传至 upload 目录下
ftp> cd upload
ftp> lcd /root
Local directory now /root
ftp> put load.txt
local: load.txt remote: load.txt
227 Entering Passive Mode (192,168,0,4,151,155).
150 Ok to send data.
226 Transfer complete.
14 bytes sent in 5.2e-05 secs (269.23 Kbytes/sec)
//使用 mkdir 命令在当前目录下创建 ftp_test 目录，使用 rename 命令将目录 ftp_test 更命为 zenti_ftp
ftp> mkdir ftp_test
257 "/upload/ftp_test" created
ftp> rename ftp_test zenti_ftp
350 Ready for RNTO.
250 Rename successful.
ftp> ls
227 Entering Passive Mode (192,168,0,4,91,31).
150 Here comes the directory listing.
-rw-------    1 14       50             14 Aug 25 03:06 load.txt
drwx------    2 14       50           4096 Aug 25 03:11 zenti_ftp
226 Directory send OK
```

```
//使用命令 rmdir 和 delete 删除目录 zenti_ftp 和文件 load.txt
ftp> rmdir zenti_ftp
250 Remove directory operation successful.
ftp> delete load.txt
250 Delete operation successful.
ftp> exit
221 Goodbye.
[root@clt iso]#
```

【知识拓展】

FTP 服务器配置完成后，用户可以使用 FTP 客户端访问 FTP 服务器上的共享文件，其中最基本的客户端就是 FTP 命令，无论是 UNIX 操作系统、Linux 操作系统还是 Windows 操作系统，都可以在命令行模式下使用 FTP 命令连接和访问 FTP 服务器。

1）登录 FTP 服务器

使用“ftp 服务器域名或 IP 地址”进行登录，如 ftp ftp.zenti.cc 或 ftp 192.168.0.4。

2）查看 FTP 服务器上的文件

- dir：显示服务器目录和文件列表，dir 命令可以使用通配符“*”和“?”，如显示当前目录下所有扩展名为 jpg 的文件可以使用命令 dir *.jpg。
- ls：显示服务器简易的文件列表。
- cd：进入服务器指定的目录。
- lcd：进入本地客户端指定的目录。

其中，cd 和 lcd 必须带目录名。

3）下载文件

- get：从 FTP 服务器上下载指定的文件，格式为 get filename newfilename。其中，filename 为下载的 FTP 服务器上的文件名；newfilename 为保存在本地计算机上时使用的名字。如果不指定 newname，那么文件将以原名保存，如 get load.txt e:\download.txt。
- mget：从 FTP 服务器上下载多个文件，格式为 mget file1 [file2 ....]。mget 命令支持通配符“*”和“?”，如 mget *.jpg 表示下载 FTP 服务器当前目录下的所有扩展名为 jpg 的文件。

4）上传文件

- put：将本地文件上传至 FTP 服务器，格式为 put filename [newfilename]。
- mput：一次性上传多个本地文件至 FTP 服务器，格式为 mput file1 [file2 ....]。mput 命令也支持通配符“*”和“?”。

5）结束并退出 FTP 服务器

- close：结束与 FTP 服务器的会话。
- quit：结束与 FTP 服务器的会话并退出 FTP 环境。

6）其他 FTP 命令

- ？：显示 FTP 命令说明，和 help 命令相同。
- pwd：查看 FTP 服务器上的当前工作目录。
- rename：重命名 FTP 服务器上的文件或目录。
- delete：删除 FTP 服务器上的文件。

- mdelete：删除 FTP 服务器上的多个文件。
- mkdir：在服务器上创建目录。
- rmdir：删除服务器上的目录。
- passive：切换主动模式与被动模式。
- type：查看当前的传输方式。
- ascii：设定传输方式为 ASCII 码方式。
- binary：设定传输方式为二进制方式。

任务 3　配置本地用户访问 FTP 服务器

【任务分析】

1．本地用户访问 FTP 服务器的配置需求

禁止匿名用户访问，设置只有在/etc/vsftpd/vsftpd.user_list 文件中指定的本地用户 market、finance 和 ftp_admin 可以访问 FTP 服务器，但不允许本地登录。当本地用户 market、finance 登录 FTP 服务器后，将其锁定在家目录下，家目录为/data/ftproot/market 和/data/ftproot/finance。本地用户 ftp_admin 登录 FTP 服务器后的家目录为/data/ftproot/ftp_admin，该用户作为 FTP 服务器的管理员对/data/ftproot/market 目录、/data/ftproot/finance 目录拥有读取/写入权限且不被锁定在家目录下。

2．需求分析

将 FTP 服务器和 Web 服务器放在一起是企业经常采用的方法，这样便于实现对网站的维护。为了增强安全性，首先需要仅允许本地用户访问，并禁止匿名用户登录。其次使用 chroot 功能将 team1 和 team2 锁定在/web/www/html 目录下。如果需要删除文件，则还需要注意本地权限。

【知识准备】

相较于匿名开放模式，本地用户模式更安全，并且配置比较简单。本地用户常用的参数如表 11-4 所示。

表 11-4　本地用户常用的参数

参　数	功　能
local_enable=[YES|NO]	是否允许本地用户登录 FTP 服务器，默认为 NO
local_max_rate=0	指定本地用户的最大传输速率，单位是字节/秒，值为 0 表示不限制，默认为 0
local_umask=022	本地用户上传文件时使用的 umask 的值，默认为 077
local_root=/var/ftp	本地用户登录后使用的根目录，默认为自己的家目录
chroot_local_user=[YES|NO]	是否将用户锁定在根目录下，默认为 NO
chroot_list_enable=[YES|NO]	指定是否启用 chroot 用户列表文件，默认为 NO
chroot_list_file=/etc/vsftpd/chroot_list	用户列表文件。根据 chroot_local_user 和 chroot_list_enable 的设置，文件中的用户可能被 chroot，也可能不被 chroot
allow_writeable_chroot=[YES|NO]	启用 chroot 后是否拥有写入权限

在 vsftpd 中，用户登录后一般直接登录在自己的根目录下，如果一个用户被 chroot，那么该用户登录 FTP 服务器后将被锁定在自己的根目录下，只能在其根目录及其子目录下进行操作，无法切换到根目录外的其他目录下。和 chroot 相关的参数有 4 个，分别是 chroot_local_user、chroot_list_enable、chroot_list_file 和 allow_writeable_chroot。其中，chroot_local_user 参数用来设置是否将用户锁定在根目录下，默认为 NO，表示不锁定，如果值为 YES，则表示把所有用户锁定在根目录下；chroot_list_enable 参数的取值决定 chroot_list_file 文件中的用户是否有例外的用户；由于 vsftpd 增强了安全检查，如果用户被限定在其家目录下，则该用户的家目录不能再具有写入权限，如果检查发现还有写入权限，就会报该错误，可以使用 allow_writeable_chroot 参数解决该问题。参数 chroot_local_user、chroot_list_enable、chroot_list_file 之间的关系如表 11-5 所示。

表 11-5 参数 chroot_local_user、chroot_list_enable、chroot_list_file 之间的关系

参数	chroot_local_user=YES	chroot_local_user=NO
chroot_list_enable=YES	所有用户都被限制在家目录下，但 chroot_list_file 文件中的用户例外（即表内用户自由，表外用户受限）	所有用户都不被限制在家目录下，但 chroot_list_file 文件中的用户例外（即表内用户受限，表外用户自由）
chroot_list_enable=NO	所有用户都被限制在家目录下	所有用户都不被限制在家目录下

【例 11-1】 设置除了 chroot_list_file 文件中指定的用户，其他用户都可以自由转换目录。

```
chroot_local_user=NO
chroot_list_enable= YES
chroot_list_file=/etc/vsftpd/chroot_list
allow_writeable_chroot=YES
```

【例 11-2】 设置除了 chroot_list_file 文件中指定的用户，其他用户都不可以自由转换目录。

```
chroot_local_user=YES
chroot_list_enable= YES
chroot_list_file=/etc/vsftpd/chroot_list
allow_writeable_chroot=YES
```

【任务实施】

步骤 1：创建 FTP 服务的本地用户。

```
[root@zenti ~]# useradd -s /sbin/nologin   -d /data/ftproot/market market
[root@zenti ~]# useradd -s /sbin/nologin   -d /data/ftproot/finance finance
[root@zenti ~]# useradd -s /sbin/nologin   -d /data/ftproot/ftp_admin ftp_admin
[root@zenti ~]#passwd market
[root@zenti ~]#passwd finance
[root@zenti ~]#passwd ftp_admin
```

步骤 2：配置/data/ftproot/market 和 /data/ftproot/finance 的本地权限，使 ftp_admin 用户具有读取/写入权限。

```
[root@zenti ~]# setfacl -m u:ftp_admin:rwx   /data/ftproot/market /data/ftproot/finance
[root@zenti ~]# getfacl /data/ftproot/market   /data/ftproot/finance
```

步骤 3：修改主配置文件/etc/vsftpd/vsftpd.conf，内容如下。

```
[root@zenti ~]# vim /etc/vsftpd/vsftpd.conf
```

```
anonymous_enable=NO
ftpd_banner=Welcome to Zenti's company FTP services.
local_enable=YES
write_enable=YES
local_umask=022
userlist_enable=YES
userlist_deny=NO
userlist_file=/etc/vsftpd/vsftpd.user_list
chroot_local_user=YES
chroot_list_enable=YES
chroot_list_file=/etc/vsftpd/chroot_list
allow_writeable_chroot=YES
dirmessage_enable=YES
xferlog_enable=YES
connect_from_port_20=YES
xferlog_std_format=YES
listen=NO
listen_ipv6=YES
pam_service_name=vsftpd
tcp_wrappers=YES
```

步骤 4：创建/etc/vsftpd/vsftpd.user_list 文件，添加账号 market、finance 和 ftp_admin。

```
[root@zenti ~]# vim /etc/vsftpd/vsftpd.user_list
market
finance
ftp_admin
```

步骤 5：创建/etc/vsftpd/vsftpd.user_list，添加账号 ftp_admin。

```
[root@zenti ~]# vim /etc/vsftpd/vsftpd.user_list
ftp_admin
```

步骤 6：将 SELinux 的安全策略设置为 Permissive。

步骤 7：配置防火墙，放行 FTP 服务。

步骤 8：重启 FTP 服务。

```
[root@zenti ~]# systemctl restart vsftpd
```

步骤 9：测试。

（1）测试用户 market 或 finance 的读取/写入权限，以及是否可以切换目录。

```
[root@clt ~]# ftp ftp.zenti.cc
Connected to ftp.zenti.cc (192.168.0.4).
220 Welcome to Zenti's company FTP services.
Name (ftp.zenti.cc:root): market                    //测试用户 market
331 Please specify the password.
Password:                                           //输入用户 market 的密码
230 Login successful.
Remote system type is UNIX.
```

```
Using binary mode to transfer files.
ftp> pwd                                          //显示当前目录，注意显示结果
257 "/"
ftp> mkdir market_test                            //创建目录 market_test
257 "/market_test" created
ftp> lcd /root                                    //本地目录/root
Local directory now /root
ftp> put load.txt                                 //上传/root/load.txt 文件
local: load.txt remote: load.txt
227 Entering Passive Mode (192,168,0,4,34,52).
150 Ok to send data.
226 Transfer complete.
14 bytes sent in 4.1e-05 secs (341.46 Kbytes/sec)
ftp> rename market_test test                      //重命名目录
350 Ready for RNTO.
250 Rename successful
ftp> ls
227 Entering Passive Mode (192,168,0,4,211,115).
150 Here comes the directory listing.
-rw-r--r--    1 1004     1005           14 Aug 25 11:32 load.txt
drwxr-xr-x    2 1004     1005         4096 Aug 25 11:30 test
226 Directory send OK.
ftp> cd /mnt                                      //切换目录
550 Failed to change directory.                   //不允许更改目录
ftp> exit
221 Goodbye.
```

（2）测试用户 ftp_admin 的读取/写入权限，以及是否可以切换目录。

```
[root@clt ~]# ftp ftp.zenti.cc
Connected to ftp.zenti.cc (192.168.0.4).
220 Welcome to Zenti's company FTP services.
Name (ftp.zenti.cc:root): ftp_admin               //测试用户 market
331 Please specify the password.
Password:                                         //输入用户 market 的密码
230 Login successful.
Remote system type is UNIX.
Using binary mode to transfer files.
ftp> pwd                                          //显示当前目录，注意显示结果
257 "/data/ftproot/ftp_admin"
ftp> cd ..                                        //切换目录
250 Directory successfully changed.               //目录切换成功
ftp> ls
227 Entering Passive Mode (192,168,0,4,198,200).
150 Here comes the directory listing.
drwxrwx---    3 1005     1006         4096 Aug 25 11:00 finance
```

```
drwx------      3 1006      1007            4096 Aug 25 11:00 ftp_admin
drwxrwx---      4 1004      1005            4096 Aug 25 11:32 market
drwxr-xr-x      3 0         0               4096 Aug 25 02:04 public
226 Directory send OK. 226 Directory send OK.
ftp> cd finance
250 Directory successfully changed.
ftp> mkdir ftp_test
257 "/data/ftproot/finance/ftp_test" created
ftp> cd /etc/                                   //切换至/etc 目录
250 Directory successfully changed.
ftp> get passwd /root/passwd                    //将密码文件下载到/root 目录下
local: /root/passwd remote: passwd
227 Entering Passive Mode (192,168,0,4,103,161).
150 Opening BINARY mode data connection for passwd (2543 bytes).
226 Transfer complete.                          //下载成功
2543 bytes received in 2.3e-05 secs (110565.22 Kbytes/sec)
ftp> exit
221 Goodbye.
[root@clt ~]# ls
anaconda-ks.cfg        load.txt   project_data   公共  视频  文档  音乐
initial-setup-ks.cfg   passwd     user1.txt      模板  图片  下载  桌面
```

（3）测试其他用户（如 zenti）是否能登录 FTP 服务器。

```
[root@clt ~]# ftp ftp.zenti.cc
Connected to ftp.zenti.cc (192.168.0.4).
220 Welcome to Zenti's company FTP services.
Name (ftp.zenti.cc:root): zenti
530 Permission denied.                          //FTP 服务器不允许该用户登录
Login failed.
```

【知识拓展】

下面介绍服务器端 vsftpd 主动模式和被动模式的配置。

（1）主动模式的配置如下。

```
Port_enable=YES                    //开启主动模式
Connect_from_port_20=YES           //当开启主动模式时，是否启用默认的 20 端口监听
Ftp_date_port=%portnumber%         //当上一选项使用 NO 参数时指定数据传输端口
```

（2）被动模式的配置如下。

```
connect_from_port_20=NO
PASV_enable=YES                    //开启被动模式
PASV_min_port=%number%             //被动模式最低端口
PASV_max_port=%number%             //被动模式最高端口
```

任务 4　配置虚拟用户访问 FTP 服务器

【任务分析】

1. FTP 服务器存在的问题

FTP 服务器在使用一段时间后，信息中心发现了一些问题，如匿名用户的权限过大，操作系统存在一定的安全风险。如果使用本地用户访问 FTP 服务器，用户在拥有服务器真实用户名和密码的情况下，FTP 服务器如果设置不当，那么用户可以使用本地用户账户和密码进行非法操作，由此也会产生潜在的危害。作为 FTP 的管理人员，一定要具有安全意识，让每个用户都具备相适配的访问权限，这样才能构建一个安全的网络环境，保护企业的数据安全。。

2. 问题分析

为了增强 FTP 服务器的安全性，信息中心经过研究后，决定采用虚拟用户模式来配置 FTP 服务器。设置虚拟用户 user1 和 user2 的根目录为/data/ftproot/vuser1 和/data/ftproot/vuser2，用户 user1 可以执行上传、下载、创建目录、删除和重命名等操作，用户 user2 只允许下载文件。

【知识准备】

虚拟用户不是真正的操作系统用户，只能使用 FTP 服务，无法访问其他系统资源。相对于匿名用户和本地用户而言，采用虚拟用户更安全。当采用虚拟用户登录 FTP 服务器时，虚拟用户会被映射为对应的本地用户，当虚拟用户登录 FTP 服务器时，虚拟用户默认登录到与之有映射关系的系统本地用户的家目录下，虚拟用户创建的文件的属性也都归属于这个系统本地用户。

在默认情况下，虚拟用户与匿名用户具有相同的权限，尤其是在写入权限方面，因此，为了保证 FTP 服务器的安全，可以将与虚拟用户对应的本地用户设置为不允许登录 FTP 服务器，这不仅不会影响虚拟用户登录，还可以避免黑客通过这个系统本地用户进行登录。

虚拟用户采用单独的用户名/密码保存方式，与操作系统账号（passwd 和 shadown）分开存放，可以提高操作系统的安全性。vsftpd 可以采用数据库文件来保存用户名和密码，调用系统的 PAM 模块对客户端进行身份认证，vsftpd 对应的 PAM 配置文件为/etc/pam.d/vsftpd。

虚拟用户常用的参数如表 11-6 所示。

表 11-6　虚拟用户常用的参数

参　数	功　能
local_enable=[YES|NO]	启用虚拟用户也要将此参数设为 YES，默认为 NO
guest_enable=[YES|NO]	启用虚拟用户功能，默认为 NO
guest_username=ftp	虚拟用户对应的本地用户
user_config_dir=/etc/vsftpd/user_cof	用户自定义配置文件所在的目录，需要手动创建
virtual_use_local_privs=[YES|NO]	虚拟用户是否和本地用户具有相同的权限，默认为 NO
anon_upload_enable=[YES|NO]	允许虚拟用户上传文件时将此参数设为 YES，默认为 NO
pam_service_name=vsftpd	vsftpd 使用的 PAM 模块名
local_enable=[YES|NO]	启用虚拟用户也要将此参数设为 YES，默认为 NO

【任务实施】

步骤 1：创建用于保存虚拟用户的用户名和密码的文件。

```
[root@zenti ~]# cd /etc/vsftpd/
[root@zenti vsftpd]# vim vuser.list
user1
123456
user2
123456
```

步骤 2：使用 db_load 命令生成本地账号数据库文件，并设置数据库文件的访问权限。

```
[root@zenti vsftpd]# db_load -T -t hash -f /etc/vsftpd/vuser.list /etc/vsftpd/vuser.db
[root@zenti vsftpd]# chmod 700 /etc/vsftpd/vuser.db
[root@zenti vsftpd]# ls -l /etc/vsftpd/vuser*
-rwx------. 1 root root 12288 8 月   25 22:15 /etc/vsftpd/vuser.db
-rw-r--r--. 1 root root      26 8 月   25 22:12 /etc/vsftpd/vuser.list
```

步骤 3：配置 PAM 文件。新建一个用于虚拟用户认证的 PAM 文件 vsftpd.vu，其中 PAM 文件内的 db=参数为使用 db_load 命令生成的账户密码数据库文件的路径。

```
[root@zenti vsftpd]# cp -p /etc/pam.d/vsftpd /etc/pam.d/vsftpd.vu
[root@zenti vsftpd]# vim /etc/pam.d/vsftpd.vu
auth      required pam_userdb.so db=/etc/vsftpd/vuser
account required pam_userdb.so db=/etc/vsftpd/vuser
```

步骤 4：创建虚拟用户对应的系统用户。

```
[root@zenti vsftpd]# useradd   -s /sbin/nologin vuser1
[root@zenti vsftpd]# useradd   -s /sbin/nologin vuser2
```

步骤 5：创建虚拟用户的根目录和测试文件，并修改权限。

```
[root@zenti vsftpd]# mkdir -p /data/ftproot/vuser1
[root@zenti vsftpd]# echo "this is virtual user user1's file." >/data/ftproot/vuser1/vuser1.test
[root@zenti vsftpd]# setfacl -Rm u:vuser1:rwx /data/ftproot/vuser1
[root@zenti vsftpd]# getfacl /data/ftproot/vuser1/
[root@zenti vsftpd]# echo "this is virtual user user2's file." >/data/ftproot/vuser2/vuser2.test
[root@zenti vsftpd]# ll -ld /data/ftproot/vuser2
drwxr-xr-x. 2 root root 4096 8 月   25 23:13 /data/ftproot/vuser2
```

步骤 6：配置/etc/vsftpd/vsftpd.conf 文件，内容如下。

```
[root@zenti vsftpd]# vim /etc/vsftpd/vsftpd.conf
anonymous_enable=NO
anon_upload_enable=NO
local_enable=YES
guest_enable=YES
allow_writeable_chroot=YES
#vuser configuration file dir
user_config_dir=/etc/vsftpd/vuser_conf
```

```
ftpd_banner=Welcome to cvc's company FTP services.
write_enable=YES
local_umask=022
dirmessage_enable=YES
xferlog_enable=YES
connect_from_port_20=YES
xferlog_std_format=YES
listen=NO
listen_ipv6=YES
#use vsftpd.vu file
pam_service_name=vsftpd.vu
tcp_wrappers=YES
```

步骤 7：配置虚拟用户 user1、user2 的登录文件。

```
[root@zenti vsftpd]# mkdir -p /etc/vsftpd/vuser_conf
[root@zenti vsftpd]# cd /etc/vsftpd/vuser_conf
[root@zenti vuser_conf]# vim user1
guest_username=vuser1
write_enable=YES
anon_upload_enable=YES
anon_mkdir_write_enable=YES
anon_other_write_enable=YES
local_root=/data/ftproot/vuser1
[root@zenti vuser_conf]# vim user2
guest_username=vuser2
write_enable=NO
local_root=/data/ftproot/vuser2
```

步骤 8：将 SELinux 的安全策略设置为 Permissive。

步骤 9：配置防火墙，放行 FTP 服务。

步骤 10：重启 FTP 服务。

```
[root@zenti vuser_conf]# systemctl restart vsftpd
```

步骤 11：测试。

（1）测试虚拟用户 user1。

```
[root@clt ~]# ftp ftp.zenti.cc
Connected to ftp.zenti.cc (192.168.0.4).
220 Welcome to cvc's company FTP services.
Name (ftp.zenti.cc:root): user1                    //测试用户 user1
331 Please specify the password.
Password:                                          //输入用户 user1 的密码 123456
230 Login successful.
Remote system type is UNIX.
Using binary mode to transfer files.
ftp> cd /etc                                       //切换至/etc 目录
```

```
550 Failed to change directory.                              //目录切换失败
ftp> mkdir vuser1_test                                       //创建目录
257 "/vuser1_test" created
ftp> lcd /root                                               //本地目录/root
Local directory now /root
ftp> put load.txt                                            //上传/root/load.txt 文件
local: load.txt remote: load.txt
227 Entering Passive Mode (192,168,0,4,112,186).
150 Ok to send data.
226 Transfer complete.                                       //文件上传成功
14 bytes sent in 4.6e-05 secs (304.35 Kbytes/sec)
ftp> ls
227 Entering Passive Mode (192,168,0,4,221,23).
150 Here comes the directory listing.
-rw-------    1 1007     1008           14 Aug 25 15:19 load.txt
-rw-rwxr--    1 0        0              35 Aug 25 15:10 vuser1.test
drwx------    2 1007     1008         4096 Aug 25 15:18 vuser1_test
226 Directory send OK.
ftp> exit
221 Goodbye.
```

（2）测试虚拟用户 user2。

```
[root@clt ~]# ftp ftp.zenti.cc
Connected to ftp.zenti.cc (192.168.0.4).
220 Welcome to cvc's company FTP services.
Name (ftp.zenti.cc:root): user2                              //测试用户 user2
331 Please specify the password.
Password:                                                    //输入用户 user2 的密码 123456
230 Login successful.
Remote system type is UNIX.
Using binary mode to transfer files.
ftp> cd /etc                                                 //切换至/etc 目录
550 Failed to change directory.                              //目录切换失败
ftp> mkdir vuser2_test                                       //创建目录
550 Permission denied.                                       //创建目录失败
ftp> lcd /root                                               //本地目录/root
Local directory now /root
ftp> put load.txt                                            //上传/root/load.txt 文件
local: load.txt remote: load.txt
227 Entering Passive Mode (192,168,0,4,167,148).
550 Permission denied.                                       //文件上传失败
ftp> get vuser2.test /root/vuser2.testfile                   //下载文件
local: /root/vuser2.testfile remote: vuser2.test
227 Entering Passive Mode (192,168,0,4,164,164).
150 Opening BINARY mode data connection for vuser2.test (35 bytes).
```

```
226 Transfer complete.                              //文件下载成功
35 bytes received in 3.3e-05 secs (1060.61 Kbytes/sec)
ftp> exit
221 Goodby
```

项目小结

本项目主要介绍了 Linux 操作系统中 FTP 服务器的配置与管理，主要包括 FTP 的工作过程、FTP 服务的安装与启动、主配置文件 vsftpd.conf 的配置方法，以及匿名用户、本地用户和虚拟用户访问 FTP 服务器的方法等。通过学习本项目，读者可以根据需要在 Linux 操作系统中搭建一个小型的 FTP 服务器。

实践训练（工作任务单）

1．实训目标

（1）会安装 FTP 服务。

（2）会配置匿名用户访问 FTP 服务器。

（3）会配置本地用户访问 FTP 服务器。

（4）会配置虚拟用户访问 FTP 服务器。

2．实训内容

某公司的网络管理员需要在 su-ftp 上搭建一台 FTP 服务器，以便员工能使用账号登录公司的 FTP 站点，实现文件的上传和下载。

（1）配置匿名用户登录 FTP 服务器，具体要求如下。

① 启用匿名用户登录功能。

② 匿名用户的根目录为/sunny/ftpdata/public。

③ 匿名用户只能下载文件，不能上传文件、修改文件及目录。

（2）配置本地用户登录 FTP 服务器，具体要求如下。

① 禁用匿名用户登录功能。

② 设置只有在/etc/vsftpd/vsftpd.user_list 文件中指定的本地用户 ftpuser1 和 ftpuser2 可以访问 FTP 服务器，但不允许本地登录。

③ 本地用户 ftpuser1 和 ftpuser2 的家目录分别为/sunny/ftpdata/ftpuser1 和/sunny/ftpdata/ftpuser2。

④ 本地用户 ftpuser1 和 ftpuser2 都可以上传/下载文件，以及创建目录、修改文件或目录。

⑤ 本地用户 ftpuser1 被锁定在家目录下，本地用户 ftpuser2 可以更改目录。

（3）配置虚拟用户登录 FTP 服务器，具体要求如下。

① 启用虚拟用户登录功能。

② 虚拟用户 vuser1 和 vuser2 对应的本地用户分别为 ftpuser3 和 ftpuser4。

③ 虚拟用户 vuser1 和 vuser2 的根目录分别为/sunny/ftpdata/ftpuser3 和/sunny/ftpdata/ftpuser4。

④ 用户 vuser2 可以执行上传/下载文件，以及对目录进行创建、删除和重命名操作，用户 vuser1 只能上传文件。

课后习题

1．填空题

（1）FTP 服务器提供匿名登录时，一般采用的用户名是________或________。

（2）FTP 服务器有两种工作模式，分别是________模式和________模式。

（3）FTP 服务器允许用户以 3 种认证模式登录 FTP 服务器，分别是________模式、________模式和________模式。

2．单项选择题

（1）FTP 是 Internet 提供的（　　）服务。

A．远程登录　　B．电子邮件　　C．域名解析　　D．文件传输

（2）FTP 服务使用的默认端口号为（　　）。

A．20 和 21　　B．21 和 22　　C．22 和 23　　D．80 和 443

（3）vsftpd 服务的主配置文件是（　　）。

A．/etc/ftpd.conf　　B．/etc/vsftpd/vsftpd.conf

C．/var/ftpd.conf　　D．/var/vsftpd/vsftpd.conf

（4）（　　）参数可以使匿名用户能够删除 FTP 服务器上的文件。

A．anon_upload_enable　　B．anon_mkdir_write_enable

C．anon_other_write_enable　　D．anon_delete_write_enable

（5）（　　）参数可以使匿名用户能够将文件上传到 FTP 服务器。

A．anon_upload_enable　　B．anon_mkdir_write_enable

C．anon_other_write_enable　　D．anon_delete_write_enable

（6）（　　）参数允许本地用户登录 FTP 服务器。

A．anonymous_enable=YES　　B．local_enable=YES

C．write_enable=YES　　D．userlist_enable=YES

（7）匿名用户默认的家目录为（　　）。

A．/etc/vsftpd　　B．/home/ftp

C．/home/anonymous　　D．/var/ftp

（8）在默认情况下，本地用户 ftpuser1 登录 FTP 服务器后的家目录为（　　）。

A．/vsftpd/ftpuser1　　B．/var/ftpuser1

C．/home/ftpuser1　　D．/ftp/ftpuser1

（9）在配置 FTP 服务器时，小王在配置文件/etc/vsftpd/vsftpd.conf 中加入了下列内容，并将创建好的本地用户 user1 加入 etc/vsftpd/vsftpd.user_list 文件中，则用户 user1 在客户端登录时会被（　　）。

```
userlist_enable=YES
userlist_deny=NO
userlist_file=/etc/vsftpd/vsftpd.user_list
```

A．允许登录　　B．拒绝登录　　C．不确定　　D．以上都对

（10）在配置 FTP 服务器时，小王在配置文件/etc/vsftpd/vsftpd.conf 中加入了下列内容，并将创建好的本地用户 user1 加入/etc/vsftpd/chroot_list 文件中，则用户 user1 在客户端登录后（　　）。

```
chroot_local_user=NO
chroot_list_enable= YES
chroot_list_file=/etc/vsftpd/chroot_list
allow_writeable_chroot=YES
```

A．可以切换至任意目录　　B．只能在家目录及子目录下切换

C．只能切换至/etc 目录　　D．只能切换至/home 目录

（11）使用 ftp 命令连接到 FTP 服务器，用于指定与 FTP 服务器建立连接的命令是（　　）。

A．connect　　B．close　　C．open　　D．copy

（12）使用 ftp 命令连接到 FTP 服务器，用于上传文件的命令是（　　）。

A．upload　　B．put　　C．get　　D．copy

（13）使用 ftp 命令连接到 FTP 服务器，用于下载文件的命令是（　　）。

A．upload　　B．put　　C．get　　D．copy

3．简答题

（1）简述 FTP 的主动模式和被动模式的工作过程。

（2）简述 FTP 的用户类型，并说明哪些用户类型的 FTP 最安全，为什么？

（3）简述配置匿名用户 FTP 服务器的步骤。

（4）简述配置本地用户 FTP 服务器的步骤。